中国传统建筑
解析与传承

中华人民共和国住房和城乡建设部 编

THE INTERPRETATION AND INHERITANCE OF TRADITIONAL CHINESE ARCHITECTURE
Ministry of Housing and Urban-Rural Development of the People's Republic of China

湖北卷
Hubei Volume

中国建筑工业出版社

审图号：GS（2016）303号

图书在版编目（CIP）数据

中国传统建筑解析与传承　湖北卷/中华人民共和国住房和城乡建设部编. —北京：中国建筑工业出版社，2015.12

ISBN 978-7-112-18880-2

Ⅰ.①中… Ⅱ.①中… Ⅲ.①古建筑-建筑艺术-湖北省　Ⅳ.①TU-092.2

中国版本图书馆CIP数据核字（2015）第299709号

责任编辑：唐　旭　李东禧　张　华　李成成
书籍设计：付金红
责任校对：李美娜　刘梦然

中国传统建筑解析与传承　湖北卷
中华人民共和国住房和城乡建设部　编

*

中国建筑工业出版社出版、发行（北京西郊百万庄）
各地新华书店、建筑书店经销
北京方舟正佳图文设计有限公司制版
北京顺诚彩色印刷有限公司印刷

*

开本：880×1230毫米　1/16　印张：20　字数：563千字
2016年9月第一版　2016年9月第一次印刷
定价：188.00元
ISBN 978-7-112-18880-2
　　　（28018）

版权所有　翻印必究
如有印装质量问题，可寄本社退换
（邮政编码 100037）

总　序

Foreword

几年前我去法国里昂地区，看到有大片很久以前甚至四百年前建造的夯土建筑，也就是干打垒房子，至今仍在使用。20世纪80年代，当地建设保障房小区时，要求一律建造夯土建筑，他们采用了现代夯土技术。西安科技大学的两位老师将这种技术引入国内，在甘肃、河北等多地建了示范房。现代夯土技术的改进点在于科学配比土与石子、使用模板和电动器具夯筑，传承了夯土建筑的优点，如造价低、节能保温，弥补了缺陷，抗震性增强，也美观，颇受农民的好评。我对这个事例很感兴趣并悟出一个道理，做好传承关键要具备两种精神：一是执着，坚信许多传统能够传承、值得传承。法国将传统干打垒房子当作好东西，努力传承，而我国虽然是生土建筑数量最多的国家，但今天各地却都视其为贫穷落后的标志，力图尽快消灭；二是创新，要下力气研究传统的优点及缺点，并用现代技术克服其缺点，赋予其现代功能，使传统文明成果在今天焕发新的生命力。这两方面的功夫我们都不够。

文明古国的中国，在实现现代化的进程中，只有十分自信、满腔热情地传承了优秀传统文化，才能受到全世界的尊重。建筑是一个民族生存智慧、工程技术、审美理念、社会伦理等文明成果最集中、最丰富的载体，其传承及体现是一个国家和民族富强与贫弱的标志。改变今天建筑缺失传统文化的局面，我们需要重新认识我国传统建筑文化，把握其精髓和发展脉络，挖掘和丰富其完整价值，探索传统与现代融合的理念和方法。2012年，住房和城乡建设部村镇建设司组织了首次传统民居全国普查，编纂了《中国传统民居类型全集》，其详细、准确、系统地展示了我国传统民居的地域性。在此基础上，2014年又启动了"传统建筑解析与传承"调查研究，这是第一次国家层面组织的该领域的大型调查研究，颇具价值：

价值一，它是至今对我国传统建筑文化最全面、最系统的阐释。第一，本次调查研究地域覆盖广，历史挖掘深，建筑类型多。31个省（市、区）开展了调查研究，每个省的研究也都覆盖了全域；一些省对传统建筑文化的追溯年代突破了记录；建筑类型不仅涵盖了官式建筑、庙宇、祠堂等，更涵盖了各类代表性民居。第二，更加注重从自然、人文、技术、经济几条主线解析传统建筑文化，而不是拘泥于建筑本身；不但阐释了传统建筑的物质形体，而且阐释了传统建筑文化的产生机制。第三，研究体例和解析维度保持了基本一致，各省都通过聚落格局、建筑群体与单体、细部与装饰、风格与装修对传统建筑进行解析。通过解析，大大丰富和提升了对我国传统建筑文化精髓的认识，如：中国传统建筑与自然相适应，和谐共生，敬天惜物；与生存实际相适应，容纳生产生活；与社会伦理相适应，井然有序；与发展相适应，灵活易变，是模块化的鼻祖。第四，内在形式统一，体现了中华文明的持久性和一致性；木结构等技术高度成熟，体现了中华民族的智慧；丰富的地区差异，体现了中华文化的多样性。一些研究基础较差的省，第一次对传统建筑有了全面认识；一些研究基础较好的省，又深化了认识。可以说，这次全面调查研究是对中国传统建筑文化的一次重新认识。

价值二，也是更重要的价值，它是就如何传承传统建筑文化、如何实现传统与现代融合这一难题，至今所进行的广泛深入的探索。第一，提出了更为本质、更具指导意义的传承理论和原则，如建筑文化的三大传承主线：自然、人文、技术；"形"的传承、"神"的传承、"神形兼备"的传承；适应性传承、创新性传承、可持续性传承等理论；坚持挖掘地域文化与建筑的关联性，坚持寻找并传承其最有价值和生命力的要素，坚持与时代发展相接轨等原则。第二，提出了更具操作性的传承方法和要点，如建筑肌理、应对自然环境、空间变异、建造方式、建筑材料、符号特征六方面的传承方法。第三，收集、展示、分析了近代以来大量的现代建筑探索传承的案例，既包括比较成功的，也包括比较失败的，具有很好的参考意义。同时也提出了应防止的误区。

价值三，唤起了对传统建筑文化的空前热情。通过这次研究，各地建设部门更加重视传统建筑文化的传承工作了，这将有利于扭转当前我国城乡建设缺乏传统文化的局面。在学术界，不仅老专家倾力投入，新参与的专家学者也越来越多，而且十分积极。过去研究传统建筑的专家学者与从事设计的建筑师交流不多，通过这次研究，两个群体融合到了一起，不仅有利于传承的研究，更有利于传承的实践。有的老专家说，等了几十年，终于等到国家组织这项工作了。

探索传统建筑文化与现代建筑的融合是难度极大的挑战，永远在路上。虽然本次调查研究存在着许多不足和局限，但第一次组织全国专业力量努力探索的成果，惠及当今，流芳百年，意义非凡，不仅具有中国意义，也具有世界意义。在此，谨向为成就这一大业，辛勤无私付出并作出卓越贡献的所有专家学者、建筑师和技术人员、各地建设部门领导和职工，表示衷心的感谢和崇高的敬意。此外，我还深深感受到，组织实施全国范围的、具有历史意义的调查研究，是其他组织和个人难以做到的，是中央部委必须承担的重要职责，今后还要多做。

住房和城乡建设部总经济师 赵晖

2016年9月

编委会

Editorial Committee

发起与策划：赵　晖

组织推进：张学勤、卢英方、白正盛、王旭东、王　玮、王旭东（天津）、
　　　　　吴　铁、翟顺河、冯家举、汪　兴、孙众志、张宝伟、庄少勤、
　　　　　刘大威、沈　敏、侯淅珉、王胜熙、李道鹏、耿庆海、陈华平、
　　　　　尹维真、蒋益民、蔡　瀛、吴伟权、陈孝京、丛　钢、文技军、
　　　　　宋丽丽、赵志勇、斯朗尼玛、韩一兵、刘永堂、白宗科、何晓勇、
　　　　　海拉提·巴拉提

指导专家：崔　愷、吴良镛、冯骥才、孙大章、陆元鼎、张锦秋、何镜堂、
　　　　　朱光亚、朱小地、罗德启、马国馨、何玉如、单德启、陈同滨、
　　　　　朱良文、郑时龄、伍　江、常　青、吴建中、王小东、曹嘉明、
　　　　　张俊杰、张玉坤、杨焕成、黄汉民、王建国、梅洪元、黄　浩、
　　　　　张先进

工　作　组：林岚岚、罗德胤、徐怡芳、杨绪波、吴　艳、李立敏、薛林平、
　　　　　李春青、潘　曦、王　鑫、苑思楠、赵海翔、郭华瞻、郭志伟、
　　　　　褚苗苗、王　浩、李君洁、徐凌玉、师晓静、李　涛、庞　佳、
　　　　　田铂菁、王　青、王新征、郭海鞍、张蒙蒙

湖北卷编写组：

组织人员：万应荣、付建国、王志勇

编写人员：肖　伟、王　祥、李新翠、韩　冰、张　丽、梁　爽、韩梦涛、张阳菊、张万春、李　扬

北京卷编写组：

组织人员：李节严、侯晓明、杨　健、李　慧

编写人员：朱小地、韩慧卿、李艾桦、王　南、钱　毅、李海霞、马　泷、杨　滔、吴　懿、侯　晟、王　恒、王佳怡、钟曼琳、刘江峰、卢清新

调研人员：陈　凯、闫　峥、刘　强、李沫含、黄　蓉、田燕国

天津卷编写组：

组织人员：吴冬粤、杨瑞凡、纪志强、张晓萌

编写人员：洪再生、朱　阳、王　蔚、刘婷婷、王　伟、刘铧文

河北卷编写组：

组织人员：封　刚、吴永强、席建林、马　锐

编写人员：舒　平、吴　鹏、魏广龙、刁建新、刘　歆、解　丹、杨彩虹、连海涛

山西卷编写组：

组织人员：郭廷儒、张海星、郭　创、赵俊伟

编写人员：薛林平、王金平、杜艳哲、韩卫成、孔维刚、冯高磊、王　鑫、郭华瞻、潘　曦、石　玉、刘进红、王建华、武晓宇、韩丽君

内蒙古卷编写组：

组织人员：杨宝峰、陈　彪、崔　茂

编写人员：张鹏举、彭致禧、贺　龙、韩　瑛、额尔德木图、齐卓彦、白丽燕、高　旭、杜　娟

辽宁卷编写组：

组织人员：王晓伟、胡成泽、刘绍伟、孙辉东

编写人员：朴玉顺、郝建军、陈伯超、周静海、原砚龙、刘思铎、黄　欢、王蕾蕾、王　达、宋欣然、吴　琦、纪文喆、高赛玉

吉林卷编写组：

组织人员：袁忠凯、安　宏、肖楚宇、陈清华

编写人员：王　亮、李天骄、李之吉、李雷立、宋义坤、张俊峰、金日学、孙守东

调研人员：郑宝祥、王　薇、赵　艺、吴翠灵、李亮亮、孙宇轩、李洪毅、崔晶瑶、王铃溪、高小淇、李　宾、李泽锋、梅　郊、刘秋辰

黑龙江卷编写组：

组织人员：徐东锋、王海明、王　芳

编写人员：周立军、付本臣、徐洪澎、李同予、殷　青、董健菲、吴健梅、刘　洋、刘远孝、王兆明、马本和、王健伟、卜　冲、郭丽萍

调研人员：张　明、王　艳、张　博、王　钊、
　　　　　晏　迪、徐贝尔

上海卷编写组：

组织人员：孙　珊、胡建东、侯斌超、马秀英
编写人员：华霞虹、彭　怒、王海松、寇志荣、
　　　　　宿新宝、周鸣浩、叶松青、吕亚范、
　　　　　丁建华、卓刚峰、宋　雷、吴爱民、
　　　　　宾慧中、谢建军、蔡　青、刘　刊、
　　　　　喻明璐、罗超君、伍　沙、王鹏凯、
　　　　　丁　凡
调研人员：江　璐、林叶红、刘嘉纬、姜鸿博、
　　　　　王子潇、胡　楠、吕欣欣、赵　曜

江苏卷编写组：

组织人员：赵庆红、韩秀金、张　蔚、俞　锋
编写人员：龚　恺、朱光亚、薛　力、胡　石、
　　　　　张　彤、王兴平、陈晓扬、吴锦绣、
　　　　　陈　宇、沈　旸、曾　琼、凌　洁、
　　　　　寿　焘、雍振华、汪永平、张明皓、
　　　　　晁　阳

浙江卷编写组：

组织人员：江胜利、何青峰
编写人员：王　竹、于文波、沈　黎、朱　炜、
　　　　　浦欣成、裘　知、张玉瑜、陈　惟、
　　　　　贺　勇、杜浩渊、王焯瑶、张泽浩、
　　　　　李秋瑜、钟温歆

安徽卷编写组：

组织人员：宋直刚、邹桂武、郭佑芹、吴胜亮
编写人员：李　早、曹海婴、叶茂盛、喻　晓、
　　　　　杨　燊、徐　震、曹　昊、高岩琰、
　　　　　郑志元
调研人员：陈骏祎、孙　霞、王达仁、周虹宇、
　　　　　毛心彤、朱　慧、汪　强、朱高栎、
　　　　　陈薇薇、贾宇枝子、崔巍懿

福建卷编写组：

组织人员：苏友佺、金纯真、许为一
编写人员：戴志坚、王绍森、陈　琦、李苏豫、
　　　　　王量量、韩　洁

江西卷编写组：

组织人员：熊春华、丁宜华
编写人员：姚　赯、廖　琴、蔡　晴、马　凯、
　　　　　李久君、李岳川、肖　芬、肖　君、
　　　　　许世文、吴　靖、吴　琼、兰昌剑、
　　　　　戴晋卿、袁立婷、赵晗聿

山东卷编写组：

组织人员：杨建武、张　林、宫晓芳、王艳玲
编写人员：刘　甦、张润武、赵学义、仝　晖、
　　　　　郝曙光、邓庆坦、许丛宝、姜　波、
　　　　　高宜生、赵　斌、张　巍、傅志前、
　　　　　左长安、刘建军、谷建辉、宁　荞、
　　　　　慕启鹏、刘明超、王冬梅、王悦涛、
　　　　　姚　丽、孔繁生、韦　丽、吕方正、
　　　　　王建波、解焕新、李　伟、孔令华

河南卷编写组：

组织人员：陈华平、马耀辉、李桂亭、韩文超
编写人员：郑东军、李　丽、唐　丽、吕红医、
　　　　　黄　华、韦　峰、李红光、张　东、
　　　　　陈兴义、渠　韬、史学民、毕　昕、
　　　　　陈伟莹、张　帆、赵　凯、许继清、

任　斌、郑丹枫、王文正、李红建、
郭兆儒、谢丁龙

湖南卷编写组：

组织人员：宁艳芳、黄　立、吴立玖

编写人员：何韶瑶、唐成君、章　为、张梦淼、
姜兴华、李　夺、欧阳铎、黄力为、
张艺婕、吴晶晶、刘艳莉、刘　姿、
熊申午、陆　薇、党　航

调研人员：陈　宇、刘湘云、付玉昆、赵磊兵、
黄　慧、李　丹、唐娇致

广东卷编写组：

组织人员：梁志华、肖送文、苏智云、廖志坚、
秦　莹

编写人员：陆　琦、冼剑雄、潘　莹、徐怡芳、
何　菁、王国光、陈思翰、冒亚龙、
向　科、赵紫伶、卓晓岚、孙培真

调研人员：方　兴、张成欣、梁　林、林　琳、
陈家欢、邹　齐、王　妍、张秋艳

广西卷编写组：

组织人员：吴伟权、彭新唐、刘　哲

编写人员：雷　翔、全峰梅、徐洪涛、何晓丽、
杨　斌、梁志敏、陆如兰、尚秋铭、
孙永萍、黄晓晓、李春尧

海南卷编写组：

组织人员：丁式江、陈孝京、许　毅、杨　海

编写人员：吴小平、黄天其、唐秀飞、吴　蓉、
刘凌波、王振宇、何慧慧、陈文斌、
郑小雪、李贤颖、王贤卿、陈创娥、
吴小妹

重庆卷编写组：

组织人员：冯　赵、揭付军

编写人员：龙　彬、陈　蔚、胡　斌、徐千里、
舒　莺、刘晶晶

四川卷编写组：

组织人员：蒋　勇、李南希、鲁朝汉、吕　蔚

编写人员：陈　颖、高　静、熊　唱、李　路、
朱　伟、庄　红、郑　斌、张　莉、
何　龙、周晓宇、周　佳

调研人员：唐　剑、彭麟麒、陈延申、严　潇、
黎峰六、孙　笑、彭　一、韩东升、
聂　倩

贵州卷编写组：

组织人员：余咏梅、王　文、陈清鋆、赵玉奇

编写人员：罗德启、余压芳、陈时芳、叶其颂、
吴茜婷、代富红、吴小静、杜　佳、
杨钧月、曾　增

调研人员：钟伦超、王志鹏、刘云飞、李星星、
胡　彪、王　曦、王　艳、张　全、
杨　涵、吴汝刚、王　莹、高　蛤

云南卷编写组：

组织人员：汪　巡、沈　键、王　瑞

编写人员：翟　辉、杨大禹、吴志宏、张欣雁、
刘肇宁、杨　健、唐黎洲、张　伟

调研人员：张剑文、李天依、栾涵潇、穆　童、
王祎婷、吴雨桐、石文博、张三多、
阿桂莲、任道怡、姚启凡、罗　翔、
顾晓洁

西藏卷编写组：

组织人员：李新昌、姜月霞

编写人员：王世东、木雅·曲吉建才、格桑顿珠、
群 英、达瓦次仁、土登拉加

陕西卷编写组：

组织人员：胡汉利、苗少峰、李 君、薛 钢

编写人员：周庆华、李立敏、刘 煜、王 军、
祁嘉华、武 联、陈 洋、吕 成、
倪 欣、任云英、白 宁、雷会霞、
李 晨、白 钰、王建成、师晓静、
李 涛、黄 磊、庞 佳、王怡琼、
时 阳、吴冠宇、鱼晓惠、林高瑞、
朱瑜葱、李 凌、陈斯亮、张定青、
雷耀丽、刘 怡、党纤纤、张钰曌、
陈 新、李 静、刘京华、毕景龙、
黄 姗、周 岚、王美子、范小烨、
曹惠源、张丽娜、陆 龙、石 燕、
魏 锋、张 斌

调研人员：王晓彤、刘 悦、张 容、魏 璇、
陈雪婷、杨钦芳、张豫东、李珍玉、
张演宇、杨程博、周 菲、米庆志、
刘培丹、王丽娜、陈治金、贾 柯、
陈若曦、千 金、魏 栋、吕咪咪、
孙志青、卢 鹏

甘肃卷编写组：

组织人员：刘永堂、贺建强、慕 剑

编写人员：刘奔腾、安玉源、叶明晖、冯 柯、
张 涵、王国荣、刘 起、李自仁、
张 睿、章海峰、唐晓军、王雪浪、
孟岭超、范文玲

调研人员：王雅梅、师鸿儒、闫海龙、闫幼峰、
陈 谦、张小娟、周 琪、孟祥武、
郭兴华、赵春晓

青海卷编写组：

组织人员：衣 敏、陈 锋、马黎光

编写人员：李立敏、王 青、王力明、胡东祥

调研人员：张 容、刘 悦、魏 璇、王晓彤、
柯章亮、张 浩

宁夏卷编写组：

组织人员：李志国、杨文平、徐海波

编写人员：陈宙颖、李晓玲、马冬梅、陈李立、
李志辉、杜建录、杨占武、董 茜、
王晓燕、马小凤、田晓敏、朱启光、
龙 倩、武文娇、杨 慧、周永惠、
李巧玲

调研人员：林卫公、杨自明、张 豪、宋志皓、
王璐莹、王秋玉、唐玲玲、李娟玲

新疆卷编写组：

组织人员：高 峰、邓 旭

编写人员：陈震东、范 欣、季 铭、
阿里木江·马克苏提、王万江、李 群、
李安宁、闫 飞

主编单位：

中华人民共和国住房和城乡建设部

参编单位：

北京卷：北京市规划委员会
　　　　北京市勘察设计和测绘地理信息管理办公室
　　　　北京市建筑设计研究院有限公司
　　　　清华大学
　　　　北方工业大学

天津卷：天津市城乡建设委员会
　　　　天津大学建筑设计规划设计研究总院
　　　　天津大学

河北卷：河北省住房和城乡建设厅
　　　　河北工业大学
　　　　河北工程大学
　　　　河北省村镇建设促进中心

山西卷：山西省住房和城乡建设厅
　　　　山西省建筑设计研究院
　　　　北京交通大学
　　　　太原理工大学

内蒙古卷：内蒙古自治区住房和城乡建设厅
　　　　　内蒙古工业大学

辽宁卷：辽宁省住房和城乡建设厅
　　　　沈阳建筑大学
　　　　辽宁省建筑设计研究院

吉林卷：吉林省住房和城乡建设厅
　　　　吉林建筑大学
　　　　吉林建筑大学设计研究院
　　　　吉林省建苑设计集团有限公司

黑龙江卷：黑龙江省住房和城乡建设厅
　　　　　哈尔滨工业大学
　　　　　齐齐哈尔大学
　　　　　哈尔滨市建筑设计院
　　　　　哈尔滨方舟工程设计咨询有限公司
　　　　　黑龙江国光建筑装饰设计研究院有限公司
　　　　　哈尔滨唯美源装饰设计有限公司

上海卷：上海市规划和国土资源管理局
　　　　上海市建筑学会
　　　　华东建筑设计研究总院
　　　　同济大学
　　　　上海大学

江苏卷：江苏省住房和城乡建设厅
　　　　东南大学

浙江卷：浙江省住房和城乡建设厅
　　　　浙江大学
　　　　浙江工业大学

安徽卷：安徽省住房和城乡建设厅
　　　　合肥工业大学

福建卷：福建省住房和城乡建设厅
　　　　厦门大学

江西卷：江西省住房和城乡建设厅
　　　　南昌大学
　　　　江西省建筑设计研究总院
　　　　南昌大学设计研究院

山东卷：山东省住房和城乡建设厅
　　　　山东建筑大学
　　　　山东建大建筑规划设计研究院
　　　　山东省小城镇建设研究会
　　　　山东大学
　　　　烟台大学
　　　　青岛理工大学
　　　　山东省城乡规划设计研究院

河南卷：河南省住房和城乡建设厅
　　　　郑州大学
　　　　河南大学
　　　　华北水利水电大学
　　　　河南理工大学
　　　　河南省建筑设计研究院有限公司
　　　　河南省城乡规划设计研究总院有限公司
　　　　郑州大学综合设计研究院有限公司
　　　　郑州市建筑设计院有限公司

湖北卷：湖北省住房和城乡建设厅
　　　　中信建筑设计研究总院有限公司

湖南卷：湖南省住房和城乡建设厅
　　　　湖南大学
　　　　湖南大学设计研究院有限公司
　　　　湖南省建筑设计院

广东卷：广东省住房和城乡建设厅
　　　　华南理工大学
　　　　广州瀚华建筑设计有限公司
　　　　北京建工建筑设计研究院

广西卷：广西壮族自治区住房和城乡建设厅
　　　　华蓝设计（集团）有限公司

海南卷：海南省住房和城乡建设厅
　　　　海南华都城市设计有限公司
　　　　华中科技大学
　　　　武汉大学
　　　　重庆大学
　　　　海南省建筑设计院
　　　　海南雅克设计有限公司
　　　　海口市城市规划设计研究院
　　　　海南三寰城镇规划建筑设计有限公司

重庆卷：重庆城乡建设委员会
　　　　重庆大学
　　　　重庆市设计院

四川卷：四川省住房和城乡建设厅
　　　　西南交通大学
　　　　四川省建筑设计研究院

贵州卷：贵州省住房和城乡建设厅
　　　　贵州省建筑设计研究院
　　　　贵州大学

云南卷：云南省住房和城乡建设厅
　　　　昆明理工大学

西藏卷：西藏自治区住房和城乡建设厅
　　　　西藏自治区建筑勘察设计院
　　　　西藏自治区藏式建筑研究所

陕西卷：陕西省住房和城乡建设厅
　　　　西建大城市规划设计研究院
　　　　西安建筑科技大学
　　　　长安大学
　　　　西安交通大学
　　　　西北工业大学
　　　　中国建筑西北设计研究院有限公司
　　　　中联西北工程设计研究院有限公司

甘肃卷：甘肃省住房和城乡建设厅
　　　　兰州理工大学
　　　　西北民族大学
　　　　西北师范大学
　　　　甘肃建筑职业技术学院
　　　　甘肃省建筑设计研究院
　　　　甘肃省文物保护维修研究所

青海卷：青海省住房和城乡建设厅
　　　　西安建筑科技大学
　　　　青海省建筑勘察设计研究院有限公司

宁夏卷：宁夏回族自治区住房和城乡建设厅
　　　　宁夏大学
　　　　宁夏建筑设计研究院有限公司
　　　　宁夏三益上筑建筑设计院有限公司

新疆卷：新疆维吾尔自治区住房和城乡建设厅
　　　　新疆佳联城建规划设计研究院
　　　　新疆建筑设计研究院
　　　　新疆大学
　　　　新疆师范大学

目 录

Contents

总　序

前　言

第一章　绪论

002　　第一节　地区概况
002　　　一、自然概况
002　　　二、人文概况
002　　　三、社会概况
003　　　四、历史沿革
003　　　五、历史文化名城分布概况
004　　第二节　影响因子
004　　　一、地理文化的影响
004　　　二、人文文化的影响
004　　　三、外来文化的影响
005　　　四、建筑文化的形成
005　　第三节　荆楚文化与荆楚建筑
005　　　一、荆楚文化的定义和发展历程
006　　　二、楚文化与世界文化
006　　　三、楚文化与中华文化
007　　　四、荆楚文化的内涵
007　　　五、荆楚文化的特征
007　　　六、荆楚建筑对华夏文明的传承

008	七、荆楚建筑美学特征	
008	八、荆楚历史建筑风格特色	
011	第四节 多元文化孕育下的类型解读	
011	一、六个不同的本土文化分区	
012	二、六大分区地理环境特点分析	
013	三、六大分区人文环境特点分析	
014	四、六大分区主要建筑材料分析	

上篇：湖北传统建筑文化特色解析

第二章 武汉地区传统建筑文化特色解析

019	第一节 武汉地区传统建筑文化特色解析
019	一、聚落规划与格局
019	二、传统建筑风格及元素
020	三、传统建筑结构特点及材料应用
020	四、传统建筑装饰与细节
020	五、典型传统建筑分析
030	第二节 武汉地区历史文化名城特色解析
030	一、武汉市城市发展的历史变迁
030	二、名城传统特色构成要素分析
030	三、城市肌理
031	四、历史街区
041	五、特色要素总结
042	六、风格特点

第三章 鄂西南地区传统建筑文化特色解析

044	第一节 鄂西南地区的传统建筑文化特色解析
044	一、聚落规划与格局
045	二、传统建筑风格及元素

046	三、传统建筑结构特点及材料应用
047	四、传统建筑装饰与细节
047	五、典型传统建筑分析
061	第二节　鄂西南地区（恩施州）历史文化名城特色解析
061	一、恩施州城市发展的历史变迁
061	二、名城传统特色构成要素分析
063	三、城市肌理
063	四、历史街区
065	五、特色要素总结
066	六、风格特点

第四章　鄂西北地区传统建筑文化特色解析

068	第一节　鄂西北地区的传统建筑文化特色解析
068	一、聚落规划与格局
068	二、传统建筑风格及元素
069	三、传统建筑结构特点及材料应用
069	四、传统建筑装饰与细节
070	五、典型传统建筑分析
085	第二节　鄂西北地区（襄阳市）历史文化名城特色解析
085	一、城市发展的历史变迁
085	二、名城传统特色构成要素分析
085	三、城市肌理
086	四、历史街区
089	五、特色要素总结
090	六、风格特点

第五章　江汉平原地区传统建筑文化特色解析

092	第一节　江汉平原地区的传统建筑文化特色解析
092	一、聚落规划与格局

092		二、传统建筑风格及元素
092		三、传统建筑结构特点及材料应用
093		四、传统建筑装饰与细节
093		五、典型传统建筑分析（江汉平原地区古代建筑）
106	第二节	江汉平原地区（荆州市）历史文化名城特色解析
106		一、城市发展的历史变迁
106		二、名城传统特色构成要素分析
107		三、城市肌理
107		四、历史街区
113		五、特色要素总结
114		六、风格特点

第六章　鄂东南地区传统建筑文化特色解析

116	第一节	鄂东南地区传统建筑文化特色解析
116		一、聚落规划与格局
116		二、传统建筑风格及元素
116		三、传统建筑结构特点及材料应用
119		四、传统建筑装饰与细节
120		五、典型传统建筑分析
132	第二节	鄂东南地区（鄂州市）历史文化名称特色解析
132		一、城市发展的历史变迁
133		二、名城传统特色构成要素分析
133		三、城市肌理
135		四、历史街区
141		五、特色要素总结
142		六、风格特点

第七章　鄂东北地区传统民居元素与风格类型

144	第一节	鄂东北地区的传统建筑文化特色分析

144	一、聚落规划与格局
144	二、传统建筑风格及元素
145	三、传统建筑结构特点及材料应用
145	四、传统建筑装饰与细节
145	五、典型传统建筑分析
160	第二节 鄂东北地区（黄冈黄州区）历史文化名城特色解析
160	一、城市发展的历史变迁
160	二、名城传统特色构成要素分析
161	三、城市肌理
161	四、历史街区
164	五、传统特色构成要素
165	六、风格特点

下篇：湖北传统建筑文化传承与发展

第八章 荆楚近代建筑研究

169	第一节 湖北近代建筑概况
169	一、近代建筑的发展分期
169	二、近代建筑的分布特点
170	三、近代建筑的发展背景
171	四、近代建筑的主要类型
183	第二节 荆楚近代建筑特点
183	一、总体特色
183	二、风格特点
194	三、构造特色
195	第三节 荆楚近代建筑对当代建筑创作的启示
195	一、将地域适应性设计策略运用于居住及公共建筑
197	二、在当代建筑创作中探索新的中西合璧荆楚建筑风格
198	三、在地标性建筑中找寻荆楚之地的集体记忆
199	四、在城市设计、社区规划与设计中延续富有生机和活力的空间肌理

201	第四节　湖北近代建筑的价值与保护
201	一、价值与意义
201	二、保护与利用

第九章　湖北现代地域建筑创作方法与实践

206	第一节　湖北地域建筑创作历史回眸
206	一、自发延续：20世纪50年代前期
206	二、民族形式的主观追求：20世纪50年代
207	三、政治性、地域性、现代性：20世纪60～70年代
208	四、徘徊与重塑：20世纪80～90年代
209	五、繁荣与创作：2000年以后
209	第二节　居住单体与居住建筑群体体现传统建筑文化风格特色
209	一、通过建筑肌理体现建筑特色
212	二、通过应对自然气候特征体现建筑特色
217	三、通过材料和建造方式体现建筑特色
219	四、通过点缀性的符号特征体现建筑特色
221	五、案例分析
222	第三节　公共建筑体现传统建筑文化风格特色
222	一、通过建筑肌理体现建筑特色
222	二、通过应对自然气候特征体现建筑特色
222	三、通过变异空间体现建筑特色
222	四、通过材料和建造方式体现建筑特色
223	五、通过点缀性的符号特征体现建筑特色
223	六、实例分析
236	第四节　群体建筑体现传统建筑文化风格特色
236	一、通过建筑肌理体现建筑特色
239	二、通过应对自然气候特征体现建筑特色
241	三、通过变异空间体现建筑特色
242	四、通过材料和建造方式体现建筑特色
243	五、案例分析

250	第五节	其他建筑体现传统建筑文化风格特色
251		一、通过肌理体现建筑特色
251		二、通过应对自然气候特征体现建筑特色
251		三、通过变异空间体现建筑特色
251		四、通过材料和建造方式体现建筑特色
251		五、通过点缀性的符号特征体现建筑特色
252		六、实例分析

第十章 当代荆楚建筑风格的传承与创新

274	第一节	"荆楚建筑风格"归纳
274		一、荆楚建筑风格特色
277		二、荆楚建筑人文精神
279		三、荆楚建筑美学意境
281	第二节	荆楚建筑思想的传承和发展
281		一、荆楚建筑思想的古今传承
282		二、荆楚建筑思想的当代发展
282		三、荆楚建筑思想的变化更新
283	第三节	新"荆楚风"的启示与创新
283		一、模拟原型重现场景
284		二、体现荆楚内在精神
285		三、采用开放创新手法
286		四、打造绿色荆楚建筑
287	第四节	荆楚建筑风格设计原则
287		一、以人为本
287		二、地域文化
287		三、自然生态
288		四、和谐宜居
288		五、可持续发展
288	第五节	荆楚建筑文化推进策略
288		一、荆楚建筑文化推进的自然策略

288	二、荆楚建筑文化推进的人文策略
289	三、荆楚建筑文化推进的技术策略
289	第六节　传承发展传统建筑风格面临的主要挑战与反思
289	一、现代建筑设计中面临的主要挑战
290	二、现代建筑设计中的反思

第十一章　结语

参考文献

后　记

前　言

Preface

　　建筑是凝固的艺术，是传承人类历史的重要载体。

　　2013年中央召开的新型城镇化工作会议上通过的《国家新型城镇化规划（2014—2020年）》明确提出，要"发掘城市文化资源，强化文化传承创新，把城市建设成为历史底蕴厚重、时代特色鲜明的人文魅力空间"。为此，必须"培育和践行社会主义核心价值观"，"促进传统文化与现代文化、本土文化与外来文化交融，形成多元开放的现代城市文化"。我们必须正确解读城市综合实力的内涵，努力建设有文化传承，延续文化脉络，有历史记忆、地域风貌、民族特点鲜明和时代特征突出的现代城镇。

　　几年来，中央领导在湖北视察工作时提出的湖北城乡建设应体现本地特色和荆楚文化的重要指示，为湖北发掘荆楚文化底蕴、传承荆楚文化内涵、探寻和研究地域特点和建筑风格、繁荣设计创作和提高城市建设水平起了巨大的推动作用。

　　湖北是我国具有悠久历史文化传统的省份之一，荆楚文化和近代革命史实铸就了历史的辉煌，也为我们留下了一批具有历史价值和文化底蕴的荆楚风格建筑、传统文化街区及近、现代优秀建筑作品。湖北建筑虽然至今尚未形成明确统一的流派，但自古以来这里是中华文明两大源头——长江文化和中原文化的交汇地，汇聚了江南建筑的秀丽典雅和中原建筑的古朴雄浑，也融合了西部少数民族风情和东部徽派、海派建筑淡雅明快的特点。加之近代较早开埠通商，接受外来文化影响，使本土建筑具有兼容并蓄的特点，在国内建筑领域占据一定的地位，这也是我们不可多得的宝贵财富。多年来，一批批省内建筑界、规划界、社科界、文化界的有识之士，对荆楚文化、历史建筑、传统民居等进行了不懈地追寻探索，积累了丰富的文史及建筑资料，至今，这些勤奋的耕耘者仍在孜孜以求。

　　本书立足于湖北省的传统建筑文化的研究，着重探析其传承与发展的长期实践。全书由三部分组成，第一章绪论是湖北地区概况、荆楚文化及全书内容概要；上篇是湖北传统建筑文化特色解析（第二至第七章）；下篇是近、现代篇——湖北传统建筑文化传承与发展（第八至第十章），大致涵盖了理论研究、案例解析以及传承发展传统建筑风格原则与设计方法等内容，同时结合了大量优秀案例的评述，剖析了建筑文化的特征要素，其中：

第二至七章分别以武汉、鄂西南、鄂西北、江汉平原、鄂东南和鄂东北六大地区的传统建筑和历史文化名城为研究对象，对其建筑元素、风格类型和历史街区进行分析。分析内容主要从传统聚落规划与格局、传统建筑风格及元素、地域建筑结构特点及材料应用、传统建筑装饰与细节以及典型传统建筑视角来展开。

第八章解析了湖北近代建筑特色，主要对湖北省境内近代建筑留存实体及资料进行了研究和分析，挖掘出荆楚近代建筑在适应地域环境的设计策略、中西合璧的建筑形式、承载近代荆楚历史记忆、反映市民文化的城市肌理与空间格局等方面的重要风格特征，为传承近代建筑文化以及当代荆楚建筑风格的创作提供一定的借鉴和启示。

第九章介绍了湖北现代建筑对传统建筑的传承与发展的历史沿革。通过居住建筑、公共建筑、群体建筑和其他建筑来具体解析在不同空间类型中如何通过建筑肌理、建筑应对自然气候特征、建筑空间变异、建筑材料与建造方式，以及点缀性符号的运用来体现荆楚建筑特色。根据传统建筑风貌特征在现代建筑中的传承及运用，对其设计手法进行分析和总结，提出现代建筑对传统建筑风格的学习，应从这五个方面加以把握，建筑作品才能良好地体现传统建筑的神韵，彰显人文特色，塑造宜人空间，并传承传统文脉。

第十章为荆楚建筑风格的传承与创新。本章归纳出荆楚建筑风格特色、荆楚建筑人文精神和荆楚建筑美学意境；探索了荆楚建筑思想传承和发展的过程；挖掘出新"荆楚风"建筑的创作手法；总结出湖北现代建筑传承发展传统建筑风格的设计原则和提出湖北现代建筑在传承发展传统建筑风格中主要面临的挑战。

本次课题研究，解决的不仅仅是建筑造型的趋同问题，更重要的是呼吁大家对建筑文化的关注，对全面提升湖北城镇建设的文化品位，推动荆楚建筑文化在当代中国建筑文化的大家庭中展现出独特的魅力和厚重的底蕴。当然，传承荆楚建筑文化是一项十分艰巨、长期的任务，需要一代人、几代人发扬楚地先民筚路蓝缕、自强不息的进取精神。我们不仅要继承荆楚文化的优秀传统，更需要学习世界建筑创作中的优秀成果，并充分运用现代科学技术与材料，创造出既有地域特色，又有时代风貌的现代建筑。全力做到弘扬荆楚文化、彰显民族特色、传承地域特征、展现时代风貌，从而提升文化自觉、增强文化自信、实现文化自强。

第一章 绪论

湖北地处长江中游，华夏腹地，历史悠久，人杰地灵，是古人类的发源地之一，楚文化的发祥地，三国文化之乡，中国近现代革命策源地之一。厚重的历史积淀留下了丰富的文化遗产资源，使湖北在中华文化遗产版图上占据着十分重要和显著的位置。境内有楚国最大的都城郢都（纪南城）的遗址、楚宫殿遗址和全国最大的九连墩战国车马坑遗址；有被誉为"地下乐宫"的曾侯乙墓出土的编钟和大量古乐器；有在当时世界上领先的铜绿山古铜矿遗址；有被称为"丝绸宝库"的江陵马山楚墓出土的大量精美无比的丝绸。这些满目生辉的珍品，展示着楚文化的丰富内涵与独特魅力。

湖北省不可移动文物十分丰富，素有"文物资源大省"之誉。目前，湖北省不可移动文物的总体情况如下：世界文化遗产3处（武当山古建筑群、明显陵、唐崖土司城址）；全国重点文物保护单位148处；省级文物保护单位850处；国家历史文化名城5座（荆州、武汉、襄阳、随州、钟祥）；中国历史文化名镇12处（荆州市监利县周老嘴镇、黄冈市红安县七里坪镇、荆州市洪湖市瞿家湾镇、荆州市监利县程集镇、十堰市郧西县上津镇、咸宁市咸安区汀泗桥镇、黄石市阳新县龙港镇、宜昌市宜都市枝城镇、潜江市熊口镇、荆门市钟祥市石牌镇、随州市随县安居镇、黄冈市麻城市岐亭镇）；中国历史文化名村7处（武汉市黄陂区木兰乡大余湾村、恩施州恩施市崔家坝镇滚龙坝村、恩施州宣恩县沙道沟镇两河口村、咸宁市赤壁市赵李桥镇羊楼洞村、恩施州宣恩县椒园镇庆阳坝村、恩施州利川市谋道镇鱼木村、黄冈市麻城市岐亭镇杏花村）；第三次全国文物普查登录的各类不可移动文物点36473处。

第一节　地区概况

一、自然概况

湖北省位于我国的中部，简称鄂。地跨东经108°21′42″~116°07′50″、北纬29°01′53″~33°6′47″；东邻安徽，南界江西、湖南，西连重庆，西北与陕西接壤，北与河南毗邻；东西长约740公里，南北宽约470公里；全省面积18.59万平方公里，占全国总面积的1.94%。

全省地势大致为东、西、北三面环山，中间低平，略呈向南敞开的不完整盆地。在全省总面积中，山地占56%，丘陵占24%，平原湖区占20%，素有"千湖之省"之称。

湖北地处亚热带，位于典型的季风区内。全省除高山地区外，大部分为亚热带季风性湿润气候，光能充足，热量丰富，无霜期长，降水充沛，雨热同季。

全省自然地理条件优越，海拔高低悬殊，树木垂直分布、层次分明，优越的森林植被呈现出普遍性与多样化的特点，且矿产资源丰富。

二、人文概况

湖北是楚文化的发祥地，文化沉淀丰厚、文物古迹众多。据史传载，五千年前，中华民族的始祖炎帝神农氏就出生在随州市，神农尝百草就发端于神农架。在武汉市黄陂区发掘的距今3500多年的"盘龙城"遗址，是中国已发现的最古老的城池之一。楚文化是中华民族文化的重要组成部分，在长达数千年的历史中曾创造了光辉灿烂的古代文明，其青铜冶炼、丝绸彩织、刺绣、漆器制作等方面达到了很高的水平。随州曾侯乙墓出土的编钟是世界古代乐器中的珍品。屈原的《离骚》更是中国诗坛上的千古绝唱。

湖北历史遗存丰富，全省有不可移动的文物点1.5万多处，其中全国重点文物保护单位20处，省级文物保护单位154处；有武汉、荆州、襄阳、随州、钟祥5个中国历史文化名城。世界四大文化名人、楚文化的杰出代表——屈原出生于秭归县；被誉为"东方第八大奇迹"的编钟出土于随州擂鼓墩；堪称古代青铜冶炼技术顶峰的铜绿山古矿冶遗址和越王勾践剑、商代的盘龙城就出土于荆楚大地；工艺精湛的漆绘、木雕制品和古代丝绸也多出土于荆州江陵。明代伟大医学家李时珍故里，武当山道教建筑群及武术，汉文化代表——王昭君故里，都以其独特的文化内涵著称于世。还有以荆州古城、蒲圻赤壁、襄阳隆中、当阳长坂坡为代表的三国文化根基厚实，茶文化、药文化、鱼文化、竹文化、石文化等各显异彩。

三、社会概况

湖北省现有12个直辖市，包括：武汉市、黄石市、襄阳（曾用名：襄樊）市、荆州市、宜昌市、十堰市、孝感市、荆门市、鄂州市、黄冈市、咸宁市、随州市；1个自治州：恩施土家族苗族自治州。武汉是湖北省会，是湖北省政治、经济、科技、教育和文化中心。全省总人口为6016.1万人，居全国第9位，主要有汉族、土家族、回族、满族、苗族、蒙古族等民族。

湖北交通便利，公路、铁路、水路、航空四通八达，是全国重要的交通枢纽，形成了以武汉为中心，以铁路、公路、航运、航空、油气管道为骨架的立体传输网络。湖北省有3个国家级开发区，20多个省级开发区。经过近些年的建设和发展，开发区已成为湖北外向型经济的主要增长点。

湖北的农业以耕作业为主，粮食生产居首要地位，是中国重要的粮、棉、油生产基地，主要农产品产量处在全国前列；20世纪80年代初，基本建成以钢铁、机械、电力、纺织、食品为主体，门类齐全的综合性工业生产体系，是全国重要工业生产基地之一；汽车工业是湖北的重要支柱产业；全省水力资源丰富，宜昌、十堰两地水力资源蕴藏量在全国名列前茅，水电发展迅速，建有汉江、丹江口、堵河、黄龙滩、隔河岩、清江等大中型水电站，在长江上先后建成葛洲坝水电站、长江三峡水利枢纽工程；湖北建筑业发达，建筑业综合实力位居中部第一，在全国也名列前茅。

湖北科技实力雄厚，现有科研机构2100多个，其中国家重点实验室11个，国家各部委的研究机构46个；拥有科技人员120万人，居全国第5位。有中国科学院院士21人，中国工程院院士22人。全省科技综合实力居全国前列。

湖北教育事业发达，自古有"唯楚有才"的美称。现拥有武汉大学、华中科技大学等75所高等院校。高校布局逐步趋向合理，学科设置配套、专业门类齐全，生物工程、信息科学、能源、激光、微电子、材料科学等一批有影响、有特色的重点学科和专业已经形成。全省在校研究生、普通高校在校学生、各类职业技术学校学生138万人，居全国第2位，初等教育已基本普及。

四、历史沿革

湖北是中国开发较早的省份之一。京山县屈家岭文化遗址发掘证明，四五千年前已有陶器制作和水稻种植；战国时，今荆州纪南城为楚郢都遗址，亦是长江流域"楚文化"的中心，楚国曾建都于此达411年。春秋战国时大冶已有采铜冶炼。秦汉时，由于湖北接近长江中下游地区，江陵和襄阳发展成为经济和军事重镇。南北朝时中国经济中心开始南移，中原居民大量南迁，加速两湖地区的开发。唐代湖北地区稻、麦、麻、茶和蚕丝等农作物有较大发展。江陵(今荆州市荆州区)成为中国南方经济中心。宋代江汉平原广泛挽堤围垸，使汛期漫水常淹的江汉平原成为主要农业区，故元明时流行"湖广熟，天下足"的民谚。唐宋时，武汉即以商业著称，江夏城（今武汉市武昌）和建康（今南京）、临安（今杭州）并列为南宋三大都会。明中后期，汉江下游和举水、倒水下游地区引种棉花，至清中期棉花种植面积和产量已跃居经济作物首位，手工纺织业迅速发展，武汉成为长江、汉江沿岸和两湖地区农副产品的大集散地，汉口发展成为中国四大商业名镇之一。鸦片战争后，帝国主义势力由沿海侵入湖北，汉口、宜昌、沙市被辟为商埠，他们开办工厂，在汉口等地建立制茶、烟草等加工工业。1904年京汉铁路和1918年粤汉铁路武昌至长沙段通车后，武汉成为华中地区最大的水陆交通枢纽、内地最大港口，同时建立近代工业，有汉阳兵工厂，汉阳铁厂，武昌纺、织、丝、麻四局等，武汉成为中国近代工业发祥地之一。

1911年10月10日，以孙中山为首的革命党人在武昌起义，举起了辛亥革命的大旗，推翻了长达两千多年的封建王朝统治。在湖北这块红色土地上，为中国革命写下了厚重的一页。在中共一大上，中国共产党的创始人中，来自湖北的就有5位，为宣传和传播马克思列宁主义发挥了重要作用。在艰苦卓绝的革命战争年代，涌现了一批又一批可歌可泣的革命烈士。新中国成立后，还出现了湖北籍的国家主席李先念、副主席董必武，涌现出两百多位共和国高级将领和省部级干部。在中国共产党的领导下，湖北人民为了自由和解放进行了不懈的斗争，北伐战争、黄麻起义、湘鄂赣边区革命根据地以及将军县——红安在中国革命史上都写下了壮丽的篇章。1947年后，刘邓大军南下，相继在鄂北、豫南一带建立江汉、桐柏和豫南行政公署。1949年5月16日，武汉解放。

五、历史文化名城分布概况

中国五千年的历史孕育出了一些因深厚的文化底蕴和发生过重大历史事件而青史留名的城市。这些城市，有的曾是王朝都城；有的曾是当时的政治、经济重镇；有的曾是重大历史事件的发生地；有的因拥有珍贵的文物遗迹而享有盛名；有的则因出产精美的工艺品而著称于世。

湖北地处中国中部地区，古亦称荆楚，位于长江流域中段，洞庭湖以北，为中国内陆省份，东邻安徽，南界江西、湖南，西连重庆，西北接陕西，北枕河南。湖北省山川秀丽，土地肥沃，气候湿润，交通便捷，自古物华天宝，人杰地灵。中华文明的两大源头——长江文化和中原文化在此交汇，悠久的历史文化和独特的地理环境，造就了境内丰富多彩的自然、人文景观。

目前，"加快中部地区发展，促进中部崛起"被提到中央的议事日程上来。党的十六大报告指出："中部地区要加大结构调整力度，推进农业产业化，改造传统产业，培育新的经济增长点，加快工业化和城镇化进程。""中部崛起"这一国家宏观战略调整为湖北省各国家级历史文化名城带来新一轮的发展契机。面对机遇，我们需要冷静、深入地剖析和研究。如何实现城市可持续发展，我们需要在认真总结、分析其保护现状的基础上进行。

国务院批准的湖北省国家级历史文化名城共5个，包括：武汉、襄阳、随州、钟祥、荆州。其中：荆州（江陵）属于第一批（1982年2月公布），武汉、襄阳属于第二批（1986年12月公布），随州、钟祥属于第三批（1994年1月公布）。按照历史文化名城类型分：荆州属于传统城市风貌型，武汉属于近现代史迹型，襄阳、随州和钟祥属于一般史迹型。

国务院批准的湖北省省级历史文化名城共11个：江陵（荆州）、武汉、襄阳、黄州、鄂州、荆门、随州、钟祥、恩施、当阳、黄石。其中：武汉、江陵（荆州）、襄阳、黄州、鄂州、荆门、随州、钟祥、恩施属于第一批（1991年公布），当阳属于第二批（1998年公布），黄石属于第三批（2012年公布）。

第二节　影响因子

一、地理文化的影响

湖北地处祖国腹地，境内名山大川众多，山清水秀，风景优美。长江、汉水、清江横贯其中，长江三峡是中国最壮观的峡谷，也是世界最著名的峡谷之一，神农架、武当山、大别山、大洪山、九宫山等，皆为荆楚名山，享誉中外。荆楚人民长期以来钟情大自然，从大自然中寻找灵感，创造了特色鲜明的荆楚山水文化。

湖北是先秦时期楚国的地域，与中原文化并列为华夏文明两大源头的楚文化在这片古老的土地上孕育。早在先秦时期，这里的文明已经相当繁荣，楚地制作的青铜器、丝织与刺绣、漆器已经达到了相当精美的程度；带有鲜明楚文化特点的哲学、艺术以及宗教已经发展得较为完备。

现今，湖北存留的大量文物和遗迹都足以标记生活在这片土地上的先民们所创造的文化高度。一直到今天，湖北的文化艺术仍带有深深的楚文化烙印，它与严肃深沉的中原文化有所不同，它是张扬而绚烂的。

二、人文文化的影响

物华与天宝竞辉，地灵与人杰争艳。在中华文明史上，荆楚大地可谓人才济济："中华诗祖"尹吉甫，世界名人屈原，汉赋开山宋玉，山水田园诗人孟浩然，茶圣陆羽，佛学大师道信、弘忍和神会，书画双绝的米芾，活字印刷术发明者毕昇，医圣李时珍，文学家"公安三袁"和"竟陵钟谭"，历史地理学家杨守敬，哲学大师熊十力和汤用彤，经济学家王亚南，语言学家黄侃，作家废名、聂绀弩和张光年，文艺理论家胡风，剧作家曹禺，思想家殷海光和徐复观，历史学家习凿齿和王葆心，考古学家李济等，湖北的文化因他们而生辉，湖北的山水因他们而增色，所谓"惟楚有才，于斯为盛"。今天的荆楚大地，高校林立，学风浓郁，人才辈出，为社会发展注入了源源不断的动力。

三、外来文化的影响

荆楚文化与周边省份的巴蜀文化、黄河流域的中原文化、吴文化、湖广文化等相互融合。

湖北居华中之中，水陆交通发达。除西北和西南山区经济文化比较闭塞落后外，大部分地区处于枢纽性纵横交通线上，一是南北东西来往人口较多，二是因战争等原因人口迁徙较其他地区多。表现在文化上具有多元的价值取向，具有较强的开放性和相容性。这种开放性和相容性突出地表现在对外来文化的吸收和融合上。

据古籍所载，尧、舜、禹先后多次南征三苗，三苗或不服尧而"叛入南海",或被舜流放"三危",或被"禹放逐之"。夏朝控制江汉地区后,从中原移民加以补充。芈姓楚人约在此期间从中原南下,与江汉土著先民融合,创建了上古一流的楚国,创造了独具特色的楚文化,揭开了湖北历史文化最辉煌的一页。

历史上还有数次北方的移民,以及明清时"江西填湖广,湖广填四川"的移民。由于本地文化和移民文化的差异,主体文化在发展中对这些存在差异的移民文化不断加以同化和相容,或者加强本地文化发展,或者产生新的文化。如西晋末年至南朝中期百余年间的北方移民浪潮中,大量北方移民夹杂着西域胡人、胡商南来,居住于汉水中游的襄阳一带,促进了荆襄地区,尤其是汉水中游城市商业的发展。胡人文化与本地文化结合,繁荣的商业与歌姬为伍,"楚韵"、"胡风"、"蛮俗"融为一体,产生了著名乐府民歌"西曲歌"。

荆楚文化最深层次的价值观也具有多元的特点,因此,儒家、道家、法家、墨家、农家、佛教、道教等,都有发展空间,其各种价值观也都具有一定的代表性。就社会总的取向而言,虽不同时代有不同的侧重,但以儒、道为代表的价值原则,始终是传统文化的主流,其中以道家为代表的价值原则的影响程度较其他地域深。正由于荆楚文化具备开放性和相容性这两大特点,所以,在晚清中西文化剧烈的碰撞中,荆楚文化对西方文化显示出较强的相容性,并在文化转型中处于先进地位。

四、建筑文化的形成

湖北省地处南北交界位置,武汉是长江与汉江的交汇处,自古就有"九省通衢"的美誉,在这样一块水陆交通发达、南北过客川流不息的土地上,它形成了自己独特的风格,同时也决定了它文化的多元性。这种风格更多地表现在建筑的象征文化上,是对它特有的艺术生命力的诠释。传统民居是劳动人民智慧的结晶,它反映了不同民族、不同地域的历史、社会、文化、经济、信仰和特性,同时也体现了适应当地自然条件、地理环境、文化渊源、经济水平和生活习惯,并云集了民间的传统工艺、装饰、艺术的精华,经过长期历史实践创造的宝贵财富。

辉煌的建设成就,使湖北成为中华大地建设百花园中的一朵璀璨奇葩,传承优秀历史文化的湖北建筑,受地理、气候、环境、人文等多种因素的影响,尽管在国内外未能构成明确的建筑流派,但它汇集了江南建筑文化的秀丽典雅、中原建筑文化的古朴雄浑,融入了西部少数民族风情和东部海、徽派建筑的特点,再加之较早地开埠通商,接受西方文化的影响,形成了兼容并蓄的自身特色,并在国内建筑领域具有一定的地位。

第三节 荆楚文化与荆楚建筑

一、荆楚文化的定义和发展历程

(一)楚文化是指由楚人创造、楚国发扬光大的古代文化

从时间上,楚国是我国周代历史最长的古国之一,若从西周初年立国算起,至公元前223年秦国灭楚国为止,历时800余年。

从空间上说,楚文化的覆盖范围几乎包括了整个长江中下游地区和淮河流域大部分地区,楚国在极盛时期曾拥有今湖北、湖南的全部及河南、陕西、四川、安徽、江苏、浙江、山东的部分或大部分土地,实际上占有当时天下的半壁江山。

(二)荆楚文化的发展共经历八个时期

史前:滥觞与展衍

湖北是远古人类化石时代、旧石器时代和新石器时代文化的富集地区,也是中国远古人类及其文化演化的主要地区之一。

先秦:蓄积与崛起

先秦时期,楚国的建立与发展为荆楚地区社会经济与文化的发展带来了强劲的动力,荆楚地区在精神文明与物质文

明方面的发展都已达到当时东西方的一流水平。

秦汉：沉寂与复苏

秦统一六国之后，荆楚地区相对边缘化，楚文化受到秦文化的压抑，陷入相对沉寂的状态；西汉后，荆楚文化作为中华文明的重要因子，逐渐得到复苏，并获得长足的进步。

魏晋南北朝：冲突与交融

魏晋南北朝时期，荆楚地区长期处于不同政权的分割之中。虽处动荡与混乱之时，但冲突中有交融，碰撞中有发展。

隋唐：吸纳与辐射

隋唐时期，荆楚地区成为南北、东西文化交流和融合的大舞台，彼时，荆楚文化呈现朝气蓬勃、兼容并蓄的宏伟气象。

宋元：深邃与雅致

宋元时期，荆楚地区社会经济在曲折中发展、开拓与进取。荆楚文化深邃与雅致并行，学术包容、文学开新、书艺开宗、教育复兴、科技精进，无不浸染时代气息。

明清：激荡与开新

明清两代，荆楚文化的发展仍有长足进步，人才辈出，异彩纷呈，尤其是汉调的兴起和广泛传播，使湖北自楚文化以后重新获得了文化输出的历史地位，具有重大的意义。

辛亥首义：革故与鼎新

辛亥革命武昌首义，一场席卷中国大地的变革由此开始，开启了一个民族的伟大复兴，勇立潮头、敢为人先成为荆楚文化的优秀特质之一。

二、楚文化与世界文化

在世界文明史上，楚文化与同时期的古希腊文化并列为当时世界文明的代表。公元前323年，亚历山大用武力拼凑起来的庞大帝国迅即瓦解，此后10年，楚国因而成为世界第一大国。因此，在公元前6世纪中叶至公元前3世纪中叶，代表当时世界水平的文化是东方的楚文化和西方的希腊文化。二者虽互见短长，但总体水平难分轩轾。

在哲学方面，二者各有所长，各有千秋。中国传统哲学的根基主要为老子和庄子，而老子和庄子都是楚国人。1993年，湖北荆门出土的竹简本《老子》甲、乙、丙三种，受到世界学术界的高度关注。

建筑方面：古代希腊建筑和荆楚建筑，分别代表了当时世界文明的两座高峰，并作为一种典范。如果说希腊建筑以比例的精准、立面装饰的写实美见长，荆楚建筑则以布局组合的有机性、建筑空间的意境美见长，更能体现建筑艺术的内在特征。

楚人青铜冶炼、铸铁、丝绸、漆器早于古希腊，许多科学技术处于领先地位。

在音乐艺术方面，楚人在古希腊人之上。

在国家政体建设、货币制度方面，楚国比古希腊更为完善。

在交通运输方面，航海古希腊在前，车运楚人在先。

古希腊人在理论科学、造船航海、体育竞技、写实艺术、建筑技术等方面比楚人擅长。可以这么说，楚文化和古希腊文化从不同道路登上了世界文明历史的光辉殿堂。

我们完全可以这样说，楚国和古希腊从不同的方向出发，同时登上了古代文化的巅峰。

不仅如此，楚文化同东南亚、南亚以及中亚、西亚甚至环太平洋地区的古代文化都发生过碰撞与交流，因此，不研究楚国的历史和文化，就不可能深入了解世界的历史和文化。

三、楚文化与中华文化

早在秦统一六国之前，楚国已先行统一了大半个中国。可以说，楚国不仅在客观上为秦的统一铺平了道路，而且为此后中国南方政局稳定和经济发展奠定了基础。

楚人以其"筚路蓝缕"的进取精神、博采众长的开放气度、"一鸣惊人"的创新意识、炽烈坚贞的爱国情结，创造了堪称当时中国第一流的精神文明和物质文明。楚人在政治体制上敢于越等破格，在经济制度上敢于标新立异。楚国不仅有精深玄妙的老庄哲学、"惊才绝艳"的屈宋辞赋、"恢诡谲怪"的绘画雕刻、"五音繁会"的音乐、"翘袖折腰"的舞蹈和"层台累榭"的建筑，而且有铸造精美的青铜器、工艺考究的漆木器和技艺超凡的丝织刺绣。在同时代的区域文化中，楚文化独领风骚。自汉朝建立起，楚文化成为中国传统文化的一个主要组成部分。具体而言，楚文化在中华文化中的地位与影响，特别体现在如下三个方面：①屈原与中华民族精神；②老庄哲学与中国文化；③楚辞与中国文学。

四、荆楚文化的内涵

荆楚文化的内涵，主要可概括为十大文化系列：远古人类文化、炎帝神农文化、楚文化、秦汉三国至明清文化、巴土文化、宗教文化、红色文化、山水文化、民俗文化、名人文化。上述十大文化系列，是荆楚文化的典型代表，具有超越时空的强大穿透力和影响力，是我们建设先进文化，全面推进荆楚地方文化大发展、大繁荣的坚实基础，也是荆楚建筑的文化底色。

现今的湖北地区是当时楚国建立和发展的中心区域。所以，湖北人民对楚文化情有独钟，楚文化的因子已深深地融化在荆楚儿女的心灵里和血液中，对湖北人的价值观念、行为方式乃至风俗习惯都产生着深刻而持久的影响，并逐渐创造了特色鲜明、内涵丰富的荆楚文化。

五、荆楚文化的特征

在荆楚文化漫长的发展、演化过程中，逐渐形成了崇尚自然、浪漫奔放、兼容并蓄和趋时拓新的文化特征，具有鲜明的地域色彩。

特征之一：崇尚自然，主要体现在两个方面，即顺其自然和追求人的自然天性。两者在湖北文化中都显得尤为突出。

特征之二：浪漫奔放，荆楚文化浪漫奔放的特色十分突出，在文学、艺术、思想等各方面都有表现。如屈原的作品就是湖北文化浪漫主义特色的代表作。

特征之三：兼容并蓄——湖北得天独厚，武汉"九省通衢"，特殊的区位特点，使荆楚文化具有较强的开放性和兼容性。

特征之四：趋时拓新，趋时拓新即与时俱进、革故创新，它既是湖北文化的重要特色之一，又是湖北文化得以持续发展的生命力之所在。如楚国首创县制、毕昇发明活字印刷术、张之洞"湖北新政"，就是最好的说明。

六、荆楚建筑对华夏文明的传承

楚人把自己作为华夏文明的正统，这种理念反映在楚文化的方方面面，建筑上也不例外，荆楚建筑从选址、布局到建筑单体设计都反映出华夏礼制文化的深刻影响。楚国的城邑和建筑，敢于冲破周的营国制度，源于楚人以自己为华夏正宗的思想根源。这种营建理念，使楚人敢于打破一切条条框框，大胆创新，使楚建筑呈现出一种恢宏的气度。

"居中"思想的体现：《战国策·卷十四·楚策一》记载的"楚地西有黔中、巫郡；东有夏州、海阳；南有洞庭、苍梧；北有汾泾之塞、郇阳，地广五千里"，就是确定以纪南城为中心建都的地理概念，是楚人对"建都必居中"的华夏文化的继承。这种思想不仅体现于城邑内宫殿的选址居中，还体现为群体建筑中主要建筑的布局居中、在室内布局中重要的礼仪空间居中。

营建规制的传承：《周礼·考工记》载有"匠人营国，方九里，旁三门。国中九经九轨，经涂九轨。左祖右社，前朝后市"的都城建设规制。楚人的都城营建，敢于冲破周的营国制度，不仅早期的楚都纪南城达到了方九里的规模，就是在国力开始衰弱的战国晚期，楚国的寿郢，也仍然具有方九里的规模，并保持了三门道的城楼和前朝后寝的建筑格局。

"方正"文化的体现：楚都纪南城的规整性是任何诸侯国的都城都无法比拟的，就连楚国的边城也以"方城"为名。楚国的单体建筑也都是方形与长方形的组合。方正的城邑有利于建设和管理，方形的建筑有利于室内功能的布局，同时也说明"方正"是楚人遵循的行为及道德规范。

"等级"观念的体现：建筑中的"等级"观念，随着阶级的出现而产生。建造规模和形制的分级，不仅表现出使用者的尊卑，而且适应了当时社会的管理结构。

"前朝后寝"的空间层次：屈原在《招魂》中用"经堂入奥"描述楚宫内部的空间层次，应该是"前朝后寝"空间形式的继承和发展。

七、荆楚建筑美学特征

空灵之美：楚建筑的空灵美，主要体现为空间上的变化，即虚实互补、有无相生的"空灵"美学意境。

超拔之美：楚高台、楚长城、楚纪南城等傲岸挺拔，呈现出强烈的升腾超拔之美。

和谐之美：和谐美是楚建筑的重要特征。楚人伍举在楚章华台上，发表了他著名的建筑美学见解，即建筑物只有"上下、内外、小大、远近皆无害焉"，才称得上"美"。所谓"无害"，就是指建筑物在数、量、形等诸方面都符合一定的比例，给人一种和谐的美感。这是中国古代有关建筑和谐美的最完整的表述。楚人不仅最早明确提出了这一理论，而且率先实践。

因借之美：楚人在建筑实践中，也特别注重对自然的直接因借。因借的对象包括：山势、风向、雨量、气流、阳光、水域等。

线形之美：楚建筑中的馆、阁、楼、堂、台、榭、亭、回廊、曲桥、幽径都是浓淡有别、长短不一的"线条"。楚人对曲线最为钟情。如小座屏、虎座凤架鼓的造型中，到处都可以看到楚人对曲线的绝妙表达。

绝艳之美：由于楚人崇尚红色，所以，墙、壁、梁、柱等大都涂成红色。加之广泛运用了雕刻艺术，使楚建筑具有不同凡响的"绝艳"之美。

八、荆楚历史建筑风格特色

（一）建筑布局亲和自然

楚人在长期深入观察和研究自然现象的过程中，创立了天人合一的道学理念，与大自然建立了深厚的感情，形成了与自然和谐相处的生活方式。在这种理念引导下，楚人总是将建筑主动地与地形、植物、阳光、雨露、水体、风向等自然元素相结合，使荆楚建筑的布局和构造具有显著的尊重自然、亲和自然的特色。"层台累榭，临高山兮，坐堂伏槛，临曲池兮"，是《楚辞·招魂》对楚宫建筑与自然山水密切结合的生动描述。楚国的城邑和建筑一般不临大山，但都有"依山"的特点，大多数城邑建在岗地或丘陵的一侧。楚都纪南城北靠纪山，东临雨台山，西临八岭山。楚都纪南城分设陆城门和水城门，将自然河流引入城中，方便城内外的交通联系，改善了城内的用水条件，并在城内形成了难得的自然景观。这一传统一直影响到后来的城市布局。《释名》云："榭者，藉也"，荆楚建筑的榭，开创了以借用周围景色见长的建筑园林化的先河，被后来的园林建筑广泛运用。

楚人尚东，张正明先生在《楚文化志》中指出："楚俗尚东。屈原将楚人最为敬仰的天神和日神均冠以'东'字，奉为'东皇太一'和'东君'。"[1]面东的建筑，每天清晨迎接初升的阳光，给人带来勃勃的生机，建筑入口面东，是荆楚建筑亲和自然的另一种表现形式，并成为后来"紫气东来"的建筑风水布局的起源。

（二）建筑组合恢宏自由

楚宫的核心区采用轴线布局，创造出"十二山晴花尽开，楚宫双阙对阳台"[2]的壮观景象，但楚人没有将整座城市发展为棋盘式的格局，而是采用轴线布局与自由布局结合的方法，维护了自然山水体系的完整性；纪南城的城垣和宫殿的平面，体现了"方正"的文化传承，又没有局限于简单完整的方形，城垣依自然地形适当变化，宫殿在方形的基础上自由组合；至于城市和宫殿的规模，更是敢于突破规制，后来居上。例如在纪南城的规划中，宫殿区的选址位于中心偏东南的位置，就是在继承"居中"思想的

---

[1] 张正明.楚文化志[M].武汉：湖北人民出版社,1988.
[2] (唐)李涉《竹枝词》.

同时，兼顾了自然河流的走向、兼顾了楚人尊东的传统、兼顾了对西侧滨河自然景观的借用。楚都纪南城修造水陆城门，不仅使城垣形成完整的结构，而且保障了自然河道的畅通，给水运和生产生活用水提供方便，同时在城内保留了难得的自然景观。

（三）建筑造型层台累榭

"楚宫以台榭为特色"，为世所公认。但众多的文献，都将《楚辞·招魂》中对楚宫"层台累榭，临高山兮"的描绘解释为重重叠叠依高山而建的宫殿建筑。我们认为这种解释是合理而富有诗意的，在广袤的荆楚大地上一定出现过这样的建筑样式，但这种形式不能代表楚宫建筑的主要模式。因为鼎盛期的荆楚建筑位于江汉地区，其中最有代表性的建筑应该在纪南城及其周边地区，这里的基本地貌为沼泽、平原和丘陵，并无高山可依。那么，如何解释"层台累榭，临高山兮"的含义呢？我们认为"临高山兮"中的"临"，不能作"凭借"、"依靠"、"面对"解释，而应作"临写"、"模仿"、"近乎"来解释。于是，"层台累榭，临高山兮"的含义应该是："在一层又一层高台上，重叠的楼宇，像高山一样雄伟呀"。

（四）礼仪空间庄重浪漫

礼仪空间的庄重性是各诸侯国的普遍追求，而楚人却在重视其庄重性的同时，赋予礼仪空间以浪漫的气氛。《左传·成公十二年》有："晋郤至如楚聘，且莅盟。楚子享之，子反相，为地室而悬焉。郤至将登，金奏作于下，惊而走出"，记载了楚宫"地室金奏"的布局形式。对此，张良皋先生认为，楚人在地下室布置乐队，比当时（乃至后世）置乐工于堂陛或廊庑要庄严雅致。楚人的宫殿，不仅是音乐厅，而且是美术馆。《楚辞·招魂》用"室中之观，多珍怪兮"，记载楚宫室内以大量珍贵奇异的陈列供室内观赏之用。楚宫通过艺术化的空间设计，使严肃的宫廷呈现出浪漫的生命气息。

（五）内外装修精细华美

潜江龙湾章华台三层高台的建筑群，采用了彩色瓦和印纹彩瓦；洁白如玉、纹如鱼鳞的贝壳路，在全国东周遗址中是首次发现；"经堂入奥，朱尘①筵兮"，通过厅堂进入内室，顶上装饰着红色的天花，地面铺陈着精美的竹席。这些描述，反映了楚宫建筑室内装修的特点。

（六）色彩组合艳丽沉静

"红壁砂板，玄玉梁兮。"通过楚辞的描述，我们知道红与黑是荆楚建筑色彩的主调，我们对荆楚建筑色彩的直观感受，可以在出土的文物中去寻找。

红色具有激越、浪漫、艳丽的效果，黑色给人稳定、静谧的感受，通过两种色彩的强烈对比，形成艳丽而沉静的色彩基调，再加以局部褐色、明黄、钴蓝、粉绿的调和，形成缤纷、斑斓、丰富的色彩组合。

（七）空间结构顺应环境

高台建筑是楚人应对江汉地区炎热潮湿、水患频繁的特殊环境的有效对策。通过提升建筑高度改善通风采光条件，通过外廊挑檐遮阳防热。

荆楚建筑的生态性还表现在布局、构造、用材等许多方面。章华台遗址发现的半凹形半地穴空间，地面铺陈的竹席，紧贴地面的矮床，与席地而居的生活习惯相结合，形成衔接地气的冬暖夏凉的室内环境，是应对夏热冬冷气候的典型的生态设计。在遗址发掘和文献中披露的大挑檐、遮荫亭廊、内天井、磨光石材地面、透空花窗、坯砖夹土墙、陶制排水系统等构造做法和引入水体、种植花木的园林化空间环境，使楚宫建筑不仅有美丽的外观，也有舒适的生活条件。

（八）荆楚园林景观

"鸟次兮屋上，水周兮堂下"，"筑室兮水中，葺之兮荷盖。荪壁兮紫坛，播芳椒兮成堂"是屈原在《九歌》中对

---

① 尘，即承尘，指天花板

湘君、湘夫人位于湘水之滨的爱情殿堂"水中荷屋"的生动描述，也是楚人与自然融为一体的生活境界的诗意化表达。亲和自然的建筑布局与浪漫的艺术境界相结合，使楚人创造出许多富于诗意的建筑佳作。无论是城内的王宫还是郊外的离宫，楚人总是采用依山傍水的布局，将建筑与自然巧妙地结合为一体，形成园林化的建筑景观。楚人因借自然的水景设计理念：通过曲折的水道引入自然的水系，在建筑前形成舒缓的碧波，呈现出一派优雅祥和的景色。

《大招》："曲屋步壛"，讲建筑的园林布局。步壛就是连廊。房屋的样式曲折多变，再用长廊串联，沿着洁白如玉、

图1-3-1 上海世博会湖北馆（来源：《荆楚建筑风格研究》）

图1-3-2 东湖磨山楚城干阑式建筑（来源：《荆楚建筑风格研究》）

图1-3-3 湖北省博物馆楚文化展区（来源：《荆楚建筑风格研究》）

图1-3-4 虎座凤架鼓（原型）（来源：《荆楚建筑风格研究》）

图1-3-5 东湖磨山楚城城门望楼（来源：《荆楚建筑风格研究》）

纹如鱼鳞的贝壳路，形成"步移景异"的园林建筑空间。

楚人在园林中大量采用荷花、荪草、紫贝、花椒、桂木、木兰、辛夷、白芷、薜荔、蕙草、石兰、杜衡等香草香木作为园林建筑或装饰的材料，象征人物品性，塑造出圣洁高雅、超凡脱俗的园林意境，说明楚人没有将园林设计停留在功能性和视觉美的简单层面，而是将植物与人的性格和情感联系起来，开创了"香草美人"诗意化结合园林设计境界美的先河。

（九）荆楚建筑对荆楚文化的借鉴

意境借鉴：上海世博会湖北馆，外形以古篆书"水"字为形，以水流动的形状轨迹作为造型主线，外观设计元素选择楚文化特有的符号——楚风云翔，灵动而流畅。

造型借鉴(中轴对称、高台、宽屋檐、大坡式屋顶、干阑)：如武汉东湖磨山楚式干阑式吊脚楼就是借鉴楚建筑的造型。

色彩借鉴：楚人有尚红、尚黑之风，荆楚建筑的主色调是红色和黑色。

装饰借鉴（荆楚文化符号：纹饰、典型器物等）：虎座凤架鼓是楚国的重要乐器，具有浓厚的楚文化特色。

这些借鉴手法，有的是独立运用，有的是综合运用，还有的是吸收荆楚文化神韵而进行艺术化的运用。

总之，我们通过挖掘楚文化的内涵，探寻荆楚文化在现代建筑设计中的运用价值与推广，力图将现代建筑技术、功能空间与自然环境、生活习俗、历史文脉巧妙地结合，获得独特的艺术风貌和文化品位，为湖北当代建筑注入文化基因与文化记忆。

第四节 多元文化孕育下的类型解读

一、六个不同的本土文化分区

（一）武汉简称"汉"，湖北省省会，它是武昌、汉口、汉阳三镇的统称。武汉的城市文明历史可追溯到3500年前的盘龙城。这是长江流域发掘出的最古老的城池，被学者认为是长江流域文明和黄河流域文明融合的突破口。3500年间，因水运发达，物产丰富，这里从来就是兵家必争之地，并由军事中心进而发展为区域性政治商贸中心，武汉也因此拥有融汇多元文化的优势和特质。辛亥革命的首义文化铸就了武汉人"敢为天下先"的人文精神。悠久的历史文化，给这座美丽的城市留下了丰富的人文和自然景观。全市有名胜古迹339处，其中国家重点文物保护单位有商朝盘龙城遗址、辛亥革命军政府旧址和中共"八七"会议旧址3处。

（二）鄂西南是一片文化厚土。恩施土家族苗族自治州是巴文化的发祥地，巴楚文化、巴渝文化在这里交融，是土家族苗族文化的摇篮，积淀了绚丽多彩的民族文化，摆手舞、铜铃舞、滚龙连响舞动山岳，山歌、情歌、撒尔嗬歌海如潮，而且是世界25首著名民歌之一《龙船调》的故乡，由此被誉为"歌舞之乡"，创造了恩施州的文化积淀，厚重之精华。

（三）鄂西北地区从新石器时代以来，就是黄河流域与长江流域文明交相契合之区。仰韶文化向南伸展，及于鄂西北。较晚的屈家岭文化向北伸展，及于豫西南。更晚的河南龙山文化，又伸展到鄂西北。这个地区一直是南北文化激烈交锋的前沿阵地。

（四）江汉平原为湘鄂赣结合地，物产丰富，交通便利，商业流通较多，民居中除了体现传统的哲学、伦理、审美思想以及风水外，还显示了复杂融合的多种综合文化。区域内多为汉族，受其他地域文化影响，民居呈现多样发展的趋势。

（五）鄂东南区域内多为汉族，受其他地域文化影响，民居呈现多样发展的趋势。鄂东南历来是鱼米之乡，历史悠久、文化多元，该区域是湖北省文化类型最为丰富的地区之一。鄂东南大地到处闪耀着三国文化、江文化、湖文化的灿烂光华，流溢着秀丽的江南风光，山川秀美，人杰地灵，风光迤逦，展示着奇特的风土人情，因此也被外界誉为"鄂江南"，是旅游胜地，令宾客神往。

（六）鄂东北地区是融周文化、楚文化、巴文化和吴文化为一体的历史积淀深厚的多元文化结合体。春秋时，楚人向东发展，楚文化浸润鄂东北；战国时，鄂东北受楚文化影响更大。西汉初，巴郡、南郡蛮反，被汉王朝平定，将其一部迁往鄂东北，是为西阳蛮、五水蛮，周、楚、巴人所创造的物质文化与精神文化，在鄂东北大地上交融，同时鄂东北地处楚头吴尾，自然会融进西流的吴越文化。三国时吴黄龙元年(公元229年)，孙权迁都武昌(今鄂州市鄂城区)，有过规模达到几十万人的移民活动。

唐代以前，鄂东统入淮南道，宋后入淮南西路，使社会发展更加有利，大批移民涌入。到明清时期，与江汉平原一样，有大量外地游民、客民、移民移居到鄂东北丘陵地区，且也是以江西籍游民为主。据史料记载有"生齿日繁，流集日众"之说。他们来到这里主要通过砍伐森林、刀耕火种的途径和方式来进行垦殖，使这里呈现出了一派繁忙的景象，经济得到较大的发展。

二、六大分区地理环境特点分析

湖北省处于中国地势第二级阶梯向第三级阶梯过渡地带，地势呈三面高起、中间低平、向南敞开、北有缺口的不完整盆地。地貌类型多样，山地、丘陵、岗地和平原兼备。地势高低相差悬殊。湖北省西、北、东三面众山环绕，山前丘陵岗地广布，中南部为江汉平原，地势平坦，海拔多在35米以下，略呈由西北向东南倾斜的趋势。

（一）武汉属于平原向丘陵过渡区域，是九省通衢，交通要道，属北亚热带湿润季风气候，四季分明。武汉位于江汉平原东部，长江中游与汉水交汇处，武汉城市圈中鄂州、黄石、黄冈、孝感、仙桃和咸宁市与武汉交界。表面看来，武汉文化地理特征有些简单，而实质上正是武汉的地理区位特征，将武汉周边的文化生态融汇在一起，形成了多姿多彩、多元鼎立的武汉文化。然而，武汉文化不是自古即有的，武汉三镇文化整合在一起仅仅只有半个多世纪的历史。

（二）鄂西南与重庆东部、湖南的西北角相毗邻，地处三峡腹地，属二级高山区。主要组成部分是恩施土家族苗族自治州，解放初期曾被称为鄂西自治州。地处我国实施西部大开发战略的区域内，恩施土家族苗族自治州是湖北省唯一的少数民族自治州，也是湖北省唯一享受国家西部大开发政策的地区。全州辖恩施市、利川市、巴东县、建始县、宣恩县、咸丰县、鹤峰县、来凤县8县市，2.4万平方公里，380万人口，其中以土家族苗族为主的少数民族人口占52.6%，为鄂西南地区的中心城市，素有"世界硒都"的美誉。

（三）鄂西北是鄂与豫陕渝的毗邻地区，斜倚于大巴山的余脉，主要指湖北省的十堰及襄阳两市。鄂西北属于汉江中游地区，汉江贯穿整个区域。鄂西北自古就有"四省通衢"的美称，鄂西北多为山地，为亚热带向温带过渡区，是古代川鄂盐商重要的交通要道。

（四）江汉平原由长江及其支流汉江冲积而成，是典型的河积、湖积平原，地面平坦，面积近40000平方公里，整个地势由西北微向东南倾斜，海拔高度为25～35米。历史上江汉平原曾是著名的云梦泽，湖泊众多，重要的有洪湖、汈湖、长湖、排湖、大同湖、大沙湖等，湖泊一般底平水浅，适于淡水养殖，又能调蓄江河水量，减轻平原旱涝灾害。

江汉平原属北亚热带湿润季风气候，全年气候温和，光照充足，雨量充沛，春暖夏热，秋燥冬寒，四季分明。严寒酷热维持时间不长，无霜期及农作物生长期都较长，农业气候条件优越，具有南北兼宜的气候特点，适合于多种动植物生长。

（五）鄂东南地区以地貌复杂的山地、丘陵为主要地理特征。山脉之间丘陵与小盆地交错分布，山间谷地河流纵横，溪泉密布。其北部是蜿蜒连绵的大别山脉，而南部则为略呈西南—东北走向的幕阜山脉，蜿蜒于湘、鄂、赣边境。著名的九宫山风景区就是幕阜山一脉。该地区属北亚热带季风气候区，为大陆性气候，夏热冬寒，四季分明，夏季幕阜山以北气温偏高，而山区气温比较低，该地区日照充足，雨量充沛，水土丰美，适于粮食作物和其他经济作物的生长。

（六）鄂东北地区多为丘陵，且以海拔1000米以下的低丘为主，地势起伏较小，丘间沟谷开阔，土层较厚，宜农宜林。鄂东北地区属亚热带季风性湿润气候，光能充足，热量丰富，降水充沛，是全省日照时间最长的地区，也是湖北总辐射量最高的地区，夏季伏旱较重且多暴雨，冬季气温较低，建筑保温显得较为重要。

三、六大分区人文环境特点分析

（一）武汉是一座具有3500年历史的文明古城，是全国建城最早的特大城市；是"高山流水觅知音"的故里、"白云黄鹤留佳话"的故乡；是推翻封建王朝打响第一枪的地方；是中国近代工业发源和近代博览会发源地；是中国中部地区的工业、金融、商业、科研和文化教育中心。

武汉人民勤劳、聪慧、率真、质朴。当代武汉城市文化受江北的黄、孝文化（黄陂、孝感）和江南的鄂州文化影响较为深刻。从历史看，黄、孝文化孕育了汉口的商业文化，鄂州文化造就了武昌的"军政文化"。黄陂人性格热情豪爽，精明强干，进取心强，善于经营；鄂州（古武昌）有"帝王之都的威严，风樯如林的显赫和商贾如云的繁荣"，人文资源非常丰富。

武汉是中国重要的科研教育基地，其高等院校、科研院所数量仅次于北京、上海，居全国城市第三。

（二）鄂西南地区山高路远，地势险峻，交通不便，人口稀少，相对闭塞，因此成为周边人口避难、逃荒的首选之地，因"家族迁徙"而形成聚落的历史过程常常被记载在当地大家族的族谱中。自东汉以后，鄂西南地区先民的强宗大姓已不断崛起。

元代实施的土司制度，为当地家族聚落形成了发展空间。在元代，鄂西南地区有土司14个，明代有29个，清代有23个。土司制度有别于周边汉民族的政治体制，使该地区聚居文化地域性特点得以加强。鄂西南在历史上各个时期陆续有汉族、侗族、回族、壮族、瑶族等多个民族迁入，因此成了一个多民族的聚集地，其文化也呈现交叉融合的状态，体现出不同的居住习俗。我们今天所见的鄂西南民居除了纯粹的吊脚楼外，还可以见到在不同时期建造的与其他类型的民居相融合的"混合型"民居，如洞穴式民居、天井院民居等。

（三）鄂西北土地广袤，历史悠久，人文资源十分丰富，但经济相对落后。据考证，一百万年以前，人类就已在这里生息、繁衍。20世纪70年代在竹山县城东护福寺发掘的新石器时代遗址充分证明：5000年以前，我们的先祖就在这里创造了"龙山文化"和"屈家岭文化"，这里也是传说中的女娲炼石补天之处。夏商时置庸国，春秋时置上庸县，汉朝置上庸郡。

鄂西北是楚文化的发源地之一，又是楚文化与中原文化的交融地，巴楚文化、巴渝文化、黄河中原文化在这里共生共融，使这里成为文化发展的一片沃土，土家族、苗族、侗族、汉族等各民族人民共同生活在这里，演绎着各民族文化绚丽多彩的动人篇章，也构成了湖北少数民族文化的精髓之一。鄂西北借四省交汇之便，据荆襄、汉水之利，享"武当山"、"神农架"、"三峡"等名胜之誉，使这里优势尽显，蜚声海外。

鄂西北有着丰富的生态旅游资源和历史悠久的人文景观，旅游环境良好。其中，武当山是我国著名的道教四大名山之一，其道教建筑群规模宏大，数量众多，历史久远，自然及人文美景遍布，500多处名胜古迹与山峦和谐共处，历经宋元明清等朝代，至今仍保存完整，成为享誉世界的璀璨明珠。而古城襄阳市有着2800多年的建城史，是第二批公布的国家历史文化名城之一，拥有国家级、省级名胜古迹多处，楚文化、三国文化遗址以及多位名人的传说、典故更是丰富了这里的文化底蕴。著名的丹江口水库两岸，古文化遗迹相对集中，包括水库岸边的千年古刹香岩寺、内容丰富的下王岗新石器遗址、楚始都丹阳故址的龙城、规模巨大的下寺春秋楚墓群等楚文化遗迹，均有十分重大的社会影响。

（四）江汉平原地区。平原深处内陆，土壤肥沃，产稻米，素称"鱼米之乡"。又有武汉三镇，是中国经济的心脏区之一。1949年前常受洪水威胁，有"沙湖沔阳州，十年九不收"之谚，1949年后，修建荆江、杜家台等分洪工程，加固江堤，战胜洪水灾害，被称为湖北省的"水袋子"。随着水利建设与河湖的综合治理，江汉平原正逐步转变为湖北的"钱袋子"。

古语云：湖广熟，天下足。这句话充分说明江汉平原在全国重要的地位。举世闻名的荆楚文化就是发源与兴起于江汉平原。江汉平原人口密集，物产丰富。

（五）鄂东南温和的气候为人们的栖居提供了良好的条件，复杂的地貌为鄂东南村落提供了多样的布局方式，加之于湘、赣、皖三省交界而存在的地理上的相连，在风向、气温、降水、地形地貌等生态环境上都具有一定的相似性。明朝初期"江西填湖广"、"湖广填四川"的移民运动，使得鄂东南地区受到江西等经济与文化较发达、宗族组织化较严密地区的巨大影响，家族文化观念和家族组织结构较湖北其他区域更为完整、强烈；而鄂东南地区以丘陵为主要地貌特征决定的自给自足的小农经济生产生活方式则在经济上为血缘型家族聚落的孕育和产生提供了土壤。

（六）鄂东北以低山丘陵为主，西有大洪山，北有桐柏山、大别山，南以长江为界，组成一个相对独立的区域地理单位，鄂东北包括黄冈、孝感两个地区和随州市，这里的居民方言有特殊的风格，属于"楚语区"。"楚语区"居民的风土习尚质朴淳厚。鄂东北是才子、将军的故乡，这里有全国闻名的"教授县"、"将军县"，文才武将，群星灿烂，自古以人文发达著称。而五祖寺的菩萨、东坡赤壁的胜迹以及黄梅的桃花、蕲春的四宝、孝感的夜嫁更令人心驰神往。

四、六大分区主要建筑材料分析

（一）武汉地区传统民居一般采用砖木结构，外墙使用大面积的清水砖墙，但也有用条石的，石上还刻有斜向纹路，如黄陂民居大部分以当地石材砌筑，当地称之为"滴水线石墙"。屋顶多为双坡硬山式，但墀头形式各异，丰富多彩，其造型反映了居者不同的精神追求；因对通风透气的要求较高，屋顶普遍比北方地区薄。武汉地区传统民居既保存有明清时代传统的建筑风格，但又分明带着些西方文化的影响。如新洲区徐源泉旧居，其门柱、门额使用的就是具有西方建筑色彩的水泥雕饰。

（二）鄂西南传统民居以极富特色的木构干阑建筑——吊脚楼为主要形式。除原汁原味的吊脚楼外，也包括一些砖石与木构混合建筑以及由此形成的聚落，如利川大水井李氏庄园和咸丰严家祠堂。

（三）鄂西北的民居风格受到北方建筑的影响，相对湖北其他地方而言，形式较为粗犷厚实，但在建造工艺上仍不失细腻和精巧，体现出与北方建筑的差异性。建筑材料以土木为主。

（四）江汉平原民居多砖木、抬梁式。以大型院落为主，具有典型的汉族文化特色。受到荆楚文化影响，空间上重视内外交融。

（五）鄂东南地区的建筑以砖木混合为主。

（六）鄂东北民居样式单一，实用为主，墙体较厚，晒台为重要组成。多为单体，有院落但规模较小，院落有较大高差，建筑材料多为砖木结合。

上篇：湖北传统建筑文化特色解析

第二章 武汉地区传统建筑文化特色解析

　　武汉市区传统建筑深具楚地传统建筑灵动多姿的特性，呈现出鲜明的地方文化特色，这是历史长河积淀下的宝贵财富。武汉三镇隔江鼎足而立，大气天成，独特的城市结构更造就了这一雄伟的印象。武汉之"大"，还在于它的地域特征给人以"大气"的感觉。武汉雄踞江汉平原，既有大江大河，又有大湖和山陵。"得江山之胜"的武汉同时又是九省通衢，各色人等聚集的环境造就了武汉人的江湖豪气及宽容大度，表现在建筑中存在许多文化融合现象，无论是东西南北各地区的建筑文化，还是国外建筑文化都能融入自身，体现出难能可贵的中外融合、地域融合、古今融合的现象。灿烂的楚文化尤其深刻地影响着这方水土，造就了武汉人性格的多面性，在保有一种蛮气（热情刚烈、浪漫奔放、豪放洒脱）的同时，也保有了一分灵气（机敏聪慧、见多识广、头脑灵活）。这种鲜明矛盾的特性也淋漓尽致地表现在武汉市区的传统建筑中，从总体布局到建筑局部都展现出楚文化熏陶下的绵远、灵动和力度。因此，武汉本土建筑师不得不探寻留存至今的传统建筑文化特色，希望借鉴其手法，吸取其精华。显然，不可能照搬先人的象征文化做法，也不可能炮制现代版的"九宫八卦"，更不可能到处去粘贴"黄鹤"、"鼓琴"、"编钟"和"九头鸟"等形式标签。归根结底，建筑师从此时此地留存的传统建筑中得到的只是个人的体验——一种难以言表的、因人而异的"意"，只有当建筑师找到合适的"象"时，才能在现代建筑中真正体现所传承文化和所在地域的神韵，在建筑创作中展示出武汉地区建筑特色的新魅力。

第一节 武汉地区传统建筑文化特色解析

武汉地区位于湖北省东部长江与汉水交汇之处,包括江岸、江汉、汉口、汉阳、武昌、青山、洪山、蔡甸、江夏、黄陂、新洲、东西湖、汉南13个区,隔江相望的武昌、汉口、汉阳,通称武汉三镇。武汉地势低平,湖泊众多,北部的黄陂、新洲为丘陵地区,是大别山的余脉。武汉地区传统民居主要集中于武昌区、江夏区、黄陂区、蔡甸区和新洲区,保存较好的传统民居有黄陂大余湾民居、毛泽东旧居、徐源泉旧居等。

一、聚落规划与格局

武汉地区传统民居多采用三合院形式,轴线对称,平面形式工整。合院由三间正房、两厢房和天井组成,正房中间前为堂屋,后为灶房,左右两间为卧室。天井四面设有檐廊联系大门、两厢和正房。按照规模的大小,从简单的一进院、二进院逐步发展为三进院,也有更多进院落串联而成的大户家族,之间留有通道——"火巷",既是人行通道,又兼有消防隔离带的作用。为了适应闷热的天气和避免太阳的直射,武汉地区传统民居的进深一般很大,这使得室内阴凉,而出檐较深则正好遮挡烈日;而且为了防潮,多设有阁楼以存放物品。

二、传统建筑风格及元素

构成:水、路、城、院

色彩:红、黄、黑

风格:中西合璧

内涵:开放兼容

传统民居布局有单栋或联排的形式,联排的布局有的达到五门十五开间,非常壮观。平面形式有"钥匙头"、"塞口屋"、多进四合院等,平面以天井为中心,对外一般不开窗,具有外实内虚的空间特色。

里分:是汉语中独一无二的词汇,专指武汉市汉口中心城区的老式住宅小区(其建设主要完成于民国时期)。武汉的里分建筑,均采用联排式布局,以一主二次三支的交通系统和巷道空间构成。宽巷子大门对大门,窄巷子后门对后门,简洁方便,生活气息浓郁。"大门对大门,后门对后门,一窄一宽"的巷道式空间特色,与上海里弄的"大门对后门,后门对大门,巷宽一致"的均质性巷道空间形成鲜明对照。(图2-1-1,图2-1-2)

图2-1-1 汉口里分街巷手绘(来源:《"荆楚派"村镇风貌规划与民居建筑风格设计导则》)

图2-1-2 汉口汉润里建筑造型各异的巷门(来源:《"荆楚派"村镇风貌规划与民居建筑风格设计导则》)

传统民居墙面以青砖或毛石砌筑，考究的民居采用条石墙面，刻上整齐的斜纹，便于雨水流淌，称为"雨墙"，非常美观。但山墙和墀头一般不出屋面，保持屋面造型防水体系的完整性。墀头的形式户户不同，变化丰富。里分建筑多在清水红砖墙上加水洗石墙裙、门窗套、分层线脚和檐口。（图2-1-3）

三、传统建筑结构特点及材料应用

武汉地区传统民居多采用穿斗式的木构架，也有穿斗和抬梁混合式的。由于民风淳朴，很少看见奢侈的装饰，主要在墙面屋檐下、山墙端面和门楣上有少量民间故事彩绘，如武昌昙华林81号的八仙过海的彩绘门楣。此外，檐下斜撑、隔扇门、窗棂等处也可看到一些木雕，图案有仙人、蝙蝠、牡丹等，以求吉祥如意，这些装饰花纹虽不复杂但雕刻精美。

四、传统建筑装饰与细节

武汉民居很少采用奢侈的装饰，墀头、屋檐、门楣等偶有彩绘，檐下斜撑、隔扇门、窗棂等偶有雕饰，均不求复杂，但求精美。

立面：传统民居装修以槽门式入口、多样化的墀头和丰富的檐下彩绘为重点，以多级的悬空墀头，檐下多层次横向带状彩绘为特色。里分建筑的装修多采用简化的西式柱头、券门、线脚和铁艺，造型以灰塑和砖刻为主，个别讲究的建筑采用石刻。

入口：传统民居的入口有槽门式和平入式，平入式入口常常通过上部多层挑出的墀头丰富口部空间。里分建筑在各个巷道均有考究的口部设计，以简化的西式门头造型为主，也有采用中式园门的。单体建筑多采用"塞口屋"的形式，造型有简洁的石库门，也有柱式和券门的形式，还有在券门上方做浮雕的华丽的入口样式。

五、典型传统建筑分析

（一）禹稷行宫

禹稷行宫又名禹王庙，为祭祀建筑，位于汉阳龟山东麓禹功矶上，为纪念大禹治水而建。禹稷行宫为三开间硬山式小布瓦木构建筑。建筑台阶石栏简洁讲究，镂空景窗、挂落飞罩和花篮斗栱精致优美，配合协调。山墙造型庄重雅致。屋顶的龙形脊饰体现了与治水相关的主题。（图2-1-4）

图2-1-3 汉口坤厚里（来源：《"荆楚派"村镇风貌规划与民居建筑风格设计导则》）

图2-1-4 禹稷行宫（来源：《荆楚建筑风格研究》）

图2-1-11　古琴台遗址（来源：《荆楚建筑风格研究》）

图2-1-12　古琴台殿堂（来源：《荆楚建筑风格研究》）

图2-1-13　江岸区王宅外景（来源：《湖北传统民居》）

图2-1-14　江岸区王宅天井（来源：《湖北传统民居》）

图2-1-15　武昌区毛泽东旧居外景（来源：《湖北传统民居》）

图2-1-16 武昌区毛泽东旧居局部（来源：《湖北传统民居》）

图2-1-17 武昌区毛泽东旧居天井（来源：《湖北传统民居》）

图2-1-18 武昌区昙华林81号民宅外景（来源：《湖北传统民居》）

图2-1-19 蔡甸区陈昌浩故居外景（来源：《湖北传统民居》）

设长条形香桌，下列八仙桌、太师椅。房屋精致典雅，又不失庄严和肃穆。该宅为京汉铁路总工会旧址，京汉铁路总工会领导人曾在此起草了《特别紧要启事》、《罢工宣言》、《敬告本路司员》、《敬告旅客》等文件、传单，向武汉乃至全国人民宣传京汉铁路工人罢工的原因和目的。（图2-1-13，图2-1-14）

（八）武昌区毛泽东旧居

建于1927年，现位于武昌区都府堤41号，为湖北省重点文物保护单位。旧居为一栋晚清民居式建筑，坐东朝西，占地面积436平方米，三进三天井，砖木结构，青砖灰瓦，前后贯通呼应。1927年上半年，中共中央农民运动委员会书记毛泽东居住于此，在这里写成著名的《湖南农民运动考察报告》。（图2-1-15~图2-1-17）

（九）武昌区昙华林81号民宅

建于清末民初，现位于武昌昙华林。典型的木构建筑，七架梁，抬梁加穿斗构架。面阔三间，进深七间，次间深八间，墙肩以上全木，以下为砖。八仙过海彩绘的门楣，原为小青瓦屋面，后换机制瓦顶。（图2-1-18）

（十）蔡甸区陈昌浩故居

建于清光绪三十二年（1906年），现位于戴家庄屋，为蔡甸区文物保护单位。故居坐北朝南，为土砖墙、木梁黑布瓦的两进民居，面阔12米，进深19米。陈昌浩（1906—1967），湖北汉阳人，1930年加入中国共产党，曾任红四方面军总政治委员、西路军军政委员会主席等职。（图2-1-19）

（十一）新洲区徐源泉旧居

建于1931年，现位于新洲区仓埠镇南下街，为新洲区文物保护单位。旧居坐东朝西，占地面积575平方米。二进二层串楼建筑，砖木结构，硬山顶，穿斗式木构架，为武汉市现存唯一天斗式建筑。栏杆、隔扇均有精工浮雕、镂雕花卉

图2-1-20 新洲区徐源泉旧居正立面（来源：《湖北传统民居》）

图2-1-21 新洲区徐源泉旧居斜撑（来源：《湖北传统民居》）

图2-1-22 民居土坯墙（来源：《湖北传统民居》）

人物故事图案。门柱、门额使用水泥雕饰，又具有西方建筑色彩。徐源泉（1886—1960），字克成，湖北新洲人，曾任国民党二级陆军上将。（图2-1-20，图2-1-21）

（十二）黄陂大余湾民居群

大余湾位于武汉黄陂区中部，背靠木兰山脉的西峰山，东临滠水河，因村民大多属余氏家族，故名大余湾。明洪武二年（1369年）余姓大户从江西北部婺源、德兴迁居今天的木兰川，由上湾、下湾、小湾三部分组成。2005年，公布为中国历史文化名村。大余湾民居始建于清嘉庆年间，民国初年多有增修，占地面积约为20000平方米；建筑多为三合院，也有的为三合院并联式。正房中间前为堂屋，后为灶房，左右两间为卧室，有的隔为四间，按左大右小、前大后小，分长幼而居；堂屋正中设神龛，以供祖宗和"天地君亲师"牌位；厢房一至二间，加上五间正房共七间，当地称"联五转七"；正房为一层，两厢为二层，在厢房设爬梯上二楼，上面阁楼互为连通；正房与厢房相交，均采用小青瓦。房屋一般坐北朝南，也有的坐西朝东。民居外墙均用大块方正的石条砌成，石面上凿有细致入微的滴水线。屋前檐额上多绘有明清时的彩画，向人们讲述了高山流水的故事。

大余湾人砌筑的宅院，在形式和格局、用材与技术上，体现出极为完整的安居构想："前面墙围水，后面山围墙，大院套小院，小院围各房，全村百来户，穿插二十巷，家家皆相通，户户隔门房，方块石板路，滴水线石墙，室内多雕刻，门前画檐廊。"这里还流传着一首村中民谣："左边青龙游，右边白虎守，前面双龟朝北斗，后面金线钓葫芦，中间流水太极图。"（图2-1-22~图2-1-26）

图2-1-23 民居街道（来源：《湖北传统民居》）

图2-1-25 贯通两层空间，门厅上设挑台，形成与天井互动的灰空间（来源：《"荆楚派"村镇风貌规划与民居建筑风格设计导则》）

图2-1-24 联排民居（来源：《湖北传统民居》）

图2-1-26 片石住宅手绘（来源：《"荆楚派"村镇风貌规划与民居建筑风格设计导则》）

（十三）黄陂文兹湾民居群

黄陂王家河镇文兹湾位于武汉市黄陂区中部，坐落于马脚山脚下，黄夏[①]公路临村而过。全村共约有90多户人家，且多姓李，世代以耕田为生，农作物以水稻、花生、芝麻等为主。因马脚山有丰富的石材，村民还以开采石材作为副业，不仅用石材盖筑自家房屋，还将多余石材卖给其他乡村。文兹湾现存的传统民居始建于清末，大多以当地片石为建筑材料，可谓之"片石住宅"。外墙由大小不一的石块垒起，坚固而富有变化；大石块之间利用小碎石填充，以保持墙体的整体稳定性；在立门、转角处采用经过精凿的线石，均由工匠纯手工一锤一锤雕凿出来。除此之外，小青布瓦、木构架、鼓皮隔墙、四水归堂的天井与武汉地区其他民居相似，不同于鄂东北民居。此地房屋进深不大，一般为两进，均为前天井，第一进天井两侧为厢房，其中一间作为厨房；再一进就是堂屋和卧室。由于村落位于坡地之上，进大门往往需上几步台阶，而进后门则需下几步台阶，形成了错落有致的空间格局，也充分体现了因地制宜的建房特点。（图2-1-27~图2-1-30）

图2-1-29 黄陂文兹湾民居石窗（来源：《湖北传统民居》）

图2-1-27 黄陂文兹湾民居群远景（来源：《湖北传统民居》）

图2-1-28 黄陂文兹湾民居山墙局部（来源：《湖北传统民居》）

图2-1-30 毛石墙上部用条石压顶或石灰粉刷收口（来源：《"荆楚派"村镇风貌规划与民居建筑风格设计导则》）

---

① "夏"指夏家寺水库。

（十四）黄陂汪家西湾民居群

黄陂王家河镇红十村汪家西湾位于武汉市黄陂区东南部，因村民大多是汪姓家族，故名汪家西湾，村民以种植水稻、花生、芝麻等为生。汪家西湾现存民居始建于清末，为防敌防盗，房屋建造密集，巷道窄小，房屋群周边用院墙围合。巷门不宽，可在敌人入侵时随时关闭。各家外墙均不开窗，只留有小孔以观察敌情，因此房屋的密闭性很好。房屋外墙下半截为线石墙，上半截为青砖灌斗墙；石块大多从外面运来，规格较大，宽250毫米，长500毫米以上，最大可达2米，并且都由工匠们手工凿过后堆砌成密实的墙体；石块与石块之间几乎没有缝隙，与灌斗墙一样用糯米浆将它们粘接在一起。此外，大门不开在房屋正中，而设在侧面。在一家房屋内还发现凿有花纹的地面，被认为是当时的"混凝土"。（图2-1-31~图2-1-33）

图2-1-31 黄陂汪家西湾民居外景（来源：《湖北传统民居》）

图2-1-32 石雕（来源：《湖北传统民居》）

图2-1-33 巷道（来源：《湖北传统民居》）

（十五）黄陂罗家岗湾民居群

黄陂王家河镇罗家岗湾位于黄陂木兰川玉屏山以东，是罗氏宗族的聚居地，其先祖大约在明朝洪武年间从江西过继而来，定居此地已近600余年。明末清初，罗姓子孙已繁衍近千人，为罗氏发展鼎盛时期；民国时期，汉口已有罗氏专门经营的店铺，并有他们建造的居住里分。

罗家岗湾民居始建于明末清初，为了工程质量，砌墙的石料多来自三四十里路以外的山中，房屋墙基用麻条石、糯米石灰浆砌成，高达3米，上砌青砖造屋。由于地处较为平坦的岗地，其布局显现出规范和条理的特点。从整个建筑群的内部结构看，是以厅堂为中心的居住院落，层层递进，连成一片，形成宗族式的大型建筑群落。现存民居建筑面积约有10000平方米，绕村遍布池塘，绿水环抱；四周大树华盖如篷，一株百年古皂角树如龙戏水，跃卧水中。村中，纵横交错的石板小巷，连接着几十栋大大小小的院落，依稀可见当年的盛景。

村中现存最完整的院落为罗家宅院，长近100米，宽约50米，占地面积达5000平方米。院内墙体青砖上拓印和刻画着"道光"、"皇清丁酉年"、"道光己丑年"等造屋时的年代印记。该院有六户人家，住过五代人，六户大门均不对开，都要偏转一个角度，转角处也都倒圆角，这样做是为了方便抬轿和抬棺材。院落的大门正好对着不远处鸭棚桥上的石狮子。鸭棚桥是一座建于清末的单孔石拱桥，造型古朴端庄，桥下铺着青石板。当年，该桥不仅为村民提供交通之便，而且还有调节水利的功能。室内装饰精美，梁架、廊柱、栏杆、门窗，处处雕满了龙、狮、鹿、麒麟、鱼、鹊、仙鹤、松树、花卉等吉祥瑞兽花纹；天井中的隔扇窗，每一片都镂刻着精妙的有情节的戏曲片段；在外部的台基、柱基、瓦口、墙头、屋脊，还有大量的石雕、砖雕、壁画。（图2-1-34~图2-1-36）

图2-1-34 黄陂罗家岗湾民居109号大门（来源：《湖北传统民居》）

图2-1-35 屋脊细部（来源：《湖北传统民居》）

图2-1-36 木雕（来源：《湖北传统民居》）

第二节 武汉地区历史文化名城特色解析

一、武汉市城市发展的历史变迁

武汉位于湖北省江汉平原东缘，长江与汉水交汇处。古书记载，从武汉沿长江水道行进，可西上巴蜀，东下吴越，向北溯汉水而至豫陕，经洞庭湖南达湘桂，素有"九省通衢"之称。

据考古发掘和古籍记载，早在6000多年前的新石器时代，这里就活动着先民劳作生息的身影。市郊黄陂区的盘龙城遗址，是3500年前的商代方国都邑，长江流域的城市之光从这里升起。自秦朝统一六国后推行郡县制以来，2000多年中，王朝兴替，政制多变，武昌、汉阳一直扮演长江中上游军事重镇和区域统治中心的角色。三国时期，武汉是魏、蜀、吴三方鏖战地；明清时期，汉口是中国四大名镇之一，有"楚中第一繁盛处"之称；近100多年来，武汉更成为中外瞩目的大城市之一，许多文物和建筑都记载着中国人民在近代革命斗争中的历程。作为一座古城，武汉城市发展经历了四个重要发展时期，分别是西汉至三国、明末、清末、民国时期。在城市建设、思想文化上创造了辉煌的成就，奠定了今天历史文化名城的基础。

二、名城传统特色构成要素分析

（一）自然环境

武汉位于中国中部地区，长江和汉江交汇于此，把武汉市区天然分成汉口、武昌、汉阳三镇，三镇具有相对独立的历史发展过程和不同的城市职能，其各据一方，各具特色，因此武汉的地理特征是"两江三镇"，故而被称为"江城"。武汉市内河流湖泊纵横交错，市内拥有100多个湖泊和众多山峦。这里龟蛇两山隔江相望，气势恢宏，形成"龟蛇锁大江"的城市意象中心，山轴由西向东绵延，长江由南北纵向穿城而过，这一独特的十字形的山轴水系，共同构成了武汉天然的风景轴线和城市骨架，体现出"山河交汇，湖

图2-2-1　武昌蛇山黄鹤楼公园（来源：中信设计院）

泊众多"的城市特点。（图2-2-1）

（二）人工环境

武汉是中国古代繁华的商埠，近代民主革命的中心，保存着十分丰富的历史文化遗产。据统计，在武汉市域范围内，现有市级以上文物保护单位178处，其中，全国重点文物保护单位11处，省级文物保护单位66处，市级文物保护单位101处。

（三）人文环境

武汉自古就是中原与南方、长江中上游与下游间文化交流的交汇点，历史文化中蕴含着各方文化的特点。武汉有深厚的楚汉文化底蕴和众多知名的历史人物，可谓群贤毕至、才俊荟萃。武汉城市文化可以总结为"汉腔"、"汉味"、"汉派文学艺术"和"汉劲"，形成独特的城市特色。

三、城市肌理

武汉是典型的独立组合型跨水域城市。所谓独立组合型模式是指在水域两岸或多岸同时发展，各部分之间没有紧密的联系，各自具有一定的相对独立性，然后由几个独立发展的部分组合成一个城市。"一城三镇、三镇鼎立"是武汉城市空间发展的宏观形态，这一格局因江河分割的自然条件而形成。事实上，从武汉地区城市兴起直至近代，武汉城市的空间发展，都可以看作是三镇各自的变迁与扩张。

（一）水域空间

武汉所特有的水域空间有这样两种形态：

1.江河的线状水域空间形态，长江以一定宽度的线型南北向贯穿城市区域，汉江自西向东汇入长江，形成了两江多岸的城市空间格局；

2.湖泊的点状水域空间形态，众多的大小不一的湖泊散布在城市中，形成了极富魅力的"大珠小珠落玉盘"的水域空间形态。

（二）道路系统

武汉的道路系统基本上是环线、放射线与方格网相结合的布局，道路网络由城市快速路、主干路、次干路和支路组成。

（三）城市开放空间

武汉市开放空间总体格局：建成区位于城市中心，开放空间环绕在外围，与建成区内部极少有交流渗透。（图2-2-2）

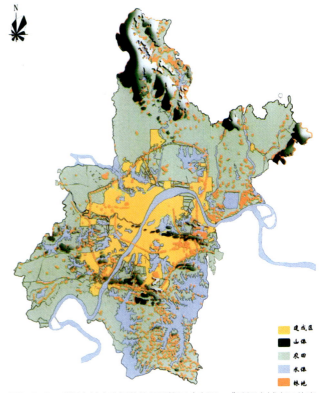

图2-2-2 武汉市城市空间总体景观格局（来源：《武汉市城市开放空间景观格局研究》）

四、历史街区

武汉是我国拥有近代历史文化遗产较多、价值较高的历史文化名城之一。在《武汉市总体规划（2010—2020年）》中，将历史遗存较为丰富、近现代史迹和历史建筑密集、文物古迹较多、具有一定规模且能完整、真实地反映武汉历史传统风貌和地方特色的地区划定为历史地段，分别为江汉路及中山大道片、青岛路片、"八七"会址片、一元路片、首义片、农讲所片、昙华林片、洪山片、珞珈山片、青山"红房子"片等10片，其中江汉路及中山大道片、青岛路片、"八七"会址片、一元路片、昙华林片等5片建议申报历史文化街区予以重点保护。保护这些历史地段传统风貌和空间形态，新建建筑在高度、形式、体量、色彩、功能方面要严格控制，保持新旧建筑之间的协调关系，体现历史文化名城特色的精华。（表2-2-1）

历史文化与风貌街区一览表　　表2-2-1

编号	名称	级别
1	江汉路及中山大道片	历史文化街区
2	青岛路片	历史文化街区
3	"八七"会址片	历史文化街区
4	一元路片	历史文化街区
5	昙华林片	历史文化街区
6	首义片	历史地段
7	农讲所片	历史地段
8	洪山片	历史地段
9	青山"红房子"片	历史地段
10	珞珈山片	历史地段
11	大智路片	历史风貌街区（新增）
12	六合路片	历史风貌街区（新增）
13	汉正街片	历史风貌街区（新增）
14	汉钢片	历史风貌街区（新增）
15	龟山北片	历史风貌街区（新增）
16	显正街片	历史风貌街区（新增）

图2-2-3 历史文化与风貌街区分级图（来源：武汉市规划院）

图2-2-5 江汉路及中山大道片范围图（来源：武汉市规划院）

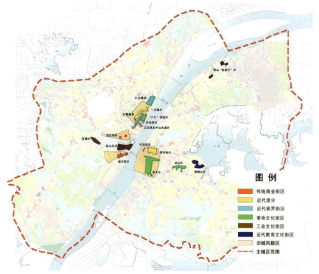

图2-2-4 历史文化与风貌街区类型图（来源：武汉市规划院）

说明：

历史文化街区。历史文化街区是《历史文化名城保护规划规范》（2005年）确定的法定概念，是指经省、自治区、直辖市人民政府核定公布的应予以重点保护的历史地段。历史文化街区要求有比较完整的历史风貌，构成历史风貌的历史建筑和历史环境要素基本上是历史存留的原物，历史文化街区用地面积不小于1公顷，历史文化街区内文物古迹和历史建筑的用地面积宜达到保护区内建筑总用地的60%以上。规划划定重点保护区、建设控制地带和环境协调区进行保护，重点保护区内建设活动以修缮、维修、改善为主。

历史地段。历史地段也是《历史文化名城保护规划规范》（2005年）确定的法定概念，是指历史遗存较为丰富、近现代史迹和历史建筑密集、文物古迹较多、具有一定规模且能完整、真实地反映武汉历史传统风貌和地方特色的地区。规划划定重点保护区和建设控制地带进行保护，重点保护区内建设活动以修缮、维修、改善为主。

历史风貌街区。历史风貌街区为体系规划新增概念，是指某些历史遗存较少，达不到历史地段标准，却保存着重要的历史和人文信息，其建筑样式、空间格局和街区景观能体现某一历史时期传统风貌和民族地方特色的街区；保护要求更加灵活，保护方法更加多样，整治、改建、重建余地可以相对多一些。规划划定重点保护区和历史风貌协调区进行保护，重点保护区内建设活动以维修、改善、新建为主。（图2-2-3，图2-2-4）

（一）江汉路及中山大道片

1. 区位

江汉路及中山大道片从泰宁街至江边，沿中山大道从前进一路至黄兴路，面积51公顷，以商贸文化为主要特色，有武汉国民政府旧址、江汉关大楼等文保单位及优秀历史建筑32处。（图2-2-5）

2. 街区的形成过程

江汉路及中山大道片是武汉著名的百年商业老街，其前身"太平路"和"歆生路"形成于18世纪末19世纪初，从形成至今始终是汉口地区乃至全武汉市的繁华商市，民国初年的《汉口竹枝词·歆生路》中描绘当年江汉路的繁华景象："前花楼接后花楼，直出歆生大路头，车马如梭人似织，夜深歌吹未曾休。"江汉路以其丰富的历史文化及商业文化，可谓武汉20世纪建筑的博物馆。沿江汉路两侧仍保留着各种风格及不同时代的历史建筑(欧陆风格、罗马风格、拜占庭风格、文艺复兴式、古典主义、现代派等)，共有十余栋已列为文保单位及武汉市历史优秀建筑。

江汉路于2000年实施了步行化的改造，是武汉市最早的商业步行街，改造后的一段时间内在社会、环境与经济效益方面都有了显著提高，从主要依靠零售商业的传统商业街转变成为集精品购物、休闲、旅游于一体的新型商业步行街。

改造后的江汉路与北京王府井、上海南京路、天津和平路、哈尔滨的中央大街一起，被称为中国大都市的"五朵金花"。江汉路的这次改造主要体现在对交通和环境的治理上。在交通组织方面，江汉路全段实行全封闭管理，禁止除运钞车、清洁车、残障人代步车以外的机动车与自行车通行，设安全督察队在路上巡逻值勤，各路口设专人把关。严格的管理保证了江汉路步行交通的安全与顺畅，行人可以安心享受步行的乐趣。在空间环境方面，对江汉路的路面重新进行设计和铺装，对道路两边的建筑立面进行全面整修，尤其是对13幢优秀历史建筑整旧如旧，还其本来面目；在空间设计上，精心布置了5个体闲广场和若干街道家具，并请雕塑家设计、制作了几组具有本地特色的铸铜雕塑点缀街头。

以江汉路步行街为中心的江汉路商圈逐渐形成，并以其丰富的历史文化及商业文化在武汉商圈内独树一帜。2010年轨道1号线的全线贯通带来了更多的人流，江汉路上的商业综合体也开始提档升级，但总体业态还是以中低端商业为主，依然是路过的比进店的多，旅游者比本地人多。随着轨道交通2号线的建设，江汉路将迎来更多的人流与商机，江汉路面临着如何突出重围、实现自我活力复兴的重大难题。

3. 街区特色

江汉路及中山大道片的商业空间的模式为兼具历史文化特色的多功能、外向型商业历史文化街区。外部空间构成包括街道空间、广场空间、过渡空间。按照空间功能来说，其更是集购物空间、行走空间、娱乐空间、休憩空间、交往空间、文化空间于一体。

4. 修复与保护重点

规划遵循该地区历史文脉，结合现代人文要素，形成兼具历史文化特色的多功能、外向型商业历史文化街区，形成中山大道、江汉路两轴，武汉中华总工会片、中山大道—金城银行片、江汉路片、武汉国民政府旧址片四街，汉口总商会片、汉口吴家花园片两群的总体结构。

（二）青岛路片

1. 区位

青岛路片北邻北京路，东至沿江大道，西至胜利街，南邻南京路，面积9公顷，以金融办公为其主要特色，包括原横滨正金银行（图2-2-6）、原太古洋行、原平细亚火油公司、原汇丰银行、原花旗银行、原麦加利银行、原保安洋行和原平和打包厂等文物保护单位及优秀历史建筑共12处，几乎涵盖了当时租界内公共建筑所有的用途。（图2-2-7）

图2-2-6　原横滨正金银行大楼2013年现状（来源：中信设计院）

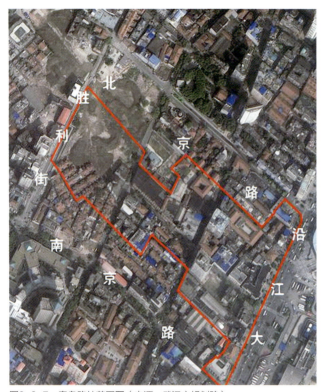

图2-2-7 青岛路片范围图（来源：武汉市规划院）

2. 街区的形成过程

明末清初，位于中国中部、长江及其最大支流汉江交汇处的汉口，由于其优越的地理位置，已由"寥落荒洲"发展成为"九省通衢"和中国四大名镇之一。到鸦片战争以前，"十里帆樯依市立，万家灯火彻夜明"，汉口是一个不分昼夜、舳舻云集、商贾兴盛的商业城镇，市场远播邻近各省。汉口的区位优势和商业的繁荣，自然引起在全世界寻找市场、扩大经济掠夺区域的西方殖民者的垂涎。

第二次鸦片战争，英法联军打败清政府，强迫清政府于1858年签订《天津条约》，开辟汉口以及汉口以下的长江流域各口岸包括上海在内的多个沿海城市为通商口岸。

第二次鸦片战争结束后，英法等国于1860年10月逼使清政府签订不平等的《北京条约》并互换《天津条约》批准书。英法联军从华北撤至上海租界后，英国侵略者又把开辟汉口、九江商埠和租界的事提上了日程。1861年3月11日，英国驻华公使馆参赞巴夏礼（Hary Smith Parkes）和驻华舰队司令贺布（Adrmiral James Hope）率领一支由4艘军舰、几百名水兵组成的舰队到达汉口，巴夏礼会见湖广总督官文，要求按《天津条约》规定开放汉口，划定租界。贺布则率军舰在武汉江面游弋，显示力量。3月21日，巴夏礼至湖北藩司衙门与湖北布政使唐调方订立《汉口租界条款》，接着与汉阳知府刘齐衔、汉阳知县黎道钧划定，从花楼巷江边往东8丈起，至甘露寺边卡东角止，长250丈，深110丈，计458.28亩地域，为英国在汉口的租界，这也是汉口最早的租界。

汉口租界所在区域，原来只有乡间小路和土路。租界开辟后，为便捷交通运输、便利日常生活，把修建、扩展、完善道路系统视作大事对待。最初，道路的修建都是英国领事出面组织，英国政府也为之捐赠修路款。英租界内的道路整齐划一，最先形成网络。这些道路严格规划，并且随着英租界的建设不断完善。路网形成后非常稳定，至今仍旧保存并继续通行。

英租界有5条主干道，其中包含有形成如今沿江大道、洞庭街一段和鄱阳街一段、南京路、青岛路、天津路在内的8条横干道。阜昌街（今南京路），形成于20世纪20年代初期，位于英租界内，由鄱阳街通往河街，俗称英国三码头，因清末俄商在此开设阜昌茶厂而得名。今天的南京路位于汉口江岸区南部，大体垂直于沿江大道。华昌街（今青岛路），形成于清末民初，因此街有英商华昌洋行而得名，由鄱阳街至河街，路两侧多欧式建筑，有英商麦加利银行、保安保险洋行、平和打包厂等，至今原貌尚存。1946年改名为青岛路，沿用至今。宝顺街（今天津路），形成于清末民初英租界时期，原为两条相连的马路，由鄱阳街至河街因英商宝顺洋行而得名。

3. 街区特色

此区域是武汉近代大都会形制的萌芽之地，方格网街道，银行、商栈等大型公建较为集中；建筑形制多为希腊复兴的古典主义，采用尖券，柱式严谨，华贵典雅。街道布局较为规整，立面富于变化。

4. 修复与保护重点

规划侧重对历史街区的保护性更新，引入功能策划，通过"填补肌理、修复遗存、整合区域、归并功能"，创新历史风貌保护与控制方法，并加强实施机制的策略研究。同时通过三维数字城市技术，将保护控制与建设管理有机结合，建设以文化创意、旅游休闲等多功能于一体的历史文化街区。（图2-2-8）

（三）"八七"会址片

1. 区位

"八七"会址片北至车站路，东至沿江大道，西至胜利街，南至天津路，面积30公顷，以革命史迹与优秀里分为其主要特色，包括八七会址、中共中央机关旧址等革命史迹共18处。（图2-2-9）

2. 街区的形成过程

"八七"会址片位于原英、俄、法租界范围内（以俄租界为主），是汉口原租界风貌区四大历史文化街区之一，文化底蕴深厚，原租界期建筑文化特色明显，同时革命遗存丰富，是武汉市展现光荣革命传统、传承革命文脉的重要代表历史文化街区，也是武汉市总体规划确定的拟申报的五处历史文化街区之一。

清光绪二十二年（1896年），俄、法两国以迫使日本归还我辽东半岛有"功"为由，向清政府要求在汉口共同择定一个地区，建立他们的租界。俄、法两国商定：俄国占这一地区的三分之二，法国占这一地区的三分之一，分别与清政府订约。他们共同择定的地区是：从今合作路（与英租界相接，当时叫界限路）至一元路，共长288丈，也是从江边到中山大道。俄国占三分之二，为192丈，从今合作路至车站路东段（原为法租界的威尔逊路）。但今洞庭街以内，俄租界只到黄陂路稍下一线。所以整个俄租界的平面图像一个大写的英文字母L。面积为414亩6分5厘，年缴地丁漕米银83两4分2厘，是一个比较规则的方格网的布局。

图2-2-8 青岛路片规划总平面图（来源：武汉市规划院）

图2-2-9 "八七"会址片范围图（来源：武汉市规划院）

翻开汉口的历史就会看到，茶叶贸易在汉口整个对外贸易中，占据了非常重要的地位。从1871年到1890年，每年的茶叶出口均达到200万担以上。此时，中国出口的茶叶垄断了世界茶叶市场的86%，而由汉口输出的茶叶，占据了中国茶叶出口总量的60%。穿梭往来的运茶船源源不断地出入汉口港，汉口港因此被欧洲人称为"茶叶港"。在汉口的整个茶叶贸易当中，英俄是最大买主，19世纪90年代以后，俄商取代英商垄断汉口茶市，成为中国茶叶最大的倾销国。1874年后，俄商把顺丰、新泰、阜昌三个砖茶厂相继搬迁至汉口，在滨江外国租界一带建造起高大厂房，改用机器生产。从此，汉口不仅是全国贸易中心，也成为茶叶加工的中心。1893年，俄商又增开一家柏昌砖茶厂，这样，俄商在汉口的砖茶厂发展为4家。其中新泰砖茶厂在俄租界内。中俄茶叶贸易的地位，使得汉口原俄租界在汉口五租界中地位显赫。因此对原俄租界历史街区的保护和再利用方面的研究，也就有着非常重要的意义。

3. 街区特色

"八七"会址片的街道有比较明显的欧洲城市空间特点。整个租界功能分区明确，除了江边布置洋行、仓库和砖茶厂外，租界内部主要是居住区。

在街道空间格局上，有两处功能不同的空间节点与视觉体验：交通型节点——位于俄租界内的鄱阳街与洞庭街在离黄陂路中段交会处的巴公房子形成欧洲式的城市景观；休闲型节点——位于原俄租界内的一条僻静小街——珞珈山街上，它是一处开放式的街心花园。作为汉口最早出现的规划居住区，珞珈山街区的规划中，很早就有这种居住区要有绿地的意识，这在当时是很超前的。另外，珞珈山街也有道路尽端式的对景构图关系。（图2-2-10）

沿街立面的建筑形成紧凑连续的街坊，街坊之间形成展示旧城形象的街道，街坊内部包容城市生活的建筑和巷道空间，具有空间的随意性和景观的无序性，由若干个完整和非完整的街坊组合形成。

有些街区如珞珈山街区的巷道是明显经过设计的，有序、亲切、生活化并富有人情味。街区临街建筑两到三层，街巷宽5米左右，底层是贴近生活的各种小商铺，街区中心还有一个小公园，并有街道以T字形布局，形成街巷对景。整

图2-2-10 巴公房子（来源：中信设计院）

个街道空间尺度小，但却颇富特色和人气，经常有小孩在玩耍，居民在交谈、购买日用品，这些是巷道空间活力的很好表现。

4. 修复与保护重点

规划结合上位规划要求、现状产权及相关要素，建立以"地块"为基本单元的规划控制体系，以历史文化展示和休闲娱乐为主导功能，打造"一核四区"的规划结构："一核"是指以"八七"会址、巴公房子、珞珈山街区为核心的"风尚珞珈旅游区"，"四区"是指围绕核心片区的四大综合片区：魅力沿江商务区、悠憩同兴居住区、活力中山商住区、动感合作商住区。

（四）一元路片

1. 区位

一元路片北临三阳路，东至沿江大道，西至中山大道，南至车站路，面积15公顷，以优秀里分为其主要特色，包括汉口德国领事馆旧址、汉口美最时洋行大楼两处文保单位。（图2-2-11）

一元路片区集中展现武汉市城市里分街区个性魅力，弘扬了武汉市城市历史文化特色，汉口一元路片区的保护目

图2-2-11 一元路片范围图（来源：武汉市规划院）

的，是要彰显百年人文底蕴，凸显滨江自然景观，开创旧城现代格局，将一元路片区建设成为近代历史文化风貌与现代生活方式相结合的中心城区。

2. 街区的形成过程

一元路片区最早是由德国人和法国人于1895年和1896年开始建设的，当年他们按照欧洲的城市规划模式，把这里设计成横平竖直的城市肌理，法德租界以当时的皓街（今一元路）为界，北为德租界，南为法租界。一元路还是汉口老城墙的边界。汉口最初是不设防的城市，清代中期以前没有城墙，直到1864年才修建了后湖城堡。1907年，城堡拆除，在城基上改修后城马路，后演变为中山大道。汉口德、法租界在清光绪二十八年（1902年）都要求扩张。法国当局借口"商人为数日增"、"法界之上没有铁道车栈"要求扩充租界。在第一次世界大战中，段祺瑞政府于1917年3月14日对德宣战。次日，内务部命令湖北交涉员接收汉口德租界，成立第一特别区。

汉口法租界的收回一波三折。1942年，汉口法租界由驻汉日军占领。经过交涉，1943年由当时的汪伪政府从法国伪政府手中收回汉口法租界。1945年日本投降，汉口法租界由国民政府接管。1946年2月28日，二战后成立的法国政府派驻华大使与国民政府签订了《关于法国放弃在华治外法权及其有关特权条约》，历史上的汉口法租界终于回归中国，由中国政府管辖。

3. 街区特色

一元路片区的建筑按其历史价值分为三个层级：第一层级为各文物保护单位，此类建筑为租界时期的优秀代表建筑，历史价值很高，主要有德国领事馆旧址，原美最时洋行大楼，现为武汉市政府所用，保存完好。第二层级为各优秀历史建筑，按原有功能可以分为：洋行，如英商安利英洋行、景明洋行等；厂房仓库，如位于胜利街的原平和、隆茂打包厂等；市政建筑，如汉口电话局、电报局等，目前都作商业办公用；另有一些居住建筑如今仍作为住房，供多户人家共同使用，如一元路六号。第三层级，大量的里分建筑属于这一层级。主要为民居，多建于20世纪三四十年代，是"老汉口"记忆的承载，具有一定的历史价值，其保护对于汉口租界风貌的延续具有重要意义。

街区内完整保持了原租界的街道空间格局，呈几何空间布局，与传统的中国城市布局截然不同。一元路片区以沿江大道为基准，功能分区明晰，近长江的为公共建筑，其后为民居建筑，是汉口城市由沿汉水布局的"汉正街模式"和沿长江布局的"租界区模式"的历史记录。此外，街区内部大量的近代优秀历史建筑集中反映了当时欧洲建筑的风格，一般采用欧洲古典主义的建筑形式，而居住建筑则采用中西合璧的"里分"，反映了近代欧洲建筑思想和中国本土的结合，设计理念与艺术反映了当时的较高水平。（图2-2-12，图2-2-13）

4. 修复与保护重点

规划将一元路片区定位为以居住、商业、文娱和旅游观光为主体、以武汉租界文化风貌为景观特征的城市复合型历史文化中心地区，着重于全面提升该片的居住品质，强

图2-2-12 坤厚里（来源：中信设计院）

图2-2-13 向警予故居（来源：中信设计院）

化旅游服务功能，充实商业和文娱功能，形成沿蔡锷路—海寿街的传统居住风貌展示轴、一元路的文博展示轴、胜利街的文娱发展轴，在二曜路和三阳路之间的地块鼓励设计创意功能的引入使其成为主导，优化滨江地块的商业配置，以及中山大道沿线地块形成生活服务设施带。

（五）昙华林片

1. 区位

昙华林片东部与北部至中山路，西部邻近解放路，南至粮道街，面积65公顷，以历史建筑与传统里分为主要特色，有私立武汉中学旧址、瑞典教区旧址等文物保护单位和历史建筑共40余处。

2. 街区的形成过程

自辛亥革命起，湖北武汉地区由于长期军阀混战，政府无力顾及教育与文化建设。因此，西方传教士乘虚而入，逐步展开对武昌区的文化渗透。而昙华林地区就是武昌形成最早及最重要的"文化租界"。（所谓"文化租界"，就是西方传教士一方面到处设堂传教，另一方面开办教会学校，传播西方神学与文化，作为他们立足武昌的基地。）

第二次鸦片战争后，汉口被划为通商口岸，先后有17国在汉口通商，设领事馆9处，建英、俄、法、日、德五国租界。同时以汉口为依托，开始了其对武汉三镇的全面入侵。武昌老城区是武汉三镇历史文化最悠久的区域。自汉口开埠以来，西方入侵者建立了汉口租界区，同时对武昌采取了文化渗透的形式，即建立"文化租界"区，将大批的近代教会学校、医院、教堂设在武昌。1900年11月29日，张之洞奏准在武昌北门外自开商埠，此为我国自开商埠之始。无论武昌自开商埠成功与否，这一事件都加速了外来文化和本地文化的碰撞、交流与融合。

昙华林街区的发展及演变与武昌老城的变迁息息相关。武昌老城区长期以来为省、府、县衙所在地，是湖北省的政治、文化中心和军事要地，历史上常称为湖广会城、湖北省垣等，相对于史上以商业中心和交通中心闻名的汉口，为昙华林街区形成特有的文化氛围提供了便利的条件。由于西学的不断传入，武昌城内原有的书院经不断改革皆向学堂或高等学府转变。武昌城内学府林立，学府其尊。它对武昌的文化发展以及城市建设亦产生了重大影响。

昙华林依城而安，盘踞岗地，北望沙湖，拥山临水，符合传统的风水理论，并远离人烟稠密、商业兴隆地带，宁静幽雅。西方入侵者对武昌文化渗透的形式，使昙华林逐渐繁荣兴盛起来，逐步成为西方人的聚居点，其建筑形成了中西文化杂糅的风格。

昙华林是一条东西走向的清代古巷，位于武昌花园山北麓，东起中山路，西至得胜桥，全长1.2公里。以前此处有三条街：从德胜桥到马道门为游家巷；从马道门到戈甲营名正卫街；正卫街以东称为昙华林。早先，昙华林的街名只是指与戈甲营出口相连的以东地段。1946年，地方当局将戈甲营出口以西的正卫街和游家巷统称为昙华林后，这个街名的涵盖便沿袭至今。现通常所说的昙华林街区，主要指东起中山路，西至德胜桥，包括昙华林、戈甲营、太平使馆、马道门、三义村以及花园山和螃蟹甲的两山在内的狭长地带。（图2-2-14~图2-2-17）

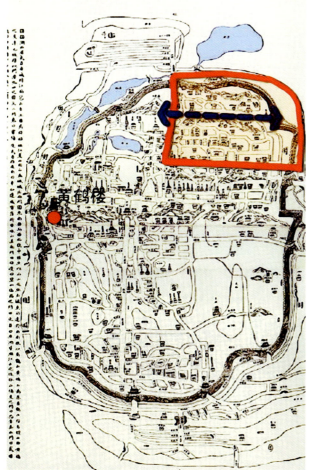

图2-2-14 图有完整的古城墙和护城河（来源：武汉市规划院）

图2-2-15 古城墙和护城河仍在，昙华林历史性的空间形态并繁荣起来（来源：武汉市规划院）

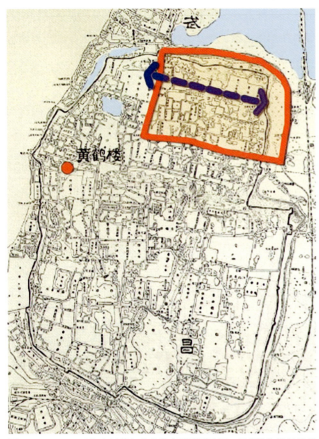

图2-2-16 1922年古城墙在辛亥革命后遭到破坏，昙华林与武昌的革命活动建立了密切的联系（来源：武汉市规划院）

图2-2-17 昙华林现状，近年来由于经济发展，乱搭建现象严重，风貌被破坏（来源：武汉市规划院）

自汉口、沙市、宜昌相继开埠以来，西方传教士纷至沓来，湖北留洋学生先后学成归籍，鄂省学官满载考察成果返回，一时武昌人才荟萃，新型学校林立。武昌蕴涵着巨大的人才资本、科技新知能量，成为知识高密集区、学校城。在一定程度上推动了中国教育近代化的进程，加快了教育近代化的速度。早期学堂、教会学校纷纷在此择地而建，是武汉乃至湖北教育从传统向近代的文化教育转变历程的历史见证。

鸦片战争前后西方宗教以传教活动开始的文化渗透，随着文化信徒的影响日益扩大，外来宗教活动对武汉城市及城市文化产生了重大影响，其中最重要的是天主教和基督教。1880年，意大利传教士在武昌花园山修建了规模宏大的主教公署，自此，天主教的活动及其建筑开始深入昙华林街区，并以花园山为中心向周围辐射。先后修建了嘉诺撒仁爱修女会分院、花园山天主堂、育婴院、圣约瑟医院、天主堂医院等，配合其传教活动，逐渐形成了以花园山为中心，集宗教、文化、医疗为一体的意大利天主教区。基督教传入武汉较天主教要晚，最早记载为杨格菲牧师1861年传入汉口的英伦敦会。但其后来居上，教会实力及社会影响都超过了天主教。1865年，杨格菲在戈甲营主持修建武昌的第一座基督教堂崇真堂。1895年，英伦敦会在昙华林修建仁济医院，这是武汉不可多得的近代医院建筑群。1871年，英圣公会在昙华林建成"文华书院"，这是武汉最早也是最具影响力的一所教会大学。其后，设立"文华公书林"，为我国第一所美式公共图书馆，并于1920年，在昙华林创立中国第一所图书馆专业学校，即文华图书馆专科学校。昙华林亦成为我国高等图书管理人才的发源地。1890年，基督教瑞典行道会在昙华林正街建造武昌的传教基地，包括大门楼、主教楼、领事馆和神职人员用房等。瑞典领事馆是武昌历史上唯一的领事馆建筑。瑞典人还在此开办了真理中学老斋舍。近代如此众多宗教势力浸入昙华林，留下一大批建筑，使之烙上了深深的宗教印记和殖民色彩。西方宗教在近代中国的传播有着特殊的背景，是西方资本主义文化和东方封建主义文化的一次激烈碰撞，客观上它给中国社会引进了西方先进的思想、技术和体制。当时在昙华林修建的许多建筑都有明显的中西方文化交融的特征。虽然随着时代的变迁，部分建筑已经消亡，但曾经的辉煌依稀可见，有的建筑至今仍在使用，服务于周边的人群。这些建筑对昙华林街区格局和文化氛围的形成起了深刻的影响，是当时中国社会的现代化进程的历史见证。

短短的一条昙华林街却包容了中外众多的教育机构，中式学堂和西式教会学校隔街相望，两种完全不同的教育体系互相冲击又彼此包容，成为孕育近现代人才的摇篮。其丰富的文化内涵和中西合璧的建筑风格构成了昙华林多元化的格局，形成了独特的以教育和宗教文化为主体的街区体系。

3. 街区特色

昙华林遗存的大量中外历史建筑和地名，集中展现了当年武昌的旧城风貌，并真实承载了政治经济、文化教育、宗教民俗等多方面的信息，连片构成一个区域化的近现代文化生态环境，是探索武汉市文脉和传承地方历史不可多得的"实物标本"。专家认为，其人文价值主要为：一是林立的宗教建筑，弥漫着浓郁的历史文化氛围，标示着中西文化的碰撞与交融；二是众多的学校、完整的近代早期医院，记录着一部近现代教育卫生史；三是辛亥名人故居、近现代革命遗址星罗棋布，反映了武汉勇于革命和创新的精神；四是古老的武昌城墙、别致的江夏民居，珍藏着武汉的城市之根。

4. 修复与保护重点

规划结合自然山体，保护、修缮、重组现有历史遗迹和优秀建筑，通过肌理重构，恢复街区风貌，复兴老街老巷，发展传统民居展示，形成武昌古城北面门户标识，建设区域旅游、艺术创意、民俗交流与文化传承基地。

五、特色要素总结

自然环境	山脉	龟山、蛇山、洪山、磨山、梅子山等
	江湖	长江、汉江、南湖、汤逊湖、月湖、墨湖、沙湖等
	气候	亚热带湿润季风气候，雨量充沛，日照充足，四季分明
	特产	洪山菜苔、武昌鱼、莲藕等
人工环境	古城格局	古城墙遗址、方形城廓、方格网状道路系统
	文物古迹	归元寺、晴川阁、长春观、古琴台、宝通禅寺、辛亥首义起义门、红楼、施洋烈士陵园、武昌农民运动讲习所、八七会址、二七纪念馆、汉阳兵工厂厂房、大智门火车站、汉口水塔、詹天佑故居、江汉关、圣若瑟天主堂、法国领事馆、交通银行、上海商业储蓄银行、中国银行、中国实业银行、大清银行、汇丰银行、德华银行、麦加利银行、东方汇理银行、花旗银行、新泰大楼、中国台湾银行、汉寿里、丰寿里、如寿里、尚德里、保安里、永安里、同安里、长安里等
	民居街巷	江汉路、青岛路、都府堤、珞珈山街、显正街、棋盘街
	墓葬胜迹	明楚王墓、鲁台山古墓群、陈友谅墓等
	古文化遗址	盘龙城遗址、湖泗窑址群、老人桥遗址、许家墩遗址、作京城遗址等
人文环境	历史人物	孙权、岳飞、崔颢、张之洞、黎元洪、恽代英、刘天宝、刘静庵、黄兴、孙武、蒋翊武、杨守敬、李四光、闻一多、毛泽东、董必武等
	宗教信仰	佛教、天主教、伊斯兰教、道教、基督教等
	岁时节庆	端午节、甘蔗节、中秋节、元宵、中元节、元旦、春节等
	民俗文化	汉剧、花鼓戏（即楚剧）、湖北大鼓等
城市肌理	水域空间	两江多岸、分散式布局
	道路系统	环线、放射线与方格网相结合的布局
	城市开放空间	建成区位于城市中心，开放空间环绕在外围，与建成区内部极少有交流渗透

六、风格特点

城市特色	"百湖之市"、"江城"
街区特点	里分是联排式布局,传统民居是单栋和联排形式布局

材料建构	毛石墙、青砖与红砖、毛石
符号点缀	花篮纹石雕、小齿装饰、石库门、西式柱头

第三章 鄂西南地区传统建筑文化特色解析

  本章研究的重点是从地域环境和建筑艺术方面剖析了鄂西南的传统民居，通过对该地区大量的有代表性的民居的实地调研，总结归纳了土家族民居的地域特质。具体表现在三个方面，一是契合自然，因地制宜。准确地把握了场地精神，使建筑和自然环境相互渗透，完全融合，从而形成一个和谐的区域生态系统，使居民可以享受一种"绿色"的生活方式。这种形态是建筑理念与自然环境充分协调的产物。二是和谐统一，灵活多变。在这个区域，地景与房屋关系基本一致，基本材料和构造技术基本一致，这二者是产生协调统一景观的基础。在统一之中，又不乏变化的手法，大部分场镇受地形所限，其建筑往往借势取向，地形的多变使得建筑形态也呈现出非中规中矩的自由形态，而是与山水的自由、流动、空灵相契合。在总体平面组合、地形利用以及附属建筑的配置方面，灵活多变，没有固定的程式与格局。三是建筑开敞，吊脚为主。山村聚落的建筑是开敞的，正房背面均靠山，正房的入口都面向坝子，建筑以三合院或"L"形居多。在山村聚落中，吊脚楼往往是聚落的主体。它不仅丰富了聚落形象，也扩大了视野景观。在概括出土家族建筑地域性的基础上，总结出其对现代建筑设计中的启示：一是利用建筑形态对坡地生态进行回应。脆弱的山地生态系统常常发生山体崩塌、滑坡、泥石流和水土流失等灾害。土家人经过长期实践，逐渐发展出顺应地形、协调环境的营建方法。他们根据坡度的大小、地形的起伏，因势利导，巧妙布局。在坡度较缓的条件下，建筑多依附于地形，或挖填结合，形成台地；或垒土填石，提高勒脚；或结合高差，形成错层。而在山势较陡的山地环境中，有的仍紧贴地表，形成吊层，有的使建筑与地表脱开，靠插入岩中的柱子支撑建筑。二是灰空间的应用。土家族建筑中包含多种灰空间，从人的心理而言，灰空间的过渡性使人对两个截然不同的空间有一个渐变的适应过程。无论从使用功能还是从心理需求看，灰空间常因其暧昧性和多义性而受到人们的喜爱。土家族建筑中包含多种灰空间，且位置不同，在现代建筑的应用中可以起到很好的效果；三是建筑发展的持续性与可变性。鄂西南地区拥有丰厚的森林资源，土家族传统民居主要用木材，村民一般是小规模建造，且对植被的保护做得很好；土家族建筑的营造方式也使得建筑的改建和扩张具有灵活性，这样就决定了土家族建筑拥有发展的可能性。土家族建筑独特的结构构造方式及用材使其空间具有较大的可变性，能够适应长期发展的要求；四是建筑表情的应用。土家族建筑的一大特色就在于轻松愉快的建筑表情，这样使得建筑有很强的亲切感和可居性，这个方面对现代建筑的启发作用也是非常明显的。

第一节　鄂西南地区的传统建筑文化特色解析

鄂西南地区主要包括恩施土家族苗族自治州的恩施、利川、来凤、建始、巴东、鹤峰、宣恩、咸丰八县市和宜昌、兴山、秭归、长阳、五峰、远安、当阳、枝江、宜都等九市县。除土家族、苗族、汉族之外，该区还居住着侗、回、黎、蒙等20多个少数民族。与重庆东部、湖南西北相邻。鄂西南地区崇山峻岭，沟壑纵横，环境气候随海拔高度不同而变化，是土家族和苗族人口分布最密集地区。鄂西南传统民居以极富特色的木构干阑式建筑——吊脚楼为主要形式。

一、聚落规划与格局

在鄂、川、渝、湘、黔毗邻的少数民族地区广泛分布的吊脚楼，是一种古老的木结构"干阑"（亦称阁栏、麻栏）建筑形式。吊脚楼结构体系主要为穿斗式，其柱、梁、枋、檩、椽乃至地板、窗扇等均为木构。鄂西吊脚楼一般都依山或濒水而建，以吊脚之木柱的高低来适应地形之变化，并将楼房与平房结为一体，故有人称之为半干阑式建筑。吊脚楼的形式多种多样，按其平面大体分为5种类型：一字形、L形、凹字形、回字形与复合形。

一字形：指三间正屋并列排放成一字形布局的住宅形式，俗称"座子屋"。严格地说，一字形房屋还不是真正的吊脚楼，因为其尚未"吊脚"，而直接坐落于地面，故相对于真正的吊脚楼，它被称为"座子屋"。其中间为堂屋，亦称"中堂"，是祭祖、待客、操办家庭大事的仪式化场所，平时也是家人起居、做手工活的较宽敞的空间。堂屋两侧的正屋是主要住人的房间，因此常被称作"人间"。一般长者居左，小辈住右。如果家中有多个兄弟，成家以后，则长兄居左，小弟住右，而老人往往退居于堂屋神案屏墙后的小间，称为"抱儿房"。以中柱为界，人间又分前后两部分，后为卧室，前作伙房，其地面设火塘，称"火铺堂"。人间上部设阁楼，称"天楼"，用以贮藏物品、熏烘食物等。中堂前半部近门一侧也设阁楼，称"燕子楼"。正屋坐落于地面，因而一般不吊脚，但如遇地面左右高低不平，则有可能以木柱找平，形成"吊一头"或"吊二头"的样式。

L形：指一字形正屋加一段横屋的"一正一横"住宅形式，横屋即厢房，又称"钥匙头"，为最普遍的吊脚楼做法——山地上后接地面正屋而向前架空。这种L形平面的吊脚楼，在正横屋交角处，常设一根立柱直通两屋脊交叉点，支承着来自两方屋盖的荷载，成为在平面上和构造上的重心点。这根重要的立柱在当地被称为"将军柱"、"伞把柱"和"冲天炮"。"钥匙头"之厢屋一般由吊脚支撑楼板，垂柱支承走廊，并盖以"歇山顶"，形成极具特色的架空楼屋，当地俗称"龛子"。其平面也以中柱为界分为前后两间，前间为伙房，后间为卧室。在L形平面内侧常设走廊，其上部与挑檐相接处作遮阳避雨的披檐，当地人称"思檐"。L形吊脚楼最有特点且富于变化的就是厢房的"龛子"。

凹字形：指在一字形正屋两侧各伸出一条横屋，形成凹字形平面格局，即"一正二厢三合水"的住宅形式。当地形象地称为"撮箕口"。这种吊脚楼平面通常为三间正屋加两间转角厢房，称为"明三暗五"。如出两间厢房称为"明五暗七"。最多的状况是出三间厢房，称为"明七暗九"。这类平面适应性很强，根据不同的需求和地形条件，凹字形住宅亦可演绎出多种形式，如山形平面、业形平面以及皿形平面等。还可以在凹字形平面的一侧或两侧增加天井，形成左右封闭内院。

回字形：指"三合水"形住宅在撮箕口上增设院门，便形成了回字形吊脚楼。但这个四合院的门屋部分及其墙垣却因不同住户而有简繁不等的做法。简单的仅设木构门楼，甚至无门扇，只是象征性入口，复杂的如同四合院，有高大院墙甚至倒座房。

复合形：指平面上以四合院为主并兼有其他形式，立面上以吊脚楼为基调又兼以其他风格的住宅形式。利川大水井李氏庄园是此类住宅的典型实例。清末以后，受外来文化影响，鄂西地区的建筑形态有了进一步融合的特点，于是出现了李氏庄园那样集"四合院"、"吊脚楼"、"拱券廊"于一体的中西合璧式大型建筑群落。

二、传统建筑风格及元素

构成：山、聚落、楼、堡

色彩：材料自然本色

风格：轻、秀、朴

内涵：天人合一、张扬

吊脚楼单体建筑为穿斗式构架，上覆布瓦、下垫基石，中间由骑、柱、梁、枋组成木构架。以柱梁承重，将柱和骑柱用枋纵向"串联"组成，柱间装木质板壁。

空间：鄂西南传统民居以极富特色的木构干阑式建筑——吊脚楼为主要形式，通过吊脚柱的高低适应复杂的地形变化。按其平面大体分为：一字形、L形、凹字形、回字形与复合形5种类型。

构架：鄂西南地区保留了众多地域色彩浓厚的传统构架，如商业内街上空的大挑檐构架、龙头角梁上的斜撑翼角、在不同高度自由生根的吊脚柱、龛子式构架、承托不同方向的屋面构架的驼梁等。

墙壁：山墙有官帽式山墙、云墙、山墙上倚歇山小楼、山面外露木构架等传统做法。（图3-1-1）

屋顶：鄂西南地区传统建筑的屋顶样式较多，有硬山顶、悬山顶、歇山顶以及高低屋面合掌式组合等。（图3-1-2）

装修：门窗：以朴素的石砌寨门、栅栏门、木格窗为基本特色，彩釉花窗；立面：鄂西南地形复杂，有少量门楼居中的立面，更多地是入口偏置的不对称立面，结合悬挑外

图3-1-1 咸丰大水坪严家祠堂（来源：《"荆楚派"村镇风貌规划与民居建筑风格设计导则》）

图3-1-2 咸丰县王母洞民居，双坡屋面的多样组合（来源：《"荆楚派"村镇风貌规划与民居建筑风格设计导则》）

图3-1-3 咸丰土司城（来源：《"荆楚派"村镇风貌规划与民居建筑风格设计导则》）

图3-1-4 宣恩椒园镇庆阳坝村（来源：《"荆楚派"村镇风貌规划与民居建筑风格设计导则》）

图3-1-5 门：以实墙、台阶过渡内外高差（利川谋道龙水村谢家大院）（来源：《"荆楚派"村镇风貌规划与民居建筑风格设计导则》）

图3-1-6 廊柱上部装饰白菜形石刻，取白菜"百财"之意（恩施大水井）（来源：《"荆楚派"村镇风貌规划与民居建筑风格设计导则》）

图3-1-7 驼梁抬柱承托不同方向屋面的构架（恩施大水井）（来源：《"荆楚派"村镇风貌规划与民居建筑风格设计导则》）

廊，吊脚柱挑檐，轻巧的屋面和飞凤造型的翼角，构成典型的地方特色。在"大水井"建筑群中，还发现了精美的彩色碎瓷片拼嵌图案的外墙以及透空花格与实心栏板交替的挑廊。（图3-1-3~图3-1-6）

三、传统建筑结构特点及材料应用

鄂西南地区主要包括恩施土家族苗族自治州和宜昌的部分县市，是土家族和苗族人口分布最密集地区，民居种类繁多。

在鄂西武陵山区，坡陡谷深、"地无寻丈之平"，没有可供建房的平地。土家族为适应这里的独特地形地貌，采取了顺着坡势取平修建正房，其他厢房等建筑采取吊角悬空取平的方式建房，厢房与正房呈直角相连，卯榫连接。

另外就是受汉文化影响的马头墙、天井院式民居，包括一些砖石与木构混合建筑，以及由此形成的聚落，如利川大水井李氏庄园和咸丰严家祠堂。

特别是地少石多的地区石板屋，土家族山民就地取材，用当地出产的板岩及页岩，经简易加工成为规则片状的石板，然后堆砌成石板屋。整栋房子除框架结构为木材之外，其他部分都用石头砌成，屋顶也用石片叠落错层覆盖。（图3-1-7）

四、传统建筑装饰与细节

装饰手法多样。一般家庭门窗有古朴的木雕，大户人家还有精美石雕和砖雕。装饰内容为本民族的历史、神话传说以及图腾纹样。典型装饰有：木栏上雕饰"回"、"喜"、"万"字格及"凹"字纹等图案；有些还制作装饰性的美人靠；吊脚楼翼角角梁常雕成龙头；龛子向外凸出部分由挑柱支撑，挑柱头通常雕成精美的金瓜形状；门的装饰有木板镶拼雕花门，也有细木榫接格栅门；窗户的装饰有龙凤蝙蝠、"万"字、"福"字、吉祥如意等窗棂；屋顶多为小青瓦，脊顶饰以青瓦或白石灰压顶，中间有"钱纹"脊饰，翼角有变形"鱼纹"。

五、典型传统建筑分析

（一）恩施唐崖土司城

2015年7月4日16时，在德国波恩举行的第39届联合国教科文组织世界遗产委员会会议（世界遗产大会）对"中国土司遗产"项目进行了投票表决，包括湖北恩施唐崖土司城遗址、湖南永顺老司城遗址和贵州播州海龙屯遗址在内的"中国土司遗产"项目申遗成功。这是我国拥有的第48处世界遗产，也是湖北继武当山道教建筑、明显陵之后，时隔15年以来拥有的第3处世界文化遗产。

唐崖土司城遗址始建于元代初期，相沿18代，历时470余年。鼎盛时期占地100余公顷，拥有3街18巷36院。现存遗址东西长770米、南北宽750米，总面积57.75万平方米，街道墙垣仍清晰可辨，部分建筑尚保存完好，是湘鄂川黔少数民族地区最典型、规模最大、保存较完整的一处土司城遗址，为了解、认识、研究中国土司制度提供了相当珍贵可信的实物资料。

唐崖土司城址在选址模式上具有典型的中国云贵高原东北边缘土家族山地聚落背山面水、因地制宜的传统选址特征。唐崖土司城在坐向上是坐西朝东，不像中原城市坐北朝南，这主要是受到山地的制约。其次，该城是位于面积约80公顷的天然近三角形独立台地上，周围可直接控制区域约400公顷，背靠玄武山，面临唐崖河，周围有陡峭的山体与壕沟相连，既便于排水，又形成一道天然的防御屏障。

唐崖土司城的城址在功能格局上具有整体自由、局部规整的典型特征。唐崖土司城内共有三街十八巷，分割为三十六个大小不等的院落，这些院落成为城内的基本结构单元。所有巷道均依托自然随形就势分布，形成纵横交错的路网格局，呈现出鄂西南地区少数民族山地聚落随形就势、自由布局的传统特征，但核心区即土司衙署又是完全参照中原都城"皇权中轴"的格局和"前朝后寝"的思想来营建的，体现出中原政权礼制文化内向、规整的营造特征。（图3-1-8~图3-1-12）

（二）黄陵庙

黄陵庙原名黄牛祠，明代祭祀建筑，位于宜昌长江西陵峡中段南岸，现有山门、禹王殿和武侯祠等建筑。禹王殿为明代建筑，面阔、进深均为五间，殿高约15米，重檐歇山式，上下檐均置斗拱。清代山门正面系四柱三间砖牌楼式，其后为戏楼。武侯祠在禹王殿东侧。

黄陵庙山门为清代四柱三间砖牌楼式重檐歇山建筑，石库门、石柱础、黑柱、墙面与屋脊均有精细的图案装饰（图3-1-13）。武侯祠为三开间硬山建筑，三叉状墀头、宝瓶式脊首、卷云纹脊翼，均具有独特的个性（图3-1-14）。

图3-1-8 土司城入口城址标牌（来源：中信设计院）

图3-1-12 主宫殿牌坊（来源：中信设计院）

图3-1-9 土司城整体鸟瞰风貌（来源：中信设计院）

图3-1-10 主城池鸟瞰风貌（来源：中信设计院）

图3-1-11 主宫殿局部（来源：中信设计院）

图3-1-13 黄陵庙（来源：《荆楚建筑风格研究》）

图3-1-14 武侯祠（来源：《荆楚建筑风格研究》）

图3-1-15 武侯祠细部（来源：《荆楚建筑风格研究》）

图3-1-16 武圣宫（来源：《荆楚建筑风格研究》）

图3-1-17 武圣宫戏楼（来源：《荆楚建筑风格研究》）

建筑细部精美，飞鸟状脊翼和卷云与花卉图案组成的山花，继承了荆楚建筑的浪漫传统（图3-1-15）。

（三）武圣宫

武圣宫为清代祭祀建筑，位于恩施市城内，为祭祀武圣关公而建。坐南朝北，有门厅、拜殿和正殿，门厅内为戏楼，两侧有二层廊屋，为借用自然地势的台地建筑，设大台阶直抵山门。建筑为砖木式结构。山门、正面中部、两侧山墙升起，两翼房屋依附山门而建，形成极富变化的天际轮廓。建筑花窗、窗檐、屋檐及脊饰下均绘云龙和植物图案，具有楚地的浪漫特色（图3-1-16）。武圣宫戏台为穿斗结构，戏台和侧廊均建于石阶之上，并以统一的石础托柱，回廊栏杆虚实相间，窗花简洁优雅，是楚地戏台中比较考究的样式。（图3-1-17）

（四）玉泉寺

玉泉寺为明代佛教寺院，现有殿堂天王殿、大雄宝殿、毗卢殿、毗卢上方、东堂、西堂、般舟堂、藏经楼等建筑，为全国重点文物保护单位。

玉泉寺位于玉泉山下，坐西朝东，依山傍水，左右两

图3-1-18 玉泉寺铁塔（来源：《荆楚建筑风格研究》）

图3-1-19 玉泉寺天王殿（来源：中信设计院）

图3-1-20 玉泉寺大雄宝殿（来源：中信设计院）

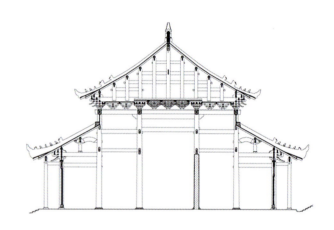

图3-1-21 玉泉寺大殿剖面（来源：《荆楚建筑风格研究》）

侧由青龙、白虎二山围绕，是典型的风水格局。（图3-1-18）

天王殿为红墙，单檐庑殿顶。入口为四柱三开间三楼牌楼门形式，檐下均有游龙为题材的精致彩绘，牌楼门的屋脊采用透雕的游龙图案，雕刻精细，与主殿屋脊浅浮雕的游龙图案在变化中求得了整体上的和谐统一。（图3-1-19）

大雄宝殿为重檐歇山式，高22米，面阔七间(40米)，进深五间(28米)，两侧走廊内套封边墙。整座建筑由72根金丝楠木大立柱支承，立柱直径2.2米，规模宏大，结构严谨，技艺精湛，是湖北省现存最大、最古老的木结构建筑。大殿重檐歇山式，通高22米，面阔七间，进深五间，梁架为抬梁穿斗混合式，立柱72根，斗栱154组，天花藻井，彩绘斑斓。（图3-1-20，图3-1-21）

（五）玉泉铁塔

玉泉铁塔原名佛牙舍利宝塔，宋代铁塔，位于当阳市玉泉寺东边土丘上。八角十三级，楼阁式，中空，塔重约26吨，高约17米。

玉泉铁塔每层由平坐、塔身和腰檐（屋盖）组成，直至塔刹。第二层塔身的东、南、西、北四面上分别铸有铭文，记载塔名、铸塔时间、铸造人等信息。铁塔从基座到塔刹共由45块构件叠合而成，每层的塔身、平坐和屋盖均为一个整件，自下而上，层层内收，比例精准（图3-1-22）；铁塔设置在三层六角形石质平台中央，外形俊秀挺拔，稳健玲珑。铁塔左边为入口牌坊。以亲和自然的建筑布局，凸显佛家圣地的氛围。（图3-1-23）

塔基、塔身均为生铁铸造，塔基须弥座八面铸有铁围

图3-1-22 玉泉铁塔(来源:中信设计院)

图3-1-23 玉泉寺铁塔鸟瞰（来源：《荆楚建筑风格研究》）

图3-1-24 铁塔细部（来源：《荆楚建筑风格研究》）

山、大海、八仙过海、二龙戏珠及石榴花饰纹，基座八隅各铸顶塔力士一尊。塔身各有四门，两两相对，隔层交错；塔身及平坐铸有斗栱；腰檐出檐深远，翼角挑出凌空龙头，创造出慈航普度的境界。（图3-1-24）

（六）天然塔

天然塔为清代风水石塔，位于宜昌伍家岗区宝塔河滨，八角七级楼阁式造型。塔高约44米。

天然塔名称源于"取办于人力之为，而托为天然之事"，是一典型的风水塔。逐层内收的塔檐下，设有斗栱256朵，是宜昌地区著名的标志性景点（图3-1-25）；每层檐口处采用精巧的一斗三升斗栱，造型美观，为一般砖塔少见（图3-1-26）；塔基共设八座托塔力士石刻造像，神态生动，粗犷有力。（图3-1-27）

（七）利川大水井李氏宗祠

李氏宗祠位于利川市柏杨坝镇水井区，距离利川城约47公里，是大水井李氏庄园古建筑群落的重要组成部分。清代李氏家族是当地很有势力的一方豪绅。

祠堂坐落于庄园东北200米处，依山面涧，视野开阔。据称该建筑群是模仿成都文殊院建造的，建筑面积约3800平方米，占地面积达9000平方米。祠堂前方有一堵用巨大条石纵向联砌的"堡墙"，宽4.4～7米，高8.8米。左、右、后方均是用巨石砌筑的护墙，宽达2.85米，高6～8米，全长430米。远看似游龙在山间飞舞，颇有气势。宗祠前方东侧有一口古井，下石阶76级可达井口，泉水甘洌，常年不涸，"大水井"由此得名。护墙上沿石阶布设100余处枪炮眼，四角还建有炮楼，俨然一座壁垒森严的城堡。（图3-1-28）

宗祠为砖木混合结构建筑，中轴对称，两路三进院落，单檐硬山灰瓦顶。主体建筑由3组殿堂，6个天井，69间房屋构成。正殿面阔达15.7米，前殿进深9米，中、后殿进深为10米。前、中殿为抬梁式构架，后殿为穿斗式。前后殿分别与左右厢房相连，其中，中殿称为"拜殿"，是李氏族人祭祖的中心殿堂，殿内陈设有木刻的族规家训，殿外四周是块石垒砌的院坝；殿堂内梁柱粗大，其上挂贴楹联牌匾，多为传统伦理教化内容。梁柱门窗上多有瓷贴、木雕等，内容有"渔"、"樵"、"耕"、"读"等多种主题。（图3-1-29）

与一般祠堂不同的是，该祠堂还是当地团练首领审案的"公堂",其后殿就是李氏族长兼当地团练首领的审案之所。该殿后壁正中饰有"白虎"图形,因之被称为"白虎堂",白虎堂前左厢房为"讲礼堂"及族长、执事的住房,右厢房为账房和仓库。祠堂护墙东西两侧各有一扇石门,西为"望华门",又称"生门",门侧建有牢房;东为"承恩门",又称为"死门",直通天然刑场——龙桥。龙桥是一块伸出悬崖的石板,中间凿有一小孔,"犯人"若被判生,则经由望华门押入监牢;若是死罪,则绑缚"承恩门"外,在龙桥上执行死刑——直接推下悬崖。

（八）咸丰严家祠堂

严家祠堂位于咸丰县城西40公里的尖山乡大水坪管理区龙洞村,又名龙洞祠堂。始建于清嘉庆年间,光绪元年（1875年）扩修。（图3-1-30）

祠堂总建筑面积736平方米,其建筑以明式砖块筑墙,依八卦立位,堂中以巨木支顶,悬楼3层,主体建筑分门厅、亭院、正殿三部分。门厅为本族人聚会之所,通高6米,面阔三间16.7米,进深一间7.6米。屋架为抬梁式构架,两山为猫拱背式云墙。明间前后檐柱向两侧位移,与金

图3-1-25 宜昌天然塔（来源：《荆楚建筑风格研究》）

图3-1-26 天然塔细部（来源：《荆楚建筑风格研究》）

图3-1-27 塔基雕像（来源：《荆楚建筑风格研究》）

图3-1-28 宗祠院落（来源：《湖北传统民居》）

图3-1-29 檐下装饰（来源：《湖北传统民居》）

图3-1-30 严家祠堂远景（来源：《湖北传统民居》）

柱不在同一轴线上，从而形成"八字"影壁状门廊。内外隔扇门雕饰精美。（图3-1-31）

紧接门厅为一边长12.8米的正方形天井院，以条石墁铺。天井中央有一水池，由8块石板和8根石柱砌筑的半圆形水池，称"放生池"。水池外壁刻有精致的云纹装饰。天井拾级而上，是一方形亭阁，据称为族长议事之用。亭高10.7米，面阔、进深各5.2米，重檐歇山顶。亭阁后两根木柱立于青石柱墩上，柱墩正面为石雕狮子，左为"狮子滚绣球"，右为"大狮戏小狮"，下座刻有"孟忠哭竹"、"武松打虎"、"单刀赴会"等8个戏文故事，其狮雕刻细致，极其生动，颇具苗家风格；石狮少威而多媚，令人顿生亲切感。亭阁木枋上木刻刀法精巧洗练，线条自然清晰；亭阁前顺台阶斜置一长2.6米、宽2.06米巨石，上刻盘龙，镂空度极高，三龙夺珠图案佳绝妙极。

紧连亭阁为三间正殿，面阔三间16米，进深四间35米，通高8米；明间抬梁式构架，两山为穿斗式构架，封火山墙；其后部正中设神龛，置"严氏历代昭穆考妣神主位"木牌位，其上悬"敬宗收族"金字匾额，左右各立石碑两块，刻有"族规"、"戒规"、"奖励章程"、"创造宗祠序"等，字迹工整清晰，刻工精湛绝伦。（图3-1-32）

（九）周家祠堂

周家祠堂位于小河衙门坝，是一座砖木混合结构建筑，青瓦屋面。该祠堂原有两进院落，惜前面部分已毁，现存建筑为五开间的一个敞厅，应为原周家祠堂的最后一进祖堂。（图3-1-33）

现存平面宽20米，进深9米，呈中轴对称布置，有9级台阶通达明间。布局较为别致的是该祠堂两侧均有木制楼梯反向通往左右二层阁楼，而中间三开间直接向内院开敞，类似于当地吊脚楼的一字形"座子屋"，可以隐约感受到鄂西地区木构建筑的通透、宽敞的特点。该祠堂室内装饰较为考究，柱础样式变化十分丰富。

（十）利川老屋基

老屋基是利川市忠路区的一条老街，此地曾有历史久远的房屋建造基址，故名"老屋基"。老街分为上街和下街两部分，只有下街的传统格局保存较好。主街长约80米，沿山势河流伸展，基本呈带状布局；街道依据地形高差变化大致分为三段。街道宽4米左右，尺度宜人、亲切，两边店铺檐口高约6米，形成了适宜的街道空间；于街内向两头望去，街道尽头分别以远山（自然景观）和小屋（人工景观）为对景，形成了一个相对围合的空间形态。（图3-1-34，图3-1-35）

街道路面为石板铺成，房屋均为木构，穿斗式构架。为适应复杂的地形地貌，争取和利用空间，许多民宅和店铺做吊脚楼，十分灵活地分布于山水之间。老房子均为布瓦屋顶，处于山水之间，给人清新自然感；街道依山就势，有支巷沿山腰拾级而上，从而形成上下分明的空间层次。山间有一道溪水与山脚河流相通，穿街而过，其上架有一座石拱桥，有碑记，名"福寿桥"，已超过两百年历史，此桥为街道一处重要的节点，往日每遇赶集之日，老屋基街上人头攒动，热闹非凡。（图3-1-36）

（十一）咸丰刘家大湾

刘家大湾是咸丰县境内的一组较大的吊脚楼群。这座土家山寨坐落于大山脚下，前为平缓的田畴，木楼依山而建，合理利用地形，形成吊厢不吊堂的吊脚楼。正面一列六个龛

图3-1-31 祭亭与水井（来源：《湖北传统民居》）

图3-1-32 马头墙（来源：《湖北传统民居》）

图3-1-33 周家祠堂正堂立面（来源：《湖北传统民居》）

图3-1-34 利川老屋基屋面
（来源：《湖北传统民居》）

图3-1-35 利川老屋基吊脚楼
（来源：《湖北传统民居》）

图3-1-36 利川老屋基福寿桥桥面（来源：《湖北传统民居》）

图3-1-37 龛子构架（来源：《湖北传统民居》）

图3-1-38 花窗（来源：《湖北传统民居》）

子，参差排列，纵深可数出三排，顺坡而上。主要建筑为居中的平面为F形的民宅，该建筑既不是三合水，也不是钥匙头，较为少见，估计原是三合水或钥匙头形式，后因扩建而演变成今天的样式。坡上树木繁盛，形成很好的"座山"。左侧据说曾有进寨的大路和寨门，现寨门已毁；右侧则是一片有环抱之势的缓坡。正面一带由姿态丰富的"山子石"和竹林珠联璧合，形成"案山"。

此处"龛子"屋角起翘，"歇山"山面檐口明显呈两端上扬的曲线，翼角下有"大刀片"似的角梁承托，因而屋檐出挑深远，造型也显得舒展大气；檐下是出挑的"阳台"，有木制栏杆围绕，这是土家吊脚楼专供晾晒的空间，也是龛子的典型做法；"龛子"梁架结构清晰，受力合理，其下"吊脚"用料粗大而密集，最多一排有7根吊脚柱。（图3-1-37，图3-1-38）

建筑前平地原为院坝，是节庆日举行庆典活动的场所，现在已成为庄稼地。平地一侧有一大蓄水池，原为灌溉庄稼之用，现已废弃；靠近公路一边建一排烤烟房，为后来加建，虽排列呆板，但也同民宅一起构成了一个围合空间。各家宅前因地制宜种植果树或蔬菜，形成富有生活情趣的宜人环境。

（十二）利川李氏庄园

位于利川市大水井乡，可分为左右两大群落。左边（西南侧）建筑群的主要入口已难以明确识别，屋宇失修，部分毁圮。右边（东北侧）建筑群保存较好，规模庞大，有大小楼房百余间，天井9个，总建筑面积约5000平方米。从实地调查及庄园建筑的风格看，其建造年代应在民国初期。

该建筑群主体建筑可分为左、中、右三路，主要入口位于右路边沿前侧，朝向正北，采用土家族"午朝门"形制，屋顶为歇山式，但门的一侧与三层吊脚楼式偏屋相连，因此仅左侧呈歇山形，造型别具异趣；门前石级层叠，呈弯牛角状，斜向透迤，如此处理与土家族的"风水观"有关。

该建筑群总体布局与宗祠相似，由主体建筑两侧各出偏屋，与主体建筑前筑于高台基上的坎墙相连，在大门前围合成一集散兼眺望的院坝；坎墙造型丰富多变，两侧为跌落式墙体，饰以墙檐及线脚、彩绘，中间为西式花瓶形栏杆组成的1.5米高矮墙，以4根矮柱分隔为3段，与主立面正门之墙面分隔，和西式柱廊相呼应，轻快剔透，给人以亲切感。中路主体建筑是三进厅堂，正门前为11级石台阶，墙面亦以壁柱分隔，饰以线脚；正门上横额已无字迹存留，惟午朝门之匾额有"青莲美荫"4字，可知房主自托太白后裔。前厅为楼厅，次间侧墙处为穿斗式木构架，中间则为抬梁式。门厅立面为壁柱、线脚分隔的实墙面，面对中厅的一面朝向东南，以大片冰纹式花窗作次间的隔断，轻灵雅致；门厅靠正门的侧墙上，有侧门与左、右两

图3-1-39　利川李氏庄园入口广场（来源：《湖北传统民居》）

图3-1-40　利川李氏庄园正门内院（来源：《湖北传统民居》）

路的西式柱廊相通。中厅虽为三间，然面阔小于前厅，作此处理，似为后厅堂屋的小空间作过渡，以避免空间变化有突兀之感；中厅侧壁仍为穿斗式木构架，中间则为抬梁与穿斗结合的混合式梁架，构件富装饰性，又有照壁板分隔于后，应是房主会客之处。后厅三间，一明二暗，中为堂屋，两旁为卧室，已无厅堂之制，纯为起居之需要，其构架为穿斗式。左路(西南侧)主体建筑，前半部西式柱廊之后有小室三间，后临天井，天井中有水池，池前壁上刻一大"忍"字，有小廊，可与左侧建筑群落相通；正对"忍"字的雅室，有廊前挑，通宽开窗，环境幽静，似为书斋；其后有通道可直通后进，后进房屋为子女住房。右路(东北侧)主体建筑，前有西式柱廊，后有花厅、天井，为房主宴客雅叙之处；其上有楼，可直通后进房屋。

该建筑群两侧，左侧为侧面入口，设月洞门，上有楼房，可与主体建筑左路诸室相通；右侧屋随地形上下展开，极尽错落变化之灵巧，并双开侧门通往李氏宗祠；侧屋后部及上部，又随地势建小院及绣花楼，且有通廊与后进宅院相连。整座建筑群造型丰富，具有土家族特色的门楼、吊脚楼、绣花楼等与西洋式柱廊、坎墙相映衬，檐角、屋脊用五彩缤纷的碎瓷碗片镶嵌成各种花纹图案，加上汉族式样的花台、花缸、柱础、彩画以及数十种雕花窗格，组成别具风格的庄园建筑。（图3-1-39，图3-1-40）

（十三）宣恩彭家寨

彭家寨，毗邻湖南，位于宣恩县沙道沟镇西南部两河村的观音山下，占地100余亩。观音山虽然不高，但十分秀丽，从正面看，好像观音娘娘端坐在莲台上，故名观音山。寨子后山是一片郁郁葱葱的竹木林，衬托出这里人民生活安乐的景象。寨东有一条溪流，一股清泉，常年不涸，此为山寨边界；溪流上架一座有百年历史的凉亭桥，供来往行人避雨、纳凉，故彭家寨在当地又称凉亭桥。寨前有一条较大的河流——"龙潭河"蜿蜒而过，河上架设40余米长的铁索桥将寨子与外界相连。（图3-1-41）

全寨人都是土家族，现有45户、256人，大多为彭姓，据称该姓氏是湖南永顺、保靖土司的后裔。因该寨现保存有完整的吊脚楼群和土家文化习俗，是鄂西南典型土家山寨。寨子集聚有20多栋吊脚楼，每栋自成体系，一般以一明、两暗、三开间作正房，以吊脚的龛子屋作厢房，厢房多数有上下两层相围，底层喂养猪牛等家畜，楼上住人。

在溪河对岸，可望见彭家寨前后耸立9个以上的龛子，还有十多个正屋尽端的山面龛子。所有台阶、道路、院坝都用产于当地的青石板满铺。寨子就是由石板台阶和小路相联系，顺山势层层爬高，显得错落有致。（图3-1-42~图3-1-48）

图3-1-41 宣恩彭家寨全景（来源：《湖北传统民居》）

图3-1-42 宣恩彭家寨场坝（来源：《湖北传统民居》）

图3-1-43 单边吊脚，三面出挑（来源：《"荆楚派"村镇风貌规划与民居建筑风格设计导则》）

图3-1-44 歇山翘起的翼角与单坡屋面组合（来源：《"荆楚派"村镇风貌规划与民居建筑风格设计导则》）

图3-1-45 全穿斗结构，底层挑台，二层吊楼，周边设大木挑，三面出檐（来源：《"荆楚派"村镇风貌规划与民居建筑风格设计导则》）

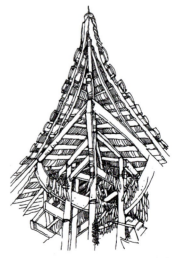
图3-1-46 典型的吊脚楼翼角构造（来源：《"荆楚派"村镇风貌规划与民居建筑风格设计导则》）

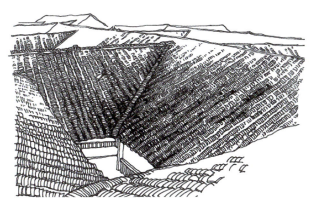

图3-1-47 高低合掌式屋面组合（来源：《"荆楚派"村镇风貌规划与民居建筑风格设计导则》）

图3-1-48 栅栏门（来源：《"荆楚派"村镇风貌规划与民居建筑风格设计导则》）

图3-1-49 咸丰蒋家花园全貌（来源：《湖北传统民居》）

图3-1-50 咸丰蒋家花园外立面（来源：《湖北传统民居》）

（十四）咸丰蒋家花园

蒋家花园位于咸丰县甲马池镇新场村2组，距咸丰县城50余公里。该花园为四合院与吊脚楼结合的一组大型居住建筑。据记载，蒋家花园建于19世纪初，距今200余年，为当地富豪蒋克勤所建。原为3个四合水天井组成，后被拆去西侧1个天井，现尚存2个天井，计房屋31间，建筑面积1259平方米，均为全木结构，保存基本完整。

蒋家花园在布局上，可视为一个大型"撮箕口"式吊脚楼。据推算，未损毁前其总开间宽度达50米以上。中部主体建筑为并置的3个院落。中间院落呈方形，檐口轮廓约14米见方。四边均有阁楼层，主入口并不高大，但三开间门厅十分宽敞。原进门金柱处有木制屏门一道，以阻挡内外视线。别致之处在于正厅当心间祖堂前本应为"祭台"之处却设为"戏台"，从祖堂一直延伸至檐柱，并在院落右侧有低矮木栏杆相隔。这种祭台与戏台合一的做法在国内民间建筑中甚为罕见。侧院与主院并行，但宽度被压缩，仅5米左右，因而成了一个纵向拉伸的窄天井。与主院落(地面层)下高上矮（阁楼层）的处理方式不同，侧院厢房则是上高下矮。地面层近1.8米左右，而上部则达到3米以上，有石砌楼梯上下，这完全是吊脚楼的处理方式。此外，主体建筑两侧也伸出两个"龛子"，其"歇山"式顶部和披檐处理与普通吊脚楼做法如出一辙，并且，其面向院子的一面在二层有长长的回廊与内院相通，因此交通处理也是别具一格的。花园在构造装饰方面的主要特点是：檐下和翼角下的出挑两层甚至三层穿枋支承檐口，使檐廊宽敞深邃；此外，天井四周走廊栏杆上木雕花饰精细，穿枋也有花纹图案，磉墩雕刻细腻。（图3-1-49，图3-1-50）

图3-1-51 巴东郑家大屋近景（来源：《湖北传统民居》）

图3-1-52 巴东郑家大屋鸟瞰（来源：《湖北传统民居》）

图3-1-53 枝江董市老街鸟瞰（来源：《湖北传统民居》）

图3-1-54 老街街景（来源：《湖北传统民居》）

图3-1-55 老街天井（来源：《湖北传统民居》）

（十五）巴东郑家大屋

位于湖北省巴东县野三关镇泗渡河村，该村始建于清乾隆年间，距今300余年。恩施州人民政府以恩施州政办发[2002]48号文公布为全州第三批文物保护单位。

郑家大屋占地面积2200平方米，建筑面积2100平方米，大屋共9口天井，48间房屋，52个垛子。外墙为砖砌，内部为木质穿架，分楼上楼下二层，屋顶盖青灰布瓦，所有地坪为石板铺面。由场坝上台阶进门楼，门楼上方挂一匾，上书"外翰第"；由门楼进入第一口天井，再上三级台阶进入厅屋，厅屋正面有一茶屏，茶屏上有一木刻镀金大"福"字，茶屏上方有一木刻匾"萱茶稀龄"；由厅屋穿过大天井就进入正堂屋，正堂屋前上方有一木刻匾，上书"松筠节廪"，正堂屋后壁上方有一木刻匾"继序其皇"，正堂屋内侧"抢柱"上有一幅木刻镀金对联。

郑家大屋是整个鄂西南地区很有特点并颇具代表性的民居建筑，从建筑结构到装修艺术都有很高的鉴赏价值，木构做工精致，装修雕刻精美，选址、采光、排水等功能都具有一定的特点和科学研究价值。（图3-1-51，图3-1-52）

（十六）枝江董市镇老街

董市镇位于湖北枝江市西南5公里，东面与荆州市接壤，西面毗邻宜昌市，南濒长江，属亚热带季风气候，近代河流冲积平原区。董市始建于秦汉时期，原名董滩口，为枝江四大古镇之一，因三国时期为蜀国中郎将董和故里而更名董市，距今已有1700多年历史。董市镇区位独特，交通便利，自古以来就是周边地区边贸商品的重要集镇。（图

3-1-53~图3-1-55）

董市镇特色古商业街——老正街，是连接川东鄂西与江汉平原的重要港口和集市。全长980米，宽5.5~7米，建筑面积5500平方米，原为石板街，共有15条小巷，210多幢清末古建筑。背街即古镇普通劳动人民的居住区，现仅存东半段，居住建筑较多。老正街中间以新码头为界，分为上街和下街，上街主要为商业建筑，人流、物流量大，因此街面较宽，下街主要为作坊和工厂，街面相对较窄，但上下街的街道宽高比例一致，均为1∶18左右，给人以连续的空间感受。

第二节 鄂西南地区（恩施州）历史文化名城特色解析

一、恩施州城市发展的历史变迁

清朝雍正六年（1728年）裁施州卫，设施县，翌年改称恩施县，隶归州。雍正十三年（1735年）"改土归流"后，"中华民国"元年（1912年），为施南府郭县。废府存县，恩施县直属湖北省。其先后隶属湖北省荆南道、荆宜道、施鹤道和鄂西行政区。1932年至1949年，是湖北省第十行政督察区专员公署驻地。1938年至1945年曾为湖北省临时省会。整个民国时期，恩施县自身建置未变。

1949年11月6日，恩施解放，翌日成立恩施县人民政府。1982年4月30日，析城及郊区168平方公里地区设立恩施市，实行县、市分治。1984年1月1日，撤销恩施县，将其行政区域全部并入恩施市。纵观恩施城的发展，在清代"改土归流"之前一直实行的是土司制度，土司制度被废除之后，恩施城进入了新的发展时期，清王朝实行的民族同化政策和对外开放政策极大地促进了恩施城与外界的交流，恩施的社会经济和文化发展得到了较大幅度的提升。进入近代以来，由于战争等原因，恩施城几经兴衰变迁，直至今日成为恩施土家族苗族自治州的政治和经济中心。由于恩施城悠久的历史及其遗留下来的浓郁的地域特色和民族特色的城镇景观，恩施城在1991年被评为"湖北省九大历史名城"之一。

二、名城传统特色构成要素分析

（一）自然环境

恩施市全市总面积397166公顷，约占全州土地总面积的六分之一，居全州第二位。在地质上属于我国地势第二阶梯上云贵高原的东延尾闾，市域西北有巫山余脉环绕边境，西南武陵山余脉沿西南正东北走向横亘全市，地势西北及南边两翼高，近似山原地貌，海拔1800~2000米；西南及东北大部分地区在海拔900m左右，有较大的山间坝槽坐落其间；中部地区由于地层下陷，形成陷落盆地，比较开阔，一般海拔在500米左右，境内最高海拔2078米，最低海拔262米，相对高差1816米。

恩施市属亚热带气候，由于地势差异大，谷地的高山屏蔽遮挡积雨云，因此雨量充沛，夏冷冬暖，四季分明，低山一般无积雪，高山霜冻期长。清江是穿越恩施城区的主要河流，是恩施市具有景观价值和良好资源的母亲河。

恩施属中纬度亚热带气候，受海拔、地形的影响较大，其气候的主要特征是：热量随地势的增高逐渐降低，而湿度却逐渐增大，气候与地势具有立体相关性。境内气候温和，阳光充足，雨量充沛，无霜期长。年平均气温16.4℃，全年无霜期282天，日照时数1297.8小时，平均相对湿度82%，年降雨量1525毫米。

恩施市位于北纬30°左右，地理区位的特殊性使恩施躲过了第四季冰川运动的侵袭，成为许多珍稀动、植物的避乱所和栖居地，据《恩施市维管束植物名录》统计，全市已探明的维管束植物2429种，其中：木本植物1259种；草本植物1170种。植物种类极为丰富，因此素有"华中药库"、"鄂西林海"的美称，并被联合国教科文组织评定为最适合人类居住的环境之一。这种独特的生态遗产是自然赋予恩施最好的城市景观基底，也需要在景观研究中探讨如何

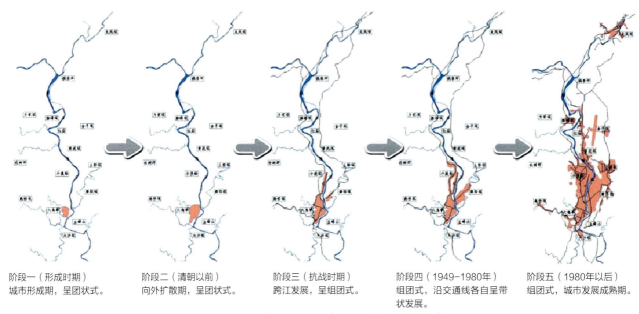

| 阶段一（形成时期） | 阶段二（清朝以前） | 阶段三（抗战时期） | 阶段四（1949—1980年） | 阶段五（1980年以后） |
| 城市形成期，呈团状式。 | 向外扩散期，呈团状式。 | 跨江发展，呈组团式。 | 组团式，沿交通线各自呈带状发展。 | 组团式，城市发展成熟期。 |

图3-2-1 恩施市城市空间结构演化图（来源：恩施市总体规划（2009—2030）湖北省城市规划设计院）

通过对这类植物的培育移栽至市区范围内，使得生态文化的特征更外显。

（二）人工环境

恩施市拥有良好的山水自然资源和"山中峡城出，碧水城中流"的独特城市格局。城市建设顺应山势和河流，沿清江两岸由南往北呈带状逐渐发展，在与清江平行的城市主轴线两侧分散串联这几个城市景观区，整个发展方向与空间结构较为明晰。同时，沿清江、龙洞河、凤凰山和车站环路控制四条生态绿楔引入城中，使城市各个组团被绿色回廊环绕。

在城市主轴线的空间布局上，恩施作为一个较为典型的山地城市，城市空间结构呈明显的带状发展，由南至北的武圣宫、解放路、摩天岭、硒都广场、施州大道、民族大观园共同形成了城市的一条南北主轴线，沿途串联恩施市新旧城区，该主轴线上的建筑物高低错落，绿色空间分散插入其中，城区内部兼有历史文脉和现代文明气息，使古今文化在现代城市景观中交相辉映，建议该轴线运用城市设计手段加强空间的协调与控制。

在城市景观区的划分上，恩施市依据历史—现代—自然三个主题分为三个大的景观区，在区域内整体的景观特色能够体现该主题。历史风貌景观区以现状武圣宫、文昌祠为核心，为城市主要视觉焦点之一。现代文化景观区位于枫香坪新城区金桂大道以南，土桥坝路北段，以新城车站商业区和金融中心为主，该地段作为城市新区宜布置大量公共建筑，依托施州大道沿线形成平行于清江的新城南北向轴线。自然山体景观区位于五峰山周边，因该山自然地势较高，相对独立，四周被绿色包围，因此易于和其他组团形成呼应关系，加上连珠塔和周边文教区建筑清新明快的特点，构成城市又一重要景观地段。

恩施市城区空间的形成经历了多个时期，城市空间的变迁受到地形地貌、交通方式、城市性质和城市规划等多种因素的共同作用。城区空间形态的演变主要经历了五个阶段。（图3-2-1）

（三）人文环境

恩施市作为恩施土家族苗族自治州的首府，在少数民族的民俗文化上具有诸多独特的沉淀，这些非物质性的遗存也是城市特色景观的重要组成部分之一。土家族是武陵山区清江流域古代巴人的后裔，巴人有古朴凝重的民风，历来崇尚勇武，信仰以白虎为图腾寄托希望的巫文化。他们住干阑式房屋，楼上居人，楼下养畜，善织土花铺盖西兰卡普，能歌《龙船调》，善舞摆手舞，有许多属于本民族的语言、风俗和节日庆典活动。饮食上也颇有特色，在鄂湘渝地区影响深远。

长期以来，恩施受制于山高路远交通不便，这些因素在一定程度上影响了城市的迅速发展，却也反过来对本土非物质形式的民俗起到了保护留存的作用，使得千百年来绵延不绝的民族民俗未被全球化的开发模式所同化。然而随着沪汉蓉高速的建成和宜万铁路的即将贯通，若不及时对民俗文化加以保护，外来的侵扰会将此类遗产无声吞没。因此这也是本次景观研究中极为注重去发掘、梳理和保护的内容。

自上古以来，恩施便是华夏先民的栖居地，因而留存了甚多名胜古迹，尤其以独特的建筑形式而闻名。作为武陵山区建筑风格的代表，恩施古建筑大多采用干阑式建筑，即土家吊脚楼。土苗先民通过发明、完善干阑式建筑，将之作为在山地与河流间居住的载体，这类建筑符号如今在武陵山区至今仍有相当完整的保存，在州域范围内就有国家重点文物保护单位8处。作为湖北省九大古城之一，恩施城自然人文景观也极为丰富。现市内保存主要人文景观有：古城遗址（始建于元代初期）、文昌祠（清嘉庆三年）、武圣宫（宗教建筑）、云台观、连珠塔（清道光）等。

三、城市肌理

恩施古城的城池多根据地形变化，"顺应山势起伏"，是一种"自然轮廓"模式，而古城中道路的划分总体来说多顺应等高线分布，采取"沿等高线展开"模式，但受"礼法体制"模式的影响，在官府衙门分布的"重点位置直线延伸"模式也同样存在。

分析恩施古城的城池与街巷平面图，可以看出在自然的曲线中仍然有一些规则的形式存在，同平原地区重礼法的城镇街巷平面有许多相似之处，结合恩施古城中主要官府衙门的分布位置，在城镇道路的分布上，连贯南门与北门的主道路基本是顺自然走势布置的，但东西向主道路由于连接清朝官道，且县衙、考棚等重要权力机构分布于此，故入城后采取垂直南北向道路的布置，在东门与北门区域形成一片由大小十字街构成的"方正"形式，但这种布局使得这条道路垂直于地形等高线，且并没有同西门取得直线上的贯穿效果。另一条通向府衙的道路同样采用这种形式，使用了垂直于等高线却"中正"于府衙的"礼法体制"需求，此外在官府衙门的分布上也有体现，县署居于东北，府署居于西南，两者取对角均衡。这些都体现出了"礼法体制"模式的影响。

（一）水域空间

清江由南向北贯穿整个恩施城区。

（二）道路结构

恩施市区的道路结构是一种"自然轮廓"模式，多顺应等高线分布，但在自然的曲线中仍然有一些规则的形式存在。作为一个东西两山耸立、清江南北穿流的城市，恩施道路网明显表现出重纵轻横的特点。

（三）城市开放空间

"沿路发展、线性蔓延"，其空间现状呈现出"一城两区一组团"的布局特征。

四、历史街区

（一）恩施州庆阳坝凉亭街

1. 区位

庆阳凉亭街历史悠久，建筑富于民族特色并保存较好，人文丰富，在研究西南少数民族地区政治、经济、文化中，具有独特的地位和作用。

庆阳凉亭街位于湖北省恩施自治州宣恩县椒园镇庆阳坝村，地处渝、鄂、湘三省边贸的交通要道，古有"川盐古道"、"骡马大道"从此经过，特别是清末和抗战两次"川盐济楚"时，川盐经济带动整个巴蜀地区贸易发展，长江沿岸码头西沱、云阳、万县的川盐都要经庆阳坝陆运至湘、鄂两省。

2. 街区的发展

庆阳坝凉亭街位于湖北省恩施州宣恩县椒园镇庆阳坝村，地处川、鄂、湘三省边贸的交通要道，古有"川盐古道"、"骡马大道"从此经过，特别是清末和抗战时期两次"川盐济楚"时，川盐经济带动了整个巴蜀地区的贸易发展，长江沿岸码头西沱，云阳、万县的川盐，都要经过庆阳坝陆运至湘、鄂两省。在肩挑马驮的年代，由于山路艰辛，日行不过30公里，因此在鄂西的古盐道上，每隔15~30公里就有一个歇脚休息的驿站，久而久之，这里成为附近村民赶场的街肆。庆阳坝便是这种曾经遍布鄂西大山中的典型街肆。（图3-2-2，图3-2-3）

图3-2-2　凉亭街总平面图（来源：湖北省城市规划设计院）

3. 街区的特色

街道建筑面积10公顷，主街道长561米，靠山面水而建。主街道两侧建木质瓦房，65栋房子排成两条，间隔5米相对而立，形成集市。临街面为商铺，临溪面是吊脚，整条街为凉亭式，檐搭檐、角接角，首尾相连，一气贯通。凉亭街房屋为穿斗式，五柱四骑到八柱七骑，二至三层不等，多一明两暗三开间，二楼是"燕子楼"，一楼是柜台，吊脚处多为加工房。

清朝民国两代，庆阳有"盐花大道"和"骡马大道"两条交通要道经过。庆阳凉亭街齐集"三十六行"，从衣食住行到码头赌馆应有尽有。以土家族、苗族、侗族为主体，融合其他民族形成的凉亭街街民，有传统手工业者、医药世家、官宦之家和商贾旺族。凉亭街附属建筑众多，收藏丰富。

凉亭街由两条街道交错排列，以街面、街道和桥梁贯通，集土家族吊脚楼和侗族凉亭构架于一体，为木结构梁架式民宅古街道。老街长500多米，宽20米，靠山面水而建，占地面积1.82公顷。主街道两侧建木构瓦房，传统建筑完好程度为80%。现保存完整结构房屋65栋，排成两条，间隔5米相对而立。在长期发展中，这里形成了"三街十二巷"。三街呈横"品"字分布的三条街道。临街面为商铺，临溪面是吊脚楼，整条街首尾相连，一气贯通，防风避雨，冬暖夏凉。

凉亭街前侧老寨溪上建有四座桥。上游凉亭街西头为修建于1975年的更生桥，为单孔石拱水泥面，原建的护栏仅

图3-2-3　凉亭街街景（来源：恩施政府网）

剩石柱。更生桥下游是一简易水泥桥。

顺次为凉亭桥。凉亭桥原名太平桥，三拱，凉亭街绅士余泽汪领首修建。1846年庆阳坝发洪水冲毁，光绪二十年（1894年）季冬该地居民集资建成凉亭桥。桥宽3米，长15米，两柱一骑四排扇。凉亭桥石碑为青石，楷书阴刻，自右至左横书"众首士"，右竖书"清光绪二十年季冬"，次为捐资者姓名。凉亭街原叫太平镇，后因凉亭桥而得名。

凉亭街房屋紧凑，错落有致，是民间应湘鄂川黔省际贸易兴建，集市繁荣达两个世纪。凉亭街人文、古迹丰富，街道主体建筑保存完好，是西南少数民族地区不可多得的富于民族特色的古街道。

4. 保护与修复要点

2005年，凉亭街被恩施土家族苗族自治州人民政府确定为民族民间文化保护区，2007年被湖北省人民政府确定为省级文物保护单位，2010年被住房和城乡建设部、国家文物局确定为中国历史文化名村。

规划遵循了该地区历史文脉，尊重现状空间格局，结合现代人文要素，形成兼具鄂西土家村寨风貌的历史文化街区。

五、特色要素总结

自然环境	山脉	巫山、武陵山、大娄山、齐跃山脉、甘溪山等
	江湖	清江、酉水、沿渡河、溇水、唐岩河、郁江、忠建河（又名贡水河）、马水河、野三河等
	气候	亚热带气候，由于地势差异大，谷地的高山屏蔽遮挡积雨云，雨量充沛，夏冷冬暖，四季分明，低山一般无积雪，高山霜冻期长
	特产	合渣、腊肉、土豆干、渣广椒、利川柏杨、土家酱香饼等
	文物古迹	连珠塔、文昌祠、叶挺将军纪念馆、柳州城遗址及西瓜碑、武圣宫、南门城楼城墙、白衣庵、通天洞石刻等
	墓葬胜迹	五峰山烈士陵园
	古文化遗址	恩施大峡谷、腾龙洞、巴东神农溪、恩施土司城、清江闯滩、梭布垭石林、龙麟宫、大水井古建筑群
人文环境	历史人物	张良、赵云、廖仲恺、叶挺、贺龙、吉诺比利、吴国桢、邓玉娇、陈连升、周念民等
	宗教信仰	佛教、天主教、伊斯兰教、道教、基督教等
	岁时节庆	立春日、花朝节、清明节、端午节、乞巧节、中元节、中秋节、小年、除夕、春节等
	民俗文化	摆手舞、撒尔嗬、板凳龙舞、傩戏、女儿会、月半节、祝米、哭嫁等

城市肌理	水域空间	清江由南向北贯穿整个恩施城区
	道路系统	"自然轮廓"与规则的形式相结合的模式，重纵轻横的特点
	城市开放空间	"沿路发展、线性蔓延"，其空间现状呈现出"一城两区一组团"的布局特征

六、风格特点

城市特色	中国名茶之乡
街区特点	随地势灵活布局

材料建构	砖石、木构架、石砌寨门、木格窗
符号点缀	官帽形山墙、白菜形石刻、吊脚楼翼脚等

第四章　鄂西北地区传统建筑文化特色解析

　　本章的研究结合鄂西北的地理位置的特点，从平面布局、立面山墙、装饰艺术等方面探讨了鄂西北传统民居多样性的表现，进而阐明了鄂西北民居所具有的文化特征。从上述对鄂西北民居多样性的分析中，我们感受到的，更多地是在多种文化下一种"僭纵逾制"的自由发挥、自由表达，这恰恰是鄂西北民居的一种文化特征。鄂西北民居因受到多方面文化的冲击而形成了今天的风格，具有文化的多元性特征，这其中肯定有秦巴文化的影响，也不排除徽派建筑文化和南方建筑文化的影响，其复杂性可想而知。

第一节 鄂西北地区的传统建筑文化特色解析

鄂西北是楚文化的发源地之一,又是楚文化与中原文化的交融地,巴楚文化、巴渝文化、黄河中原文化在这里共生、共融,使这里成为文化发展的一片沃土,土家族、苗族、侗族、汉族等各民族人民共同生活在这里,演绎着各自文化的绚丽多彩的动人篇章,也构成了湖北少数民族文化的精髓之一,多元的文化催生了这一代建筑文化的蓬勃发展,在取众派之所长中形成了自身独特的风格,呈现出建筑特征的多样性。鄂西北传统民居集中分布在十堰地区竹山、竹溪、郧县、丹江口一带和襄阳地区南漳、谷城一带。选址多为有山有水的地段,建筑倚仗山体,坐北朝南。平面布局常为对称多路多进四合院式,与北方四合院不同,建筑围合,屋顶连为一体,均为较为宽敞的天井院落。保存较好的传统民居有翁家庄院、高家花屋、冯氏民居、柯家祠堂等。

一、聚落规划与格局

鄂西北传统民居的选址多为有山有水的地段,建筑均有能倚仗的山体,尽可能坐北朝南布局,虽然也有其他朝向,但多半是因为地形、水系、对景、风俗等因素的影响。

聚落选址呼应生产方式:农牧兼营;选址格局注重防御性:居高临下占据交通要道,布局集中、紧凑。选址布局不像中部地区那样讲究宗法礼制,但还是存在风水讲究。更注重依附地形,自然布局,让地为田。

鄂西北传统民居的平面布局形式常为对称多路多进四合院式,没有严格的定式,但其四合院与北方的不同,均为建筑围合,屋顶连为一体,院落均为天井院,形式有纯天井,有天井中高起,形成四方围合的排水沟等形式,规模不大。天井院正中都设有台阶,襄阳南漳地区的民居常在天井中路设垫脚石,天井四面多为大门、两厢房、中厅或正房。一般正房南面多设有檐廊,院落依山就势,逐步升高,中轴对称。

鄂西北传统民居与自然地势结合紧密,没有固定的格式。单体建筑以坐北朝南为主,也有独立四合院和多路多进的四合院,与北方四合院不同,鄂西北的四合院略小,建筑紧密围合,屋顶连成一体,成为面积较大的天井院。

二、传统建筑风格及元素

构成:山、院、墙

色彩:土黄,暖灰

风格:敦厚、大气

内涵:理、礼

鄂西北传统民居多为硬山,通过云形山墙、马头墙形成变化。墀头形式多样,常常在墀头中部的凹入部位嵌入各种造型,结合浮雕彩画,形成精彩的造型。(图4-1-1)民居立面多为砖砌,造型较为封闭,明间设门,其余各间均为实墙,开有木窗或嵌石雕花窗。入口常采用双墙夹槽门,通过精美装修成为造型的重点。

构架:建筑构架灵活多样,有在墙角出挑角梁,设三道侧栱托檐的做法,精美巧妙。(图4-1-2)

图4-1-1 山墙:多叠墀头夹重檐(十堰黄龙镇老街)
(来源:《"荆楚派"村镇风貌规划与民居建筑风格设计导则》)

墙壁：鄂西北建筑上墀头的装饰极为丰富，墀头下肩和正身之间的凹入部分嵌有几何形、动植物雕饰，还有人物和传奇故事，精细传神的雕刻加上讲究的彩绘，美轮美奂。盘头上的戗檐略微上翘，使建筑显得轻灵飘逸；山墙多为硬山，通过云墙、马头墙形成变化。连拱云墙是鄂西北建筑特别的地方，有的山墙达到连续9拱之多。

屋顶：屋顶多为灰瓦或小青瓦顶，最多见的是人字形硬山加马头墙的样式；檐口常采用砖砌灰塑仿斗栱造型，多重彩绘线脚装饰，十分华美；屋脊采用花瓣式镂空脊身，飞凤造型的脊头和脊翼。

装修：立面鄂西北传统民居的前堂多为砖砌，立面比较封闭，正房常用砖墙夹土坯墙，有"金镶玉"之称；除明间设正门外，其余房间对外采用石雕镂花窗，其花饰多为吉祥、富贵、长寿等中国传统文化内容。正门是整座建筑的重点，户主常花费重金进行装饰，特别喜欢采用门楼的形式，更多的是仿木单间双柱牌楼式贴面门，至少有一个突出的门檐。门头多有木、石浮雕，常见蝙蝠、麒麟、松鹤等象征吉祥的动植物图案和体现喜庆、忠孝、礼仪等民俗故事的人物雕刻；门匾常见一些颇有功力的题字，体现鄂西北一带较为深厚的文化积淀。

入口：采用牌楼式入口，槽门入口，拱门入口。

三、传统建筑结构特点及材料应用

多路少进，横向展开。坐北朝南是大多数宅院的第一选择，北高南低的地势造就了其依山就势、逐级升高的建筑格局，其民居依山而建，横向多路，进深受限，多为二至三进。鄂西北民居依然遵从"左上右下"、"东尊西卑"的基本规律。

实体围合、防御性较强。鄂西北民居的院落多为建筑实体围合，少数采用墙体组合建筑围合。注重防御，对院落内部的保护性较强，由于明清时期鄂西北不断的战乱，还有部分民居设有带射击孔的碉楼。

硬山封火，墀头多变。鄂西北民居的屋顶基本都是采用硬山灰瓦形式，山墙的形式多样。较正式的民居建筑都有丰富的墀头形式，一般院落正门都会设置内外两组墀头，内部中间是起强化入口的作用。外部两侧则是结合山墙形成整体界定。栏板采用"滴珠板"装饰，这是襄阳地区民居所特有。

四、传统建筑装饰与细节

鄂西北传统民居建筑的装饰构造有自己的特点，其表现在建筑的大门、门窗、屋檐、顶棚、挂落、柱头、梁头、柱础、柱身、月梁、瓜柱、斜撑、山墙、屋角、墀头、门槛、藻井、栏杆、望柱、地面铺装等多处部位。

鄂西北传统民居建筑的檐廊均以木柱支撑，下施石制柱础；木柱有方有圆，而柱础形式更是多样，有八角、鼓形、花瓶等多种变化，极尽构思之巧妙；柱头也多有装饰；檐廊顶采用轩顶装饰，大门常施抱厦，门下多设抱鼓石、石门墩、高台阶、高门槛等石雕装饰，门头多有木、石浮雕，常见蝙蝠、麒麟、松鹤等象征吉祥的动植物和体现喜庆、忠孝、礼仪等民间故事人物等；门匾常见一些颇有功力的题字，体现出鄂西北一代较深厚的文化积淀。

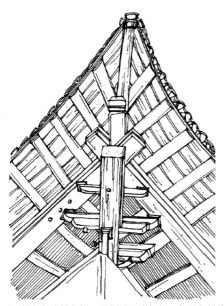

图4-1-2 墙角处出挑角梁，两侧设三道托栱，加强与挑檐桁的联系（郧阳府学宫大成殿）（来源：《"荆楚派"村镇风貌规划与民居建筑风格设计导则》）

墀头装饰形式有彩画，有浮雕，内容多为传奇故事；材料常用灰瓦、灰砖和石材，有些还镶嵌瓷器、木材等。

五、典型传统建筑分析

（一）襄阳城

襄阳城为明洪武年间依旧址修筑，城高约8米，周长6000米，四面六门，均设有城楼。城池屡圮屡修，尤以北城垣保存最为完整，清代顺治年间修城疏濠多次，后又重修小北门城楼于城头，重檐歇山式。襄阳城北门，又称临汉门。门楼为二层，歇山屋顶，外设柱廊，柱顶雀替有彩绘，造型稳重厚实。（图4-1-3，图4-1-4）

（二）夫人城

夫人城为明清城墙，位于襄阳城西北隅，东晋梁州刺史朱序之母韩夫人亲领婢及城内妇女建。明初在此扩建子城，长24.6米，宽23.4米，勒石额"夫人城"。（图4-1-5）

（三）上津古城

上津古城又名柳州城，明清城池，位于郧西县上津镇，平面近方形，城垣周长1236米，南北长306米，东西宽261米残存。（图4-1-6）

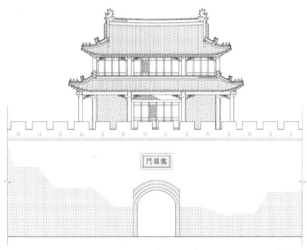

图4-1-3　襄阳城临汉门正立面（来源：《荆楚建筑风格研究》）

图4-1-5　夫人城（来源：《荆楚建筑风格研究》）

图4-1-4　襄阳城（来源：《荆楚建筑风格研究》）

图4-1-6　上津古城（来源：《荆楚建筑风格研究》）

（四）古谯楼

古谯楼又称滴漏台，清代城池建筑，位于襄阳市襄城区，坐西朝东，位于长40米、宽16米、高5.4米的砖石台上，台下开两个拱门，前后贯通。谯楼为重檐硬山式建筑，面阔五间，采用抬梁与穿斗混合结构。以加高的墀头夹持二层屋檐，增加了城楼的雄厚感，是城池类建筑中少有的形式。（图4-1-7）

（五）郧县府学宫大成殿

郧县府学宫大成殿为清代祭祀建筑，位于郧县城关西岭街。大成殿坐西朝东，单檐歇山顶，面阔七间，进深三间，抬梁式木构架，灰筒板瓦屋面，绿琉璃剪边，入口及门窗具有早期中西合璧的建筑特征。郧阳府学宫大成殿翼角构造独特，在墙角处出挑角梁，承托挑檐桁及翼角。角梁两侧设三道托栱，加强与挑檐桁的联系，并形成优美的构图韵律。（图4-1-8，图4-1-9）

（六）三神殿

三神殿为清代祭祀建筑，供奉财神、水神、火神，位于谷城县城东南部，坐南朝北，占地面积约2400平方米，对称布局，依次为门楼（戏楼）、前殿、中殿、后殿。三神殿中殿为三开间硬山建筑，抬梁式构架，利用内天井改善通风采光条件，山墙轮廓变化自然，墀头墙体凹入设柱饰的处理是鄂西北建筑的典型做法。屋顶龙尾形脊饰精巧细致，体现了荆楚建筑精细的特点。（图4-1-10）

（七）承恩寺

承恩寺位于谷城万铜山，始建于隋，原名宝岩寺，明代重修，改为承恩寺。殿宇坐北朝南，占地面积1237平方米，现存水陆崇圣殿、天王殿、和尚殿和钟楼等。

图4-1-7 古谯楼（来源：荆楚建筑风格研究）

图4-1-8 郧县府学宫（来源：《荆楚建筑风格研究》）

图4-1-9 郧县府学宫大成殿（来源：《荆楚建筑风格研究》）

承恩寺位于小山坡上，整个建筑依山就势布置了钟鼓楼、天王殿和圣殿，主体建筑圣殿通过台地的层层烘托，体量十分显著突出。（图4-1-11）

承恩寺平面上的主要建筑采用了中轴对称的布局方式，表达了传统的居中为正的观念。附属建筑和尚殿并不刻意强调对称布局，而是依据地形和寺前的香炉，弧形石阶围合成一个寺前小广场，体现了较为自然的布局方式。（图4-1-12）

（八）白水寺

白水寺原名山林寺，清代佛教寺院，位于枣阳市吴店镇狮子山上。寺院坐北朝南，寺内有佛爷殿、刘秀殿、娘娘殿等建筑。

白水寺山门为砖砌牌楼式立面，建筑比例匀称，细部构造精美，建筑构图层次丰富，是湖北宗教建筑中难得的精品。（图4-1-13）

白水寺中殿的云形山墙轮廓线优雅美观，传达出楚地的浪漫情怀。由月洞门分隔出院落空间，层叠的屋顶展示出丰富的层次。（图4-1-14，图4-1-15）

（九）白云楼

白云楼为清代道教建筑，位于荆门青龙山西麓，在白云洞台上建白云楼。坐东朝西，占地面积约350平方米，楼内供奉吕祖塑像，另有石刻题记多方。（图4-1-16，图4-1-17）

白云楼将砖墙与木结构组合得自然得体，使建筑突出一种民间宗教建筑的意味。外檐采用江汉地区典型的一柱二材的构造形式，具有良好的防腐功能。洞台以砖石砌体塑造

图4-1-10 三神殿（来源：《荆楚建筑风格研究》）

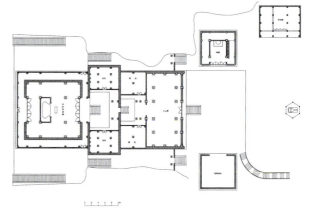

图4-1-12 承恩寺总平面图（来源：《荆楚建筑风格研究》）

图4-1-11 承恩寺（来源：《荆楚建筑风格研究》）

图4-1-13 白水寺山门（来源：《荆楚建筑风格研究》）

图4-1-14 白水寺正殿（来源：《荆楚建筑风格研究》）

图4-1-18 白云楼基座（来源：《荆楚建筑风格研究》）

图4-1-15 白水寺（来源：《荆楚建筑风格研究》）

图4-1-19 白云楼雕花（来源：《荆楚建筑风格研究》）

图4-1-16 白云楼（来源：《荆楚建筑风格研究》）

图4-1-17 白云楼细部（来源：《荆楚建筑风格研究》）

牌楼。在壁柱间嵌入精致的券门。洞台两侧的石雕，采用高浮雕和透雕结合的手法，体现出奇异独特的艺术风貌。（图4-1-18，图4-1-19）

（十）山陕会馆

山陕会馆为清代会馆建筑，位于襄阳市樊城区，由旅居襄阳的山西、陕西两地客商集资所建。殿前设二层高台景亭，两侧设云墙景门，形成特有的空间氛围；由黄、绿琉璃图案组成的飞檐山花；琉璃八字门照壁中心为圆形云龙图，上部为琉璃仿木结构斗栱及檐部构造。整个照壁装饰内容丰

图4-1-20 山陕会馆（来源：《荆楚建筑风格研究》）

图4-1-22 会馆雕塑（来源：《荆楚建筑风格研究》）

图4-1-21 会馆山墙（来源：《荆楚建筑风格研究》）

富，主次分明，嵌接严密，既富丽堂皇，又和谐流畅。（图4-1-20~图4-1-22）

（十一）古隆中

古隆中又名诸葛亮故居，清代纪念建筑，为全国重点文物保护单位。

建筑位于襄阳市襄阳城西的隆中山，现存有武侯祠、三义殿、三顾堂、草庐亭、抱膝亭、野云庵、六角井等建筑。古隆中石牌坊为四柱三间三楼。牌坊柱体雄厚简洁，石坊上精雕细刻。以三国人物故事为题材的雕刻栩栩如生，高浮雕形式的游龙戏珠雕饰更是精美细致。顶部的游龙和火焰纹雕饰更是体现出了荆楚的传统特征。

古隆中武侯祠位于石牌坊后，依山而建，石狮后的台阶直抵入口。大门为四柱三开间牌楼门形式，抱鼓石、石库门、三重斗栱、檐下彩绘、升起的飞檐翼角，造型均精美细致。（图4-1-23，图4-1-24）

（十二）绿影壁

绿影壁为明代王府建筑，位于襄阳襄城区南街，因全用青绿色石料刻砌而成，故名，为全国重点文物保护单位。

绿影壁全长26米，高约7米，厚1.6米，仿木结构，庑殿顶，面阔三间，均以汉白玉镶边，当心间刻"二龙戏珠"，左右次间各刻巨龙飞舞于"海水流云"之间。四周边框精雕小龙99条。（图4-1-25，图4-1-26）

（十三）郧西梁家东西院

郧西县羊尾镇大院村的梁家东西院，建于清乾隆年间，

图4-1-23 古隆中（来源：《荆楚建筑风格研究》）

图4-1-24 古隆中入口（来源：《荆楚建筑风格研究》）

图4-1-25 绿影壁全景（来源：《荆楚建筑风格研究》）

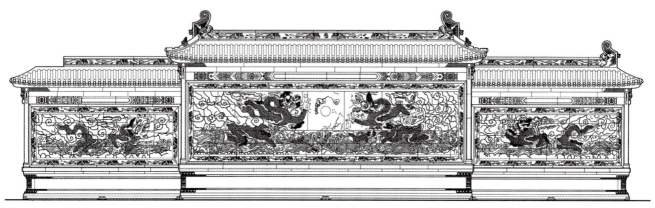

图4-1-26 绿影壁正立面（来源：《荆楚建筑风格研究》）

后又不断扩修。两院相对而建，相距100米，一个坐西朝东，另一个坐东朝西，西院原占地约800平方米，东院略小为570平方米。西院中轴对称，三路单进四合院布局，各有前堂、正房及左右厢房；通面阔十一间，通进深19.8米，均为单檐硬山灰瓦顶，抬梁、穿斗式混合构架，封火山墙。东院分两路单进四合院式布局，也均有前堂、正房和左右厢房，通面阔八间，通进深18.53米，单檐硬山灰瓦顶，砖木结构，抬梁式构架，封火山墙，石刻镂空窗；东院因火灾，仅存镶有"学府第"门匾的双柱仿木结构牌楼式门和半边墙。（图4-1-27～图4-1-29）

梁家西院牌楼门尚好，门匾上的"学府第"三个字隐约可见，门槛较高，门前台阶较为简陋。院内也保存尚好，正房地坪略高于前堂和厢房，正房为檐廊式。整组建筑分为两层，二层基本不住人，为杂物仓库。院中设一个扁长形天井，四周环以1米宽通道，正房正中设4步台阶，前廊设方形木柱，方形花瓶式石柱础，较为少见。前堂明间为穿堂式，柱础较为精致，正房的额枋、梁柱、门窗等雕刻保护较好。

（十四）竹溪翁家庄院

竹溪县马家河乡烂泥湾村的翁家庄院是一组规模宏大的建筑群，始建于清乾隆中晚期，落成于清嘉庆年间。据史料记载，原有规模达到15000平方米，坐北朝南，以中轴对称布局，分五路二、三进四合院式东西排开。其中部三路为

图4-1-27 郧西梁家东西院封火山墙（来源：《荆楚建筑风格研究》）

图4-1-28 郧西梁东西院内院（来源：《荆楚建筑风格研究》）

图4-1-29 墀头嵌入六面体（来源：《"荆楚派"村镇风貌规划与民居建筑风格设计导则》）

图4-1-30 竹溪翁家庄院鸟瞰（来源：《荆楚建筑风格研究》）

图4-1-31 内凹式八字槽门，卷棚顶（来源：《"荆楚派"村镇风貌规划与民居建筑风格设计导则》）

主要院落，均为三进，有门厅、前厅、中堂、正房和左右偏房，主体建筑均面阔五间，进深三间；两侧两路各两进，为次要院落，有门厅、前堂、正房和左右偏房，主体建筑均面阔三间，进深一间。

中路前厅入口采用八字退进处理，强化入口形象，顶棚采用木构轩顶及木梁雕花装饰，两侧八字墙均采用青砖对缝装饰，墙脚以青石为基础，施以虎脚雕刻造型纹样，门洞以青石为框，门上部有门匾。第一进院落为天井院，中堂入口前设一对圆形抱鼓石，以示内院之重要。中堂、正房施隔扇、檐廊、额枋、雀替等构件。建筑均为单檐硬山灰瓦顶，中部抬梁式构架，两山椽檩直接承载于砖墙上，马头封火山墙。两侧院落已遭到毁坏，各路宅院并不十分完整。

最东边的东一路院落较为完整，前堂和正房均采用青砖砌马头封火山墙，做工精致。前后马头墙与东西偏房的外墙连为一个整体，墙面开小窗，颇有徽派民居的韵味。院落中轴对称，前堂面阔五间，正门设砖砌挑出式仿木门头，上覆灰瓦，门洞镶以25厘米宽的青石条装饰，并与镶嵌的青石门匾连为整体，门匾上为阳刻"安土敦仁"四个楷书大字，饱满端庄，周边用蝙蝠、龙纹、花草等纹样组成花边，象征吉祥。门上角以鸟兽装饰，下角设马形及虎脚雕刻装饰的门脚，镶近40厘米高的石制门槛。内为天井院，天井十分简洁，并设有排水孔。正房面阔五间，为檐廊式，用料较为纤细，正房门上镶有一块圆形的木雕漏花窗，仿佛有双喜的影子。内墙用灰砖砌筑，没有粉刷。檐廊两端有木楼梯上二层。两侧偏房不等坡，大部分向内排水。（图4-1-30，图4-1-31）

（十五）竹山三盛院

三盛院位于竹山与竹溪两县交界处，是湖北省不多见的超大型民居组群，共有南北各三路院落，面积达37000平方米。该建筑群是王氏三兄弟积累大量财富后在家乡建造的豪宅，王三盛是三兄弟的商号名称，故该建筑群亦称为三盛院。

三盛院于清朝嘉庆年间完工，规模宏大，有大小48个天井院，千余间房屋，其规模之大，工艺之精良，令世人惊叹，实为鄂西北民居中难得的精品。

三盛院共六路院落，北三路五进，南三路三进，坐西朝东，呈"王"字形扩展布局。主体建筑面阔五间、进深三间，单檐悬山、硬山灰瓦顶都有，明、次间多为抬梁式构架，两山则常常直接承载椽檩，除悬山外，多用封火山墙，正面多墀头装饰。主体建筑均十分高大，尽管只有一层，却有两层楼高，而偏房多为木结构两层楼，与主体建筑能很好地衔接，并有回廊连通，特征明显。

尽管三盛院已遭毁坏，但仍不乏部分精彩片断得以留存。在村落的中部，保留着一处十分精美的入口门楼，虽然周边建筑已毁，但这里依稀可见原有建筑的壮观。门楼为一对砖砌墙垛夹持，上部装饰着一对做工精致的墀头，墀头下部有彩画和动物浮雕，上部粉白，灰瓦盖顶，瓦下线脚凹凸分明，且略施花边；门楼为单檐灰瓦顶，木檩清晰可见，下镶木制门额装饰，门洞凹进，以青石条为框，门头上嵌生动逼真的人物生活场景石雕，门角外饰为传统历史故事中的人物雕像，下饰麒麟舞丝带、滚绣球雕像，以镇守大门；门额嵌门匾，在几层石制线脚装饰框中镶有"紫气东来"四个石制阳刻大字，字体潇洒隽秀，与建筑朝向相呼应；大门的石制门槛有近40厘米高，两侧是一对方形的石门墩，几个面都有雕刻逼真的树木花卉；门墩下部刻有丝带缠绕的花瓶，两侧为龙形花纹。（图4-1-32，图4-1-33）

此外，三盛院的残存院落中还有不少雕花门楼、门匾有一

图4-1-32 竹山三盛院门楼（来源：《荆楚建筑风格研究》） 图4-1-33 竹山三盛院入口八字墙（来源：《荆楚建筑风格研究》）

图4-1-34 墀头轮廓丰富，嵌有宝珠形雕饰（来源：《"荆楚派"村镇风貌规划与民居建筑风格设计导则》）

图4-1-35 精美墀头夹内凹式八字槽门（来源：《"荆楚派"村镇风貌规划与民居建筑风格设计导则》）

图4-1-36 两侧墀头夹槽门，石门套和匾额的一体化处理（来源：《"荆楚派"村镇风貌规划与民居建筑风格设计导则》）

定特色，此外，墀头种类较多且做工精湛，有的镶嵌瓷坛，有的雕有吉兽，还有的镂空，上面可以放灯具照明等。在其中一组院落的前堂正门，运用了三级云墙强化入口；还有的正门向内凹进，两侧采用八字青砖对缝砌筑，上部用轩顶，下部施砖雕；除两端设封火山墙、墀头装饰外，明间还增加一对精美墀头，以强化入口。（图4-1-34～图4-1-36）

（十六）竹山高家花屋

高家花屋位于竹山县竹坪乡的大山深处，建于清末。这一带还有8座类似的花屋，均遭毁坏，仅留下这座精致、独特、颇具规模的"高家花屋"。

高家花屋为二路二进四合院式布局，坐北朝南，背山临渊，选址极佳；建筑占地面积约600平方米，该建筑靠西一路为主院落，东侧为附属院落。主院落以中轴对称布局，分前后院并分设前堂、中厅、后堂及左右厢房等。整组建筑依山就势，自南向北分两院三台地，逐步升高。前院与入口前地坪高差约2.2米，主入口前即设13步台阶；而前后院落高差达2.7米，该建筑很巧妙地利用了地势高差，前院设计成两层楼，其二层与后院完美地衔接为一个整体。

花屋南立面是建筑的主立面，前堂面阔七间，进深二间，两层楼，明间为穿堂式，中部为抬梁式构架，两山椽檩直接承载于砖墙上。明间设单间砖砌突出式八字雕花门楼，双墀头高出屋面，与下部砖砌体浑然一体，十分精致，突显了花屋主入口的重要性，强化了正立面的对称性。门楼墀头略向上翘起，装饰精美；八字墙垛两边各有一幅镶嵌的精美浮雕及壁画。门头镶嵌门匾，上书"庆衍共城"四个遒劲大字。门楼下部为砖砌线脚和砖雕虎腿装饰，门头还有木制装饰挂落。整个门楼无论远观还是近瞧都十分醒目和精彩。门楼两侧墙面上分两层分别镶嵌了五个石雕漏窗，其中二层每边各两个漏窗，两侧的墀头造型同门楼；两侧山墙及厢房外墙的屋檐下有通长的彩色壁画。（图4-1-37，图4-1-38）

中厅、东西厢房和前堂的檐廊均围合成环状，厢房面阔三间，进深二间，当心间在一层向内退进一个外廊的深度，使建筑上虚下实，实中有虚，变化丰富。二层廊子略挑出一层墙面，梁头施木雕"琴棋书画"，檐柱落在挑梁上，采用木制方格栏杆，通透规整。正中间采用六扇木雕隔扇门，两边为木板墙，各镶一樘木雕对开花窗。走廊上部木柱之间施额枋，枋上施雕花，挑檐下用轩顶。

中厅为檐廊式，坐落在毛石砌筑的挡土墙之上，面阔五间，进深三间，两层。中厅明间设六扇木雕隔扇门，木雕较厢房为精细，次间也设有六扇隔扇门，其木雕与厢房二层中间一样，没有门心板雕花；两梢间为木板墙镶木雕对开花窗。中厅穿堂中还设有一道门，中厅栏杆与厢房相同，但檐柱的额枋下施有木制挂落，柱头镶有八仙造型的牛腿支撑挑檐。其他做法与厢房基本相同，中厅二层基本为杂物仓库。屋顶为单檐悬山灰瓦顶。（图4-1-39，图4-1-40）

后院为内院，天井院形式，有正房和东西厢房。正房正门十分讲究，正中设对开木板门，门上设匾，门两边各设一个圆形木雕花窗。次间为木板墙镶对开4幅直棂雕花木窗一樘，两端梢间将檐廊用木板围合，归入两侧房间，对檐廊相向而开一对花饰拱形门。后院两侧厢房面阔两间，进深一间，二层栏杆略挑出一层墙面，栏杆高度较低，仅为装饰而

图4-1-37 竹山高家花屋正门门楼（来源：《荆楚建筑风格研究》）

图4-1-38 竹山高家花屋檐口细部（来源：《荆楚建筑风格研究》）

图4-1-39 镂雕形式的屋脊和飞凤脊翼（来源：《"荆楚派"村镇风貌规划与民居建筑风格设计导则》）

图4-1-40 多重线脚檐口，檐龛式壁画（来源：《"荆楚派"村镇风貌规划与民居建筑风格设计导则》）

设。天井东、南、西三面留有1米宽的通道。

高家花屋还有一个较为特别之处就是该建筑运用了多种柱础，据调查统计，共有10种石雕柱础，有宝瓶形的，有圆鼓形的，有八面宫灯形的，更多的是组合型的，每种均雕刻精美，依位置不同而设。

（十七）南漳冯氏民居

冯氏民居位于距离板桥镇1.5公里的鞠家湾，是一处庄园式建筑，始建于明朝崇祯年间，原为鞠姓人家所有，后被冯姓家族购得，遂称为冯氏民居，曾是辛亥革命国民临时政府内务部长、国务总监冯开浚（字哲夫）的住所。

建筑坐北朝南，依山就势，左环右抱，前低后高。整个建筑群规模宏大，占地达8100平方米，呈东西向的横向带状走势。建筑南北进深较浅，南面设置空场及石砌围堰，形成了背山面水的理想格局。

建筑群为三路两进四合院式中心对称布局，主要房屋共5栋，大小房间105间，均为单檐硬山灰瓦顶。中路采用正面开门的形式，左右两路对称采用正面开门、山墙收头的形式，较有特点。每路院落均分正门、中门、侧门，由大门进入一进院落，后又分两个中门分别进入第二进院落，侧门则与其他院落相连，形成了三路九院落的基本格局。

中路规模最大。正门采用了凹入式石门楼的形式，结合门匾题字、檐口轩顶收口等手法进行重点处理。第一进为东西狭长的长方形院落，长约30米，进深仅7米；两个中门面对一进院落对称开门，这样形成了中厅并非正对正门的独特格局；中厅比一进院落高出七级台阶，中门的处理同样是采用了石鼓、石坎的石门匾题字的形式。第二进院落为边长大约6米的方院，正堂也高出院落七级台阶，形成了三级台地，很自然地利用了地形高差，使空间变化比较丰富；正堂前为穿廊，设置侧门及与二楼联系的楼梯；两旁东西厢房对称布置，二楼采用很独特的挑廊处理，不形成环廊。

左右对称的两边路院落规模较小，正门比室外高出七级台阶，为砖石仿木的贴墙式门楼，处理较简单，门楼顶覆灰瓦。边路院落为不对称的三合院布置，进入前厅后的院落为单边厢房形式，另一边是主路建筑的山墙。同中路一样，两路院落需经七级台阶进入中厅。中厅前的穿廊与中路的穿廊相通，并有上二楼的楼梯。沿中厅中轴线对称布置两个天井院落，两个院落之间用厢房隔断；两个院落分别设置正堂，与中厅相对；唯一不同的是，右边路的前院在山墙上设置了祖先的牌位，用来祭祀祖先。

建筑外墙均为石砌，较为坚固。据了解，建造者共用了10万块石条做墙，石条之间相互咬合，并用桐油石灰浆砌筑，因此虽然老宅历经300多年风风雨雨，至今仍巍然屹立。虽然外表朴实，但是建筑内部装饰精美。石雕有耕读图、子孙图、状元图、百鸟图，均用高级石材精心雕作而成；木雕有鱼跃龙门、女子纺纱、麻姑献寿、金瓜高悬的主

图4-1-41 南漳冯氏民居正立面（来源：《荆楚建筑风格研究》）

图4-1-42 冯氏民居后院（来源：《荆楚建筑风格研究》）

图4-1-43 马头山墙细部（来源：《荆楚建筑风格研究》）

题，其中青箱世业、自诒吾身、望子成龙、天赐洪福的木雕更以珍稀树木刻制而成。（图4-1-41～图4-1-43）

（十八）南漳冯家湾民居

冯家湾民居位于距离板桥镇四里的冯家湾，为两组并排略前后错动、形式相仿的建筑群。整组建筑群坐落在山谷地带，坐西朝东，背山而建，正面开阔并有水塘，远处为连绵的案山。从公路上鸟瞰，规模较大，气势非凡。（图4-1-44）

北组民居为三路两进院落式布局（左边路已毁）。建筑自南向北依次降低，形成一定节奏；建筑外观非对称，但各路内部却是对称形式。南一路为主院落，正门为凹入式，左边两路为砖石仿木的贴墙式门楼形式；檐口采用了叠涩处理，并施以彩画；山墙面只是以线条的抱厦装饰，舍弃了形式复杂的封火山墙及墀头。整个建筑布置成纵向逐步抬高的台地式，室外进入门厅需经过五级台阶，两进院落之间并无高差，进入最后的正堂则需经过七级台阶。整个民居空间序列感很强，院落两侧均布置二楼挑廊的厢房，正厅檐廊下两侧分别设置楼梯，可以直接进入两侧二楼厢房，建筑外墙采用青砖砌筑。（图4-1-45～图4-1-47）

南组民居为三路一进院落式布局，退后北组民居6米。同北组民居相反，建筑自北向南依次降低，节奏相同；建筑立面与北组民居立面互为对称，除进深不同外，整体建筑风格、装饰、用材，甚至高差等均十分统一，整组建筑群形成了独特的组合。

建筑群内部院落也有其特点，二楼厢房多设回廊，栏板装饰特点鲜明，多用木板制成宽20～30厘米的竖向装饰纹路，每块竖板上多有木刻花纹，下部均做成曲线尖三角，韵律感极强。另外，天井院内的石制台阶也较特别，这里的台

图4-1-44 南漳冯家湾民居远景（来源：《荆楚建筑风格研究》）

图4-1-46 南漳冯家湾民居檐口细部（来源：《荆楚建筑风格研究》）

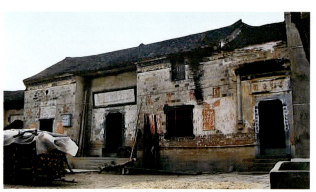

图4-1-45 南漳冯家湾民居正立面效果（来源：《荆楚建筑风格研究》）

图4-1-47 南漳冯家湾民居檐口细部（来源：《"荆楚派"村镇风貌规划与民居建筑风格设计导则》）

阶不是直接正面上，而是先从两侧上，再汇到中间，台阶小且陡。正房为一层，但有两层高，厢房两层，且二层住人。以整个建筑群为中心的乡村聚落，建筑也错落有致，绿树掩映下呈现出一派田园景色。

（十九）郧西柯家祠堂

该祠堂位于郧西县香口乡李家庄村，曾是豫陕鄂第四军分区医院旧址，为县级文物保护单位。1948年，豫陕鄂（陕南）第四军分区医院在原柯家祠堂建立。该组建筑坐北朝南，背靠山体，为单进四合院式布局，有前堂、正堂和左右偏房。前后两栋主体建筑均面阔三间10.5米，进深5.5米，单檐硬山灰瓦顶，马头封火山墙，砖木结构。

柯家祠堂前堂两侧的封火山墙向正面凸出1米有余，建筑坐落在高约1.2米的台基上，因此门前留有1米多宽的平台，正中设7级台阶上下；门头上部有一块镶嵌的门匾，原有字迹已被覆盖。除整体形象外，许多细部包括次间的窗都已被改动。在东侧偏房的外墙上开有一个半圆拱的小门，门上方有一个门匾，上书"出长入思"四个字；外墙砖间或印有"柯家堂"三个字，以示专用；后部正堂是祠堂的核心空间，建筑比前堂高出不少，也采用了马头封火山墙，单檐灰瓦顶；内院为典型的天井院；前堂东南角还存有三通石碑，记载着祠堂的建设、兴衰。（图4-1-48～图4-1-50）

（二十）随州解河戏楼

建于乾隆三十二年（1767年）。位于随州市新城镇解河村，市级文物保护单位。建筑坐南朝北，平面呈"凸"字形，分前、后台。前台面阔5.1米，进深3.6米，单檐歇山灰瓦顶；后台面阔三间8.2米，进深4米，单檐硬山灰瓦顶，穿斗式构架，与前台以木板相隔。夯土石筑台基高1.7米，内埋大理石质断碑两通。（图4-1-51）

（二十一）随州岳氏祠

建于清代。位于随州市新城镇解河村。祠堂坐东北朝西南，现存后殿，面阔五间22米，进深三间8米，单檐硬山灰瓦顶，抬梁式构架。明、次间前有2米宽的走廊，前壁设扇栏窗。（图4-1-52～图4-1-54）

（二十二）襄阳市南漳县漫云村

漫云村地处南漳县母亲河——漳河源头，在城门就可以看到层叠山腰的梯田、形态逼真的鼠山、直径约一米的古皂角和依山而建的各式古民居。一座弧形陡峭的山峦紧紧包围着村落，村落自东向西延伸，分南湾、中湾、西湾三部分。漫云古村落占地面积13平方公里，现有65户，260人。该古村落藏在大山深处，三面环水，一面傍水，风景奇秀。（图4-1-55，图4-1-56）

图4-1-48　郧西柯家祠堂侧面（来源：《荆楚建筑风格研究》）

图4-1-49　郧西柯家祠堂正立面（来源：《荆楚建筑风格研究》）

图4-1-50　墀头嵌入立方形（来源：《"荆楚派"村镇风貌规划与民居建筑风格设计导则》）

图4-1-51 随州解河戏楼戏台（来源：《荆楚建筑风格研究》）

图4-1-54 随州岳氏祠木雕（来源：《荆楚建筑风格研究》）

图4-1-52 随州岳氏祠外景

图4-1-55 漫云村落全貌（来源：湖北省建设厅村镇处）

图4-1-53 抬梁式构架

图4-1-56 漫云村落传统民居（来源：湖北省建设厅村镇处）

第二节　鄂西北地区（襄阳市）历史文化名城特色解析

一、城市发展的历史变迁

襄阳地处湖北西北部，汉水中游，东连江汉平原，西通川、陕，南接湘、粤，北达宛、洛，自古就有"南船北马"、"七省通衢"之说。襄樊（1949~2012年称"襄樊"，2012年后更名"襄阳"）系襄阳、樊城两城合称，樊城因周宣王封仲山甫（樊穆仲）于此而得名，襄阳以地处襄水（今南渠）之阳而得名。樊城始于西周，襄阳筑城于汉初，至今均有2800多年的历史。

《汉书·地理志》谓："襄阳位于襄水之阳，故名。"据《襄阳县志》载："县附郡城，自刘表莅襄为荆州牧治。晋羊祜、朱序、宋吕文焕所守，皆此城也。"战国时楚置北津戍，始为军政重邑。汉时置县，三国时置郡，此后历代为州、郡、府治所。汉唐两代，襄阳城处于历史上的鼎盛时期。《荆州记》记载：东汉时襄阳经济繁荣，文化发达，城南一带号称"冠盖里"。汉献帝初平元年（公元190年）刘表为荆州刺史，将州治从汉寿迁至襄阳，使襄阳城由县级治所一跃升为京城以下州的首府，地辖今湖北、湖南两省及河南、广东、广西、贵州等省的一部分，成为当时中南地区的政治、经济、军事、文化中心。唐代襄阳城为山南东道治所，辖区扩及今陕西、四川的部分地区。明末李自成攻占襄阳城，并在此建立国家政权，自称"新顺王"，改襄阳为襄京。

二、名城传统特色构成要素分析

（一）自然环境

襄阳城北、东、南三面由滔滔汉水环绕，西靠羊祜山、凤凰山诸峰环水。汉水自西流入市区，过樊城火星观折向东北，流经市区后被鱼梁洲分为南北两支，南北支流于观音阁附近汇合后，沿铁帽山、石匠山东麓向南流去。汉江流经市区的河段积淀了两个较大的沙洲，西为老龙洲，东为鱼梁洲。城区大部分为冲积平原，其地势顺汉水流向而略有起伏，城区西南为低山、丘陵地带，即荆山山脉的余脉，主要为岘首山、羊祜山、真武山等。这里布局严谨、形势险要、城墙坚固、城高池深、易守难攻、固若金汤，整个襄阳城自古誉为"铁打的襄阳"。

（二）人工环境

襄阳是古代"兵家必争之地"，更堪称"三国文化之源头"，建城历史长达2800多年，虽然历经朝代更替，屡遭战争，仍然保存了丰富的文化遗产，现已经查明分布于襄阳市区的各类各级达105处。

（三）人文环境

襄阳历史上战乱频繁，人文荟萃，英才名士灿若繁星，这里是伍子胥、宋玉、刘秀、庞统、杜甫、孟浩然的桑梓之地，又是诸葛亮、米芾的第二故乡。在文化上，襄阳具有南北文化交汇的特点，上古北方的中原文化和南方楚文化在这里汇合交流，正是"经市闹兼秦楚俗，画疆雄踞汉襄流"，既散发着孔子所崇拜的仲山甫的风范之光，又是文采风流的楚歌流传之地。在艺术上，襄阳也是南北戏曲交流的通道。西北的秦腔和武汉、黄陂一带的二黄在这里交汇，而襄阳花鼓则是南北戏曲与本地民间曲调融合而成的具有独特风格的地方剧种。

三、城市肌理

从襄阳的历史发展来看，樊城的兴盛和邓城的衰落有着比较密切的关系。因而本次历史文化名城保护规划认为"襄、樊、邓三城"格局是历史城区宏观空间环境的重要特征之一。随着襄阳今后的发展，城市不断向北扩展，原来属于郊区的"邓城"遗址，将逐渐被城市所包围。从襄阳历史文化名城保护的整体格局而言，邓城、樊城、襄城应当组成一个整体的结构，在今后的城市建设中，从功能、空间、风貌加以统筹考虑。这个整体结构，涵盖了南到南渠、北到大

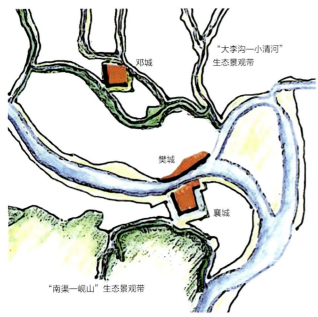

图4-2-1 一江两带三城的空间格局（来源：湖北省城市规划设计院）

图4-2-2 三城格局（来源：谷歌地图）

李沟、西到万山、东到庞公的范围，这就是历史城区所处的建成环境，也是历史城区保护规划研究的宏观层次。（图4-2-1，图4-2-2）

（一）水域空间

在襄阳境内的汉江为西北东南走势，构成了一江两岸的滨水地带。

（二）道路

道路系统内道路的系统放射线与方格网相结合的布局。

（三）城市开放空间

"三城"格局之中，襄城和樊城的关系无论是在空间上还是历史脉络上，都有其更为密切和独特的一面，即沿江发展的"双城结构"。

四、历史街区

（一）谷城老街

1. 区位

谷城老街历史地段位于襄阳市谷城县城区东南部，地处汉水支流——南河北岸。北至后街、鸭子坑，西以中华路为界，东、南至南河，总面积约为4.56公顷。谷城县城关镇地处南河与汉江交汇处，是汉水中游江汉平原至高山峡谷的过渡区域，在历史上曾是鄂西北的一个繁华重镇。

2. 街区的发展

老街历史地段的形成、发展和演变与谷城当地的自然环境、区位条件以及社会经济背景等因素有密不可分的联系，而在众多的影响因素中，水路交通的兴衰显得尤为突出。因此，以水路交通的兴衰与社会经济因素相互作用、结合演化的历史进程为主要依据，加上老街本身的街道形态的发展变化，将老街历史地段的发展演变历史分为四个阶段：

1）第一阶段：临水辟埠，连通县城(宋元年间至明洪武二年)

南河，又名粉清河，《南雍州记》中记载："萧何夫人渍粉鲜洁，因名"。作为汉水中游西岸的一大支流，南河谷城境内全县通航，是谷、保山区木船运输的主要航道。

从谷城县的历史沿革不难看出，谷城镇长期是县级以上行政单位所在地，其上行下达的往来传送与南河—汉江这一航道密切相关。作为南河上极佳的天然埠头之一，南河码头形成的年代已经无从可考，但是它绝对是谷城上往襄阳，下至鄂西北各地的往来咽喉。因此，从县城通向南河码头的道路在这样的条件下自然生成。宋元时期的老街应该只是作为通往县城的交通枢纽之一而出现，其作用是简单的交通作用。而从码头到县城之间零星分布的农家日出而作，日落而息，耕种着周围的土地，可谓"一去二三里，沿途四五家"。

2) 第二阶段：货通南北，街市始成（明洪武二年至清乾隆年间）

宋元之后，社会的长期稳定与发展使得农村商品经济日趋兴盛，各地区间经济联系加强，对商品交换的要求也越来越强烈。而在蒸汽机、铁路、高速公路等现代化的交通方式出现之前，人类社会的大部分物资调运是只能依靠船只水运的。正是在这种形势下，拥有南河和汉江这样的优良航道的谷城，凭借本身所具备的便利交通条件和地理区位优势，大发展是理所当然的。而位于南河注入汉江之前最后的也是最好的天然埠头之后的老街，从此也走向了商业上的繁荣兴盛。

南河码头共由三个码头组成：老街的上码头，中码头街的中码头，以及后街的下码头。据谷城县志记载，自明洪武二年（1369年）筑城后，城东南靠南河边的码头形成街状，商市逐渐形成。明洪武二十四年（1391年），谷城的商税课钞就已达4020贯。这一时期的老街属于上升发展期，大量的商品流通要求，使得这里形成了当时鄂西北较大的山区贸易集散市场。大量的货物仓储，以及由此引发的管理、住宿、饮食等一系列的服务行业，甚至是商人们崇信的保护神等宗教设施都相继出现。老街历史地段不再是单纯的道路交通系统，而是向世人展示了其崭新的形象——商业街区。

3) 第三阶段：帆樯林立，商贸中心（清乾隆年间至20世纪70年代）

清朝中期，河南、江西、浙江、山西、陕西、湖南等外省的客商，还有省内武昌、黄州、安陆、汉川等地的生意人来镇上开当铺、设钱庄、建商号，经营瓷器、中药材、茶叶、鞭炮、布匹、竹器、铁器等商品，商业越发繁荣。1936年贸易总额达到2400000银元。抗日战争时期，各地商贩云集于此，市场贸易兴盛，日进市交易人数达数千人。抗日战争胜利后，汉口、重庆等地不少商人来这里设点经营，1948年，工商户就有800多家。从清朝中期一直到改革开放之前，历时约200多年，是老街的鼎盛时期。

这段时期，老街历史地段的街道格局完全形成，店铺沿街而设；商贸集市发展鼎盛，形成了完善的产业格局；区域性的战略地位达到最高。

4) 第四阶段：优势不在，市肆寂寥（20世纪70年代至今）

改革开放后，铁路和国道相继打开了谷城与南北的连线，削弱了水路运输在谷城交通系统中的地位，特别是汉丹铁路复线扩展和汉十高速公路相继通车之后，相比陆路交通的方便快捷，传统的水运在商品流通中扮演的角色越来越小，优势荡然无存。随着城市的发展，城市中心逐渐远离了南河，偏向西移，老街也逐渐失去了区位优势而衰落，丧失了其商业中心的地位。最近的四十年是老街由繁荣逐渐走向衰落的时期，原来充满活力、生机勃勃的无限生命力逐渐消亡了，发展被禁锢在一个很狭小的空间之内。同时，由于经济地位的失去，老街的街道功能由原来的商业街市逐渐转变成居住为主。街巷格局及其传统历史风貌也因此而保留了下来，可以让我们从中一窥传统商业街区的风貌。（图4-2-3）

3.街区的特色

老街历史街区曾是繁华的集镇，整个集镇的形成起源于南河边上的上、中、下三个码头，随着货物运输量的增加，原先

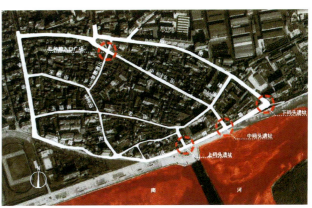

图4-2-3 整体街巷组织（来源：湖北省城市规划设计院）

几条通往码头的道路两边的商住户，密集程度渐渐提高，成为带型聚落，并逐步横向发展，开辟新的道路。街区道路两旁的住户基本上采用前店后宅的居住形式，商贸交易日趋繁盛。直到明清时期，街区成为整个鄂西北地区最繁华的大型商贸集市之一。由于整个形成过程是自发的，街区的格局没有一个非常有逻辑性的规则，现在留存下来的老街街区中，中码头街、老码头街和后街分别伸向南河的三个码头，是整个历史街区的主要街道。在街区的商贸鼎盛时期，人们白天打开门做生意，晚上收起店铺，自家退居屋中，将过去商住混杂的街区特点体现得淋漓尽致。（图4-2-4，图4-2-5）

谷城老街历史街区整体上保持了明清时期鄂西北传统民居的风貌特征，兼具了北方民居的朴实和南方民居的秀

图4-2-4　五福街（来源：湖北省城市规划设计院）

图4-2-5　二神殿巷子（来源：湖北省城市规划设计院）

图4-2-6　老街35号税务局（来源：湖北省城市规划设计院）

美。现存建筑中，多为前后多进的砖木结构街屋民宅。街道宽约3米，原来的青石板路面如今已经被水泥路面代替，其建筑布局多为前店后宅，为了扩大店铺的使用面积，街区许多民居都采用第一进明间小、次间大的模式，到了第二进才恢复明间大、次间小的传统民居形式。一般老街街区民居的第一进院与第二进院之间设置塞墙，将公共活动的殿堂与私密空间的寝院分离。塞墙之上开有院门，是家庭后院的主要入户门，住户都在此门的装饰上大做文章，精雕细凿，极尽工巧。

除了民居之外，因为是非常繁荣的商贸交易中心，来自各地的商人都云居于此，有会馆、税务局等，散落在街区各处，并制定了许多的章程。同时，为了保佑从远方来此行商的商人一路平安，又建了三神殿供人祈福。可以说，老街历史街区中建筑类型丰富，是一处非常完整的古代商贸交易中心。（图4-2-6）

4.修复与保护重点

结合老街现状调研分析，老街的保护以"三街、四段、七节点"为整体保护框架。东南以老街的上码头遗址、中码头街的中码头遗址为起点，分别由新街、老街和中码头街为轴线向西北延伸。重点突出三神殿巷子、五发街、新街、老街四段传统风貌街区的"传统商业集镇"的商业特性。其中，由主要街道构成的线性道路骨架起重要的结构组织作用，在形成连续的地段景观意义上是最主要的组成部分。

五、特色要素总结

自然环境	山脉	岘山、扁山、尖山、岘山、虎头山、大朱山
	江湖	护城河、南渠和大李沟、沙洲（鱼梁洲、老龙洲）、湿地（月亮湾）
	气候	亚热带湿润季风气候，雨量充沛、日照充足，四季分明
	特产	油茶、清汤、米窝、油馍筋、牛油面、红油豆腐面、襄阳酸辣面、酸浆面、炸酱面、胡辣汤、麻汁面、包面、炒糊波、襄阳薄刀、襄阳黄酒、金刚酥、玉带糕
人工环境	古城格局	古城墙遗址、方形城廓、方格网状道路系统
	文物古迹	襄阳王府绿影壁、水星台、襄阳城墙、习家祠、广德寺多宝佛塔、米公祠及其石刻、谯楼、铁佛寺楠木大殿、襄阳"古隆中"、县学宫大成殿、山陕会馆、抚州会馆、黄州会馆、宁国寺、石刻等
	民居街巷	北街、荆州街等
	墓葬胜迹	朱建淑墓、杜甫衣冠冢、王叔和墓、老井洼王墓等
	古文化遗址	盘龙城遗址、湖泗窑址群、老人桥遗址、许家墩遗址、作京城遗址等
人文环境	历史人物	卞和、伍子胥、宋玉、刘玄、刘秀、王逸、王延寿父子、庞德公、蒯越、蔡瑁、庞统、马良、马谡、杨仪、廖化、向朗、张悌、向宠、向充、习郁、柳世隆、习凿齿、柳浑、杜审言、韦睿、张柬之、孟浩然、杜甫（祖籍襄阳）、张继、神会、皮日休、魏玩、范宗尹、米芾、任亨泰、王聪儿、单懋谦、杨洪胜、侯东峰、程克绳、谢冠定、罗忠毅、吴德峰、黄火青、刘道玉、张光年、田维扬
	宗教信仰	佛教、道教、伊斯兰教、天主教、基督教等
	岁时节庆	端午节、甘蔗节、中秋节、元宵、中元节、元旦、春节等
	民俗文化	曲剧、越调、豫剧、随州花鼓戏

续表

城市肌理	水域空间	汉江为西北东楠走势，构成了一江两岸的滨水地带
	道路系统	道路系统内道路的系统放射线与方格网相结合的布局
	城市开放空间	"三城"格局之中，襄城和樊城的关系无论是在空间上还是历史脉络上都有其更为密切和独特的一面，即沿江发展的"双城结构"

六、风格特点

城市特色	神农故里,编钟之乡
街区特点	随地势灵活布局
材料建构	砖、石、木构架、灰瓦会小青瓦、石雕镂花窗
符号点缀	蝙蝠、麒麟、松鹤等符号

第五章　江汉平原地区传统建筑文化特色解析

　　本章节首先介绍了江汉平原地区的气候特征及传统天井式民居的分布情况，进而分析了在此区域内，为应对冬夏两季迥异的气候特征，传统天井式住宅所体现出的不同的生态功能，包括对天井的通风、采光技术和建筑围护结构的材料与构造研究。江汉平原传统民居是荆楚建筑中运用传统生态技术最有代表性的地域建筑，一方面尊重并充分利用自然因素和地域特征，另一方面在一定程度上受到技术水平等客观因素的制约，因此，建筑在发展中需要不断地继承与创新。江汉平原传统民居作为中国传统建筑形式，天井式住宅对现代建筑腔体设计具有一定的指导意义。

第一节 江汉平原地区的传统建筑文化特色解析

江汉平原位于湖北省中南部，是长江及其支流汉江冲积而成的湖积平原，它北起钟祥，南接洞庭湖平原，西至当阳，东临武汉，包括荆门市、荆州市以及仙桃市、潜江市、天门市。江汉平原地势平坦，湖泊众多，雨量充足，四季分明，适合多种动植物生长。结合地理位置和气候的特点，江汉平原地区的传统民居多为天井式、天斗式以及天井天斗混合式。民居中天井和天斗错落，呈现出"小开间、大进深"的平面形态，这样的空间形态是此地区传统民居的特征与风貌。

一、聚落规划与格局

选址布局比较讲究风水学说，并且清晰地表现出封建宗法礼制对其的影响。民居多砖木、抬梁式。以大型院落为主，具有典型的汉族文化特色。受到荆楚文化影响，空间上重视内外交融。江汉平原地区冬季的主导风向是西北风向，夏季为东南风向。传统民居多呈街巷式排列布局，建筑基本与主导风向平行布置。

江汉平原传统民居多为天井式、天斗式、天井天斗混合式。平面布局除了强调天井为中心，更强调纵向的轴线，使建筑具有对称性。"一明两暗"、"曲尺形"平面在江汉地区也有悠久的历史，"一明两暗"的布局，常常通过明间的凹入，形成槽门。前店后宅也是江汉平原城镇建筑的典型格局。

普通民宅装饰素雅，仅有少量木雕和脊饰，以穿斗构架、白墙灰瓦、栗色门窗，形成江汉地区民居的简雅之美。江汉地区的商铺，常在主入口两侧设柜台，柜台上方设可以摘卸的木板窗，晚上关闭，白天经营，非常便利。商铺上空通过挑楼、挑檐防雨遮阳，应对湿热多雨的气候。

江汉平原的民居，以两坡屋面为主，常常通过建筑高低进退的变化、山墙形式的变化和立面造型的变化，形成丰富的天际线和街道景观。江汉平原建筑的脊翼，喜用凤鸟装饰，延续了楚人崇凤的传统。

二、传统建筑风格及元素

构成：院、街

色彩：白、灰、原木本色

风格：中、正、和

内涵：礼、浪漫

江汉平原地区民居较多以聚落形态存在。平原地区的城镇聚落分布密集，民居的主要形态和特点通常表现为"垸田"形态的聚落、商业市集以及或合院或独栋形式的民宅。

商业街道两侧的建筑因地价因素，多以连续店铺的形式出现。前店后宅或前店后作坊的纵深型院落成为常见的形式。

城市内的合院式民居中，宗族的影响相对减弱，但仍然以完整有序的轴线序列在空间上体现了传统宗族文化。

平面布局除了强调天井为中心，更强调纵向的轴线，使建筑具有对称性。通过建筑进退和高低变化，山墙及立面的形式变化形成丰富的街景。典型的平面形式有"钥匙头"平面和多进四合院。天斗造型多样，包括四坡五脊顶、四面攒尖顶、卷棚屋顶、双坡屋顶、歇山屋顶等。在天井比较狭长的情况下，还有罕见的弧形天斗，由挑枋悬柱承重，构造精巧。天斗上盖亮瓦，天光可透过天斗直泻而下。

天井不仅能够组织自然通风，而且还可进行自然采光。小开间、大进深的传统民居间距很近或相接，山墙不便开窗，四周被围合面封闭，内部阴暗。为得到更多的光照，在民居的进与进之间设置天井，使其成为建筑中的透光装置。在夏季，太阳高度角较大，同时由于天井狭窄高深，屋檐出挑多，进入天井下部的光线多为二次折射光，这种光线少天然眩光，较为柔和，解决了小开间、大进深的建筑采光问题。在冬季，太阳高度角低，进入天井的直射光线较夏季多，不仅解决采光问题，还带来了更多的热量。

三、传统建筑结构特点及材料应用

江汉平原民居构架以穿斗式为主，兼有抬梁与插梁构架，形式灵活。江汉平原的许多民居，为了抵御洪水的侵袭，在穿斗构架之间填充极薄的"挂墙"和"鼓皮"，这种构造形式又称为"墙倒屋不塌"。

山墙以青砖砌筑，富有的人家会通体用白灰粉刷，有的外墙只作剪边式粉刷，还有的仅在檐口部分局部粉刷，解决墙体与瓦面密封的问题，也有在墙面醒目的位置粉刷一个完整的平面，写上字号或招牌的。

江汉平原民居一般采用青灰色布瓦铺设悬山或硬山屋面，亮瓦的使用十分普遍。建筑的墀头一般不复杂，但屋面上翘起的凤鸟脊翼，却十分讲究，延续楚人崇凤的传统，也体现了湖北建筑张扬的人文精神。

立面常见的有"撮箕屋"立面，三开间对称式立面，镇区街面上也常有两开间的不对称立面，通过建筑进退、高低变化以及立面的虚实变化、匾额店招等形成丰富的街景；彩绘在以白墙、灰瓦和栗色门窗相搭配的素净色调中，采用钴蓝、朱砂等色彩模拟植物、动物的纹样，绘制檐下彩绘和山花，体现出传统荆楚建筑绚丽与沉静的美学意境；槽门式入口较为常见，也有将主入口设于山面的。

四、传统建筑装饰与细节

江汉平原传统民居多采用穿斗式木结构，普通民宅室内装饰素雅，仅有少量木雕、脊饰，精致但不复杂，有简约之美。与民宅相比，祠堂、书院、牌坊以及大户人家则装饰繁多，木雕细腻，彩绘艳丽，漆色多，并采用金粉装饰，特别是木雕、石雕的门窗，处处闪现着木匠高超的手艺。

彩画是传统建筑中的一个常见而重要的装饰手法，因为可以自由选择题材，所以富于地方特色。江汉平原民居大多以白墙、灰瓦和栗色的门窗相搭配，采用蓝、绿、红、粉等素净的色调，模拟自然植物、动物的纹样，如一些带有神话色彩和代表吉祥幸福的白鹤青松、老鹰菊花、孔雀玉兰等图案，或者一些抽象的"福禄寿禧"等中国书法字样。荆楚文化对荆楚装饰也有潜移默化的影响，在彩绘中，尤喜用曲线条，因楚人的环境意识是非静止的，而好追求动态中的瞬时感。

五、典型传统建筑分析（江汉平原地区古代建筑）

（一）荆州城

荆州城为清代城墙，位于荆州江陵。清顺治三年依照旧基而建。城墙周长3000米，高近9米，厚约10米，东西长，南北短，呈多边形。共有城门六个，均建门楼。

荆州城大北门城，墙基用条石垒砌，墙身用青砖石灰糯米浆叠砌。城楼为两层，重檐歇山顶木构建筑，设五开间外廊，造型纯朴。（图5-1-1）

（二）明显陵

显陵俗称皇陵，明代皇帝陵寝，系明世宗嘉靖皇帝朱厚熜父母的合葬墓，位于钟祥城东北的松林山上，为全国重点文物保护单位，并入选《世界遗产名录》。

陵寝占地780亩，陵寝外围建有高6米，厚1.6米，长4730米的外罗城，平面呈"金瓶"状（图5-1-2）。

明显陵围陵面积183.13公顷，整个陵园双城封建，其外罗城周长3600米，红墙黄瓦，金碧辉煌，蜿蜒起伏于山峦叠嶂之中，由30余处规模宏大的建筑群组成。依山间台地渐次布列有纯德山碑、敕谕碑、外明塘、下马碑、新红门、旧红门、御碑楼、望柱、石像生、棂星门、九曲御河、内明

图5-1-1　荆州城（来源：《荆楚建筑风格研究》）

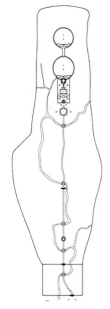

图5-1-2 显陵总平面（来源：《荆楚建筑风格研究》）

图5-1-3 明显陵龙鳞神道（来源：中信设计院）

塘、棱恩门、陵寝门、双柱门、方城、明楼、前后宝城等，疏密有间，错落有致，尊卑有序，建筑掩映于山环水抱之中，相互映衬，如同"天设地造"，是建筑艺术与自然环境相结合的天才杰作。

显陵是明代帝陵中唯一整体保留神路龙鳞具体做法的陵寝。中间铺筑石板，谓之"龙脊"；两侧以鹅卵石填充，谓之"龙鳞"；外边再以牙子石收束，总称为"龙鳞道"。这种做法既能满足陵寝建筑的功能需求，又经济可行，充分显示了楚人的智慧。（图5-1-3）

显陵棂星门设计十分精巧，为六柱三门四楼冲天式牌楼，方柱上悬出云板，上覆莲座，莲座上各雕有一尊朝天吼，正身立火焰宝珠，石墩、坊身仿木作，设额枋、花板、抱框，上额枋设有门簪，方柱前后夹有抱鼓石，影壁墙下设须弥座，上盖黄色琉璃瓦，整个棂星门不仅洁白耀眼，而且金碧辉煌。（图5-1-4）

显陵方城面阔、进深皆为22.2米，设券门一道，门前有御道踏跺。门后左右设有御道台阶以供上下。方城上建有明楼，面阔、进深均为17米，重檐歇山顶，石须弥座基础，四道券门。（图5-1-5）

图5-1-4 明显陵棂星门（来源：荆楚建筑风格研究）

图5-1-5 显陵方城（来源：荆楚建筑风格研究）

显陵棱恩门两侧精美的琉璃影壁，为明代各帝陵所无。从现存墙体看，为琉璃仿木形式，上部为瓦檐，檐下是琉璃仿木构件，下部为须弥座，花心正面为绿色琉璃的蟠枝图案，背面为双龙腾跃，喻意藏龙护生，做工非常精美。（图5-1-6）

显陵茔城分前后两圈城墙，中以瑶台相接，平面形状如哑铃，城墙周设堞垛和以汉白玉雕成的蟠首散水。前城直径112～125米，墙高5米，城内圆形土冢之下为墓室；后城直径103米，墙高5.5米，城内圆丘之下为玄宫。这种"一陵两冢"的陵寝结构为历代帝王陵墓中绝无仅有。由瑶台相连而成哑铃状的两座隐秘的地下玄宫神秘莫测，一直为世人称奇。（图5-1-7）

（三）太晖观

太晖观为明代道教宫观，位于荆州城西门外太湖港北岸，现存建筑有金殿（祖师殿）、配殿、钟鼓楼、朝圣门等。太晖观布局借用天然地势，形成完整的台地建筑群落，具有亲和自然的布局特点。（图5-1-8）

金殿屹立于8米高的崇台上，重檐歇山顶，面阔、进深各三间，长宽各10米。檐口下置斗拱，顶覆盖黄色琉璃瓦，前檐立浮雕石柱，云饶龙蟠。沿高台有砖砌帏城，内壁嵌砖雕刻的五百灵官。

祖师殿采用外廊式空间，结构外挑的飞檐，形成适合江汉平原多雨湿热气候条件的建筑形式。采用抬柱式构造，形成外廊与主体结构之间的过渡。精美的石雕蟠龙檐柱，提升了道教建筑的意境。（图5-1-9，图5-1-10）

（四）文峰塔

文峰塔原名白乳高僧塔，为明代覆钵式砖塔，位于钟祥城东龙山。文峰塔塔高约22米，由塔座、覆钵、相轮、宝盖和刹顶等五部分组成。塔身由下而上逐级递缩呈二十一重圆环形。宝盖为铜制三层圆盘。上嵌三个"元"字。八边形塔基用圆形莲花座连接塔身，整体比例修长、美丽、壮观。（图5-1-11）

图5-1-6 琉璃影壁（来源：荆楚建筑风格研究）

图5-1-7 显陵茔城（来源：荆楚建筑风格研究）

图5-1-8 太晖观（来源：《荆楚建筑风格研究》）

图5-1-9 祖师殿（来源：《荆楚建筑风格研究》）

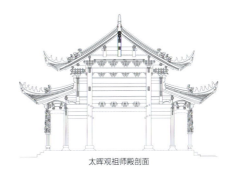
图5-1-10 祖师殿剖面（来源：《荆楚建筑风格研究》）

图5-1-11 文峰塔（来源：《荆楚建筑风格研究》）

（五）洪湖新堤西后街及民居

新堤为原洪湖县城关镇，由于其良好的地理位置，至清代已成为三楚名镇，是江汉平原天沔地区手工业和商业的中心，市井繁华一时。西后街临江而建，为当时殷商巨富的聚集之地。（图5-1-12，图5-1-13）

图5-1-12　鸟瞰图（来源：《湖北传统民居》）

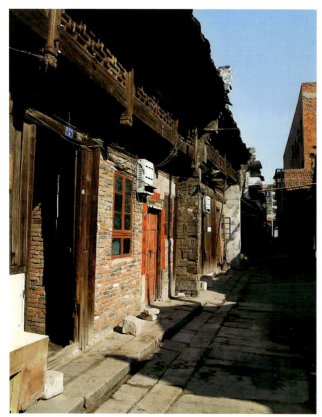

图5-1-13　街道空间（来源：《湖北传统民居》）

西后街传统民居多为木构架，灌斗砖墙，小布瓦屋面，双坡落水，五柱落地，一幢多进。一般每进中间为厅堂，俗称堂屋，两侧对称建居室，两进之间留有天井，天井两侧对称建厢房。有的还留有场院，建有花园、设有水井、厕所，开有后门。商家前为铺面，后为居宅；民居或前宅后院，或前院后宅。部分住宅架有天斗，屋檐下设弓形轩，构件饰以精美木雕，形态各异。大革命时期，新堤市工人纠察总队队部、中共鄂中特委、中共新堤市特别支部均设于此。

（六）新安客栈

建于1921年，由峰口王氏兄弟开设。现位于洪湖市新堤街道办事处西轿街7号，洪湖市文物保护单位。中共鄂中特委曾设于此。

建筑为砖木结构，硬山布瓦顶，内部为穿斗、抬梁混合式木结构，单檐硬山顶铺小布瓦，外围砌有灌斗墙，内部以鼓皮分隔。面宽三间12.5米，进深30.8米。平面为四进四合院布局，第四进院落并没有沿中轴线发展，而设一转角，通过门廊与前院相连，此做法将客房与店主的生活用房加以分隔，避免干扰。现仅有后两进院落还在使用，前段已荒废。正房和厢房有二层阁楼前后贯通，但二层净高很小，仅安装栏板供堆放杂物。由于功能需要，天井井口较大，没有架设天斗，地面设有落水池，明孔排水。建筑细部十分精美。主入口虽然不大，但装有华丽的门头，饰有卷草人物等雕刻图案；内部偏门上方也刻有山水人物；横梁表面和挑梁端头都有木雕装饰，隔扇和花镂窗上饰以各色图案。（图5-1-14~图5-1-16）

（七）路易·艾黎旧居

建于清末。现位于新堤街道办事处解放街中段，湖北省重点文物保护单位。

建筑为穿斗式梁架、砖木结构的二层楼房，四合院式布局，单檐硬山灰布瓦顶，总占地面积152平方米。1932年1月，新西兰国际友人路易·艾黎受国际救灾机构委托，将一批粮食由上海运抵红湖灾区，在湘鄂西省苏维埃政府交通部特属支队的楼上住宿7天。（图5-1-17~图5-1-19）

图5-1-14 鸟瞰图（来源：《湖北传统民居》）

图5-1-15 门楣（来源：《湖北传统民居》）

图5-1-16 天井（来源：《湖北传统民居》）

图5-1-17 外景（来源：《湖北传统民居》）

图5-1-18 细部（来源：《湖北传统民居》）

图5-1-19 双坡硬山，剪边山墙，凤凰脊头造型（来源：《"荆楚派"村镇风貌规划与民居建筑风格设计导则》）

（八）洪湖府场镇黄宅

建于清同治年间。位于洪湖市府场镇迎龙街，洪湖市文物保护单位。1930年至1931年，中国工农红军第二军团（总指挥贺龙、政治部主任柳克明、参谋长孙德清）在此设总指挥部。

建筑为砖木结构，硬山布瓦顶，内部为典型的穿斗、抬梁混合式木结构，外围砌有灌斗墙。面宽三间8.3米，进深25.9米。此宅曾兼作药店，平面有两进院落，第一进院落为放置药柜及大夫坐堂之处，堂屋上架有天斗，有暗楼梯通向二楼；第二进院落作居住之用，有厨房、厕所等辅助用房。由于院落天井较大，地面上设有落水池，四周有暗排水孔。前一进堂屋和厢房有二层阁楼前后贯通，可供居住或堆放杂物；堂屋上方部

图5-1-20 外景（来源：《湖北传统民居》）

图5-1-22 鸟瞰（来源：《湖北传统民居》）

图5-1-21 天井（来源：《湖北传统民居》）

图5-1-23 在"四水归堂式"天井前面贴建门头，墀头与脊翼具有明显的楚风
（来源：《"荆楚派"村镇风貌规划与民居建筑风格设计导则》）

分通高，四周设有围栏，形成一个小中庭，光线透过天斗直泻而下，气氛庄严安详；后一进堂屋为一层通高，厢房隔有二层。天斗为四脊坡顶，重量直接落在周围的屋面檩条上；天斗上盖有亮瓦，虽高度不够，仍可满足采光需求，天斗下的井口为少见的八边形；主入口上加有出前轩，悬柱下饰有金瓜，堂屋横梁上刻有人物木雕。（图5-1-20～图5-1-23）

（九）洪湖峰口镇平开泰药店

始建于清末，重建于20世纪30年代。位于峰口镇大巷子，洪湖市文物保护单位。1930年，中国工农红军第六军曾在此设立军部。

建筑为砖木结构，硬山布瓦顶，内部为典型的穿斗、抬梁混合式木结构，外围砌有灌斗墙。面宽三间6米，进深17.7米，占地面积143平方米。平面为一进四合院布局，天井上架有天斗。层高为两层，前厅曾作"平开泰中药店"，为放置药柜及大夫坐堂之处，其余房间则用来居住和存放货物，二层设有连廊前后贯通，沿街面有阳台挑出。因天井比较狭长，天斗的形式是罕见的弧形，自重由悬柱通过横枋传到立柱之上；天斗上盖有亮瓦，光线透过天斗直泻而下，使小小的天井显得十分高深悠远。出于功能需要，底层必须创造较大的空间，因此二层分隔开间的立柱全部由底层的梁承重，再转移至墙两边的立柱，底层内部没有立柱，这种上下开间不同的做法与浙江民居颇为相似。（图5-1-24，图5-1-25）

（十）洪湖瞿家湾老街及民居

瞿家湾镇位于湖北省洪湖市与监利县交界处，南临烟波浩渺的洪湖，北濒碧波荡漾的内荆河，东与沙口镇连接，西与监利县柳关相邻，境内沃野千里，地势平坦，气候温和，雨水充沛，适于农作物和多种植物生长，尤以水产品遐迩皆知，自古就有"鱼米之乡"的美名。1931年3月至1932年9月，由贺龙等人率领的中国工农红军第六军在瞿家湾建立湘鄂西革命根据地，借用当地民宅作为办公机构，这是中国革命历史上"工农武装割据"重要的六大根据地之一。1988年，瞿家湾被列为全国重点文物保护单位，现今还保存有中共湘鄂西省委员会、中共湘鄂西省苏维埃政府等革命旧址群，其中革命遗址18处，作为国家级文物建筑的旧址21处。

瞿家湾在明弘治年间已形成村落，因其生活来源主要依赖于打铳猎野鸭，得名"打铳湾"。清乾隆年间，此地的瞿氏家族繁衍壮大，遂将"打铳湾"改名为"瞿家湾"。历经风雨而保存下来的古镇区面积约45000平方米，位于瞿家湾镇内荆河南岸。内荆河在此处由东北向转为东南向蜿蜒而去，形成一个拱形河湾。中国古代滨水城镇选址通常位于水

图5-1-24 外景（来源：《湖北传统民居》）

图5-1-25 天斗（来源：《湖北传统民居》）

图5-1-26 鸟瞰图（来源：《湖北传统民居》）

图5-1-27 街道空间（来源：《湖北传统民居》）

图5-1-28 双迭墀头马头墙，以欧式壁柱线脚形成立面分段变化（洪湖瞿家湾春义行）（来源：《"荆楚派"村镇风貌规划与民居建筑风格设计导则》）

之北，而瞿家湾古镇落址于南岸，是因为南岸在河湾内，此处可避免河流的冲蚀，且河湾内地势平坦，土壤肥沃，三面环水，适于居住和耕种。（图5-1-26～图5-1-28）

（十一）瞿氏宗祠

建于乾隆年间（约1765年）。现位于瞿家湾老街西段南侧，全国重点文物保护单位。祠堂原是瞿氏家族祭奠先祖、聚会议事的场所。1931年6月至1932年9月，湘鄂西省苏维埃政府、联县政府、新六军军部驻此。1983年秋至1984年秋，该建筑进行保护性维修，复原拜殿、正殿及左右礼宾厢

图5-1-29 宗伯府外景（来源：《湖北传统民居》）

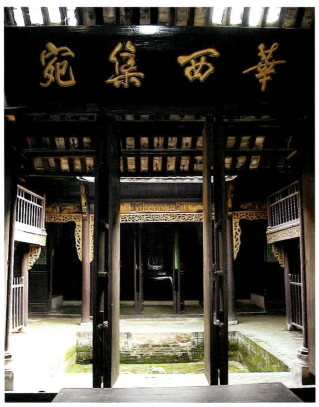

图5-1-30 拜殿内看天井（来源：《湖北传统民居》）

图5-1-31 天井四周分别由隔扇门、挑廊、檐廊、挂落飞罩等围合（来源：《"荆楚派"村镇风貌规划与民居建筑风格设计导则》）

房楼，同时复原当年革命机构的室内陈设，并在拜殿内布置瞿家湾革命历史遗迹陈列室。

建筑坐南朝北，三进二天井，穿斗抬梁式砖木结构，单檐硬山灰布瓦顶。通进深30.4米，通面阔16.2米，建筑面积500平方米。第一进为朝门，第二进为拜殿，第三进为正殿。祠堂的正立面为一座牌楼，系砖仿木结构，六柱五间五楼。（图5-1-29~图5-1-31）

（十二）监利周老嘴老正街及民居

周老嘴镇位于湖北省监利县北部，洪湖西岸，东距武汉约180公里，南距监利约30公里，距今约有1200年的历史，曾先后为容城国、成都王国、华容县、监利县的治所。周老嘴之名称，据说是因旧时其南面的西荆河迂回东流，使该地形状似嘴，最早有一位姓周的老翁在此摆渡，故称周老嘴（旧时亦称周家渡）。第二次国内革命战争时期，周老嘴曾是湘鄂西革命根据地的中心，见证了贺龙等老一辈革命家艰苦卓绝的革命历程，现保存42处革命旧址及8处革命遗址。1988年1月13日，国务院公布湘鄂西革命根据地周老嘴旧址群为全国第三批重点文物保护单位。

古镇的主街——老正街，自西向东蜿蜒伸展，全长628米。街上建筑均面向街道排列，形成带状格局。古镇建筑始于明末清初，延至民国初年，其特色为：穿斗式与抬梁式相结合的砖木结构，小开间、大进深的平面布局，排门与石库门相间的沿街立面，天斗与天井错落的空间形态。（图5-1-32~图5-1-37）

（十三）监利程集老街及民居

程集古称程家集，地处湖北省监利县西陲，位于江陵、监利、石首三县（市）交界之处，素有"一声鸡鸣闻三县"之称。

图5-1-32 周老嘴96号民宅外景（来源：《湖北传统民居》）

相传南宋嘉定年间，一程姓富户在此临江辟建码头、开设店铺，故名程家集，后沿河发展成东西连向的小街。街东的魏桥传为南宋时期修建的遗物，是街市古老的物证。独特的地理位置和便利的交通条件，加上地处江汉平原，使得历史上的程集成为有商必争的监西重镇，曾被誉为"小汉口"。

程集老街全长近900米，街道以青石板铺砌而成，沿街两侧店铺为明清时期建筑，共计110余栋，约有70%保存完好，整体历史风貌较为完整。主体建筑一般面阔三间或五间，进深一间或两间，均为硬山布瓦顶，或穿斗、或抬梁式结构，前壁多为木板墙体。走进程集，首先映入眼帘的是丈余街面铺设的石板路。荆沙一带石板路较为常见，但像程集

图5-1-33 街道空间（来源：《湖北传统民居》）

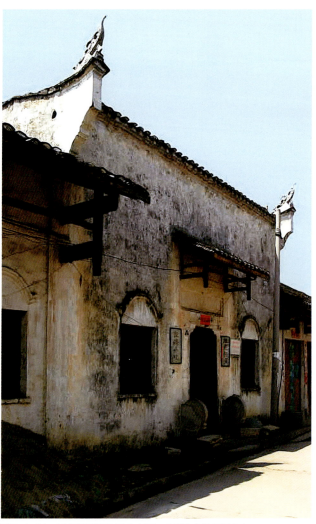

图5-1-34 周老嘴周宅外景（来源：《湖北传统民居》）

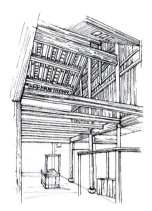  

图5-1-35 监利周老嘴96号民宅亮瓦：亮瓦与陶瓦交替设置（来源：《"荆楚派"村镇风貌规划与民居建筑风格设计导则》）

图5-1-36 通过建筑进退和高低变化，山墙及立面的形式变化形成丰富的街景（来源：《"荆楚派"村镇风貌规划与民居建筑风格设计导则》）

图5-1-37 室内主立面为混合式木构架承托的"人"字形屋面（来源：《"荆楚派"村镇风貌规划与民居建筑风格设计导则》）

图5-1-38 街道空间（来源：《湖北传统民居》）

图5-1-39 程集35号民宅外景（来源：《湖北传统民居》）

街中心线石板上碾出一道凹槽的古街，实属罕见。石板路中间略高，有利于雨水流向两侧的排水沟，形似鲫鱼，故又称"鲫鱼背"。（图5-1-38，图5-1-39）

（十四）监利吴氏祠堂

建于光绪元年。现位于监利县桥市镇北吴村北吴墩。1930年7月，洪湖红军军事政治学校创建于此。

建筑系砖木结构，硬山布瓦顶，内部为典型的穿斗、抬梁混合式木结构，外围砌有灌斗墙；通面阔三间10.89米，通进深28.17米。平面有一进院落，为前厅和明堂，两侧有厢房。由于祠堂的功能要求，柱间没有用鼓皮分隔房间。天井较大，没有架设天斗，地面上设有落水池，四周有暗排水孔。前厅"七柱九檩"结构，明堂"九柱十一檩"，为当地民居建筑最高的等级。为求得祠堂所需要的高深、庄重的效果，尽量争取开阔的空间，山墙两侧的屋架为穿斗式，中间两排为抬梁式，这样中开间的面宽达到了5.1米，明堂中间只落有六根柱子。作为村落中等级最高的建筑，祠堂的细部丰富，石柱础有三四种样式，雕有各色图案；正梁、抬梁的瓜柱上都有木雕，屋顶飞檐、门上的檐口和正脊上的压砖也颇为精美。在厢房两侧有砖砌而成的落水管，这在当地民居建筑中实属少见。（图5-1-40～图5-1-42）

（十五）潜江王松和宅

建于清代。现位于潜江市熊口镇红军街，潜江市文物保护单位。王家世代行医，此宅曾兼作药店。1930年2月，中国工农红军第六军（军长孙一中、政委周逸群、参谋长许光达）在此设立军部。

建筑为砖木结构，硬山布瓦顶，灌斗墙。内部为典型的穿斗式木结构，主檩高（约6.27米），面宽五间14.8米，

图5-1-40 砖牌楼（来源：《湖北传统民居》）

图5-1-41 内景（来源：湖北传统民居）

图5-1-42 用天井两侧阁楼空间分隔前厅和中堂，厅堂部分为斜方格青砖地面（来源：《"荆楚派"村镇风貌规划与民居建筑风格设计导则》）

进深12.5米。平面"明三暗五",最前端的两间"暗"房与前厅贯通,作为放置药柜和卖药之处;后端的"暗"房为主人的住房,后有小院和厨房、厕所等辅助用房。正立面为一面砖石墙体,用砖砌出仿梁架的凸出,顶部为柔和的曲线,略带西式风格,与内部典型的中式结构、布局大相径庭。建筑结构的特色在于横向结构部件的运用。建筑物内部柱子不多,大部分结构重量都由水平方向的结构部件传递到仅有的几根柱子上。以天斗为例,四根垂柱将天斗的重量通过横枋传递到房间的四根角柱上,虽此处的天斗相对而言体量较大,却并没有增加柱子的数量,而且因为天斗较高,使得内部光线充足,再加上前厅面积不大,使得整个建筑物的气氛庄严安详,非常符合药店的要求。(图5-1-43)

(十六)京山吴湾民居

建于清代。现位于湖北省荆门市京山县新市镇小焕岭村,湖北省重点文物保护单位。1939年12月至1942年9月间,以陈少敏等为首的鄂豫边区党委机关将此处作为办公地点,其中堂屋作为领导人办公之所,两间厢房则为卫兵室和传达室。1982年曾大规模重修。

该宅四面环山,地形险要,不远处为鸳鸯溪(此溪是当地主要水源)。建筑共有两幢独立的房屋,公共的墙被打通后成为一体,两幢房子均坐北朝南。西边的宅院为一院一进四合院,由两间门屋、三间正房、两间厢房和天井组成。正房中间为堂屋,左右两间为卧室;天井小而浅,为下沉式;四面外墙不开窗,采光主要通过天井;整幢住宅为一层。东边的宅院平面布局与西边类似。西边一处正房,门屋较高,为双坡悬山,厢房为单坡屋顶,坡向天井;正房屋顶高于厢房,均采用小青瓦。东边一处正房结构形式与西边正房一样,其中门屋山墙做成封火山墙形式,山墙顶部为马头式样。(图5-1-44~图5-1-46)

(十七)应城汤池镇民宅

建于清代。现位于孝感市应城市汤池镇汤池街,湖北省重点文物保护单位。1937年12月至1938年10月,通过董必武的上层统战关系,中共湖北省工委以国民党湖北省政府建设厅名义,在此创办了湖北省农村合作人员培训班,国民党进步人士李范一任训练班主任,中共湖北省工委副书记陶铸以顾问的名义主持日常工作。培训班共举办三期,培养了

图5-1-43 外立面(来源:《湖北传统民居》)

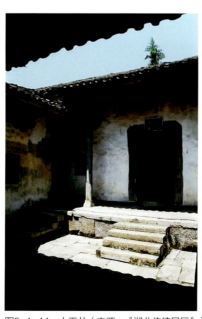

图5-1-44 大天井(来源:《湖北传统民居》)

图5-1-45 细部(来源:《湖北传统民居》)

图5-1-46 外立面（来源：《湖北传统民居》）

图5-1-47 外景（来源：《湖北传统民居》）

600多名抗日干部。

主体为一栋平房，砖木结构，共七间，其中正房三间，两侧厢房四间。（图5-1-47）

第二节 江汉平原地区（荆州市）历史文化名城特色解析

一、城市发展的历史变迁

荆州城，又名江陵城，因境内有"荆山"而得名，其位于湖北省中南部，长江中游江汉平原腹地，东连武汉，西接三峡，南跨长江，北临汉水。这里自古为巴蜀门户，南北水陆交通要冲，境内长江横卧，通途汇集，山峦环抱，湖川偎依，气候宜人，土地肥沃。（图5-2-1）

荆州的古老底蕴，可上溯到绵延久远的史前时期。距今五六万年前的鸡公山旧石器时代遗址就在古城东北约4公里处；古城附近已发现的新石器时代遗址多达20余处。荆州古城自秦汉以来，一直是历代王朝封王置府的重镇。秦时，这里置南郡，设江陵县；汉时，荆州城是全国十三州之一，全国的十大商业都会之一；三国时，这里是争霸的要津，一百二十回的《三国演义》，就有七十二回的内容涉及荆州。"刘备借荆州"、"关羽大意失荆州"等脍炙人口的故事，就发生在这块古老的土地上。此后，东晋末年的安帝，南朝时的齐和帝、梁元帝、后梁宣帝，隋时的后梁王以及唐末五代十国时的南平国王等，先后有11个纷争王侯在此称帝（王）建都，长达100余年。唐代的荆州是陪都，称"南郡"，与长安城南北呼应。元代时，这里曾是荆湖行省省会。明代洪武年间，这里是湖广分省的省会。明以后，这里一直是州（府、署）、县的治所。

荆州在中国漫长历史的演进中，所处的这种重中之重的地位和作用，有力地促进了荆州古城的发展与进步。1895年，中日《马关条约》开沙市为商埠，1936年，"中山大马路"以原青石大街、拖船埠、三府街、刘家场为骨架的商埠城市规模大致形成，其繁华的商业景象，使得沙市有着"小上海"、"小汉口"之称。

二、名城传统特色构成要素分析

（一）自然环境

"朝辞白帝彩云间，千里江陵一日还"，诗中所说的即指荆州。荆州横跨长江中游的两岸，境内河流纵横交错，湖泊星罗棋布。荆州城区沿江呈带状分布，其内部水系也格外发达，原有大小水面十处，楚时渚宫航船可直达郢都楚宫。水系对荆州城市形态的形成和发展起到了至关重要的作用，其城市水空间富于变化，湖乡水景美丽迷人。

图5-2-1 城标"金凤腾飞"

（二）人工环境

荆州是历代封建王朝屯兵置府的重镇，也是古代"兵家必争之地"。荆州城内及其城周附近，有众多的古迹名胜。市域内，仅楚城遗址就有5座，其中距离市区5公里的楚都纪南城历经了20个楚王，长达411年；三国时期亦留下了大量的三国遗址；1992年发掘的鸡公山文化遗址，经考古界鉴定为"中国第一，世界罕见"。

（三）人文环境

荆州是我国长江流域古代文明重要的发祥地和楚文化的中心，又是三国文化诞生和繁衍的历史胜地。古城积淀了丰厚的历史文化，历代名人似繁星点点，他们的智慧之光，闪烁在政治、军事、经济、文化、思想等领域中。荆州是中国龙舟文化的发源地，一年一度的"中国荆州国际龙舟节"，已成为荆州独具特色的文化品牌和全市人民的盛大节日。

三、城市肌理

荆州古城依地势而建，东西长，南北短，呈不规则椭圆形。整座城墙东西长约3.75公里，南北宽约1.2公里，周长10.5公里，高8.83米，总面积约4.5平方公里。

（一）水域空间

从图底关系上可以看出水域空间围绕荆州古城。

（二）道路系统

荆州内道路为网状结构，道路网络由城市快速路、主干路、次干路和支路组成。

（三）城市开放空间

以荆州古城为核心，建成区围绕洋澜湖向西北方向延伸，成为中心环状组团式的结构形态。（图5-2-2）

四、历史街区

（一）瞿家湾

1.区位

瞿家湾是一块红色的土地，革命的火种曾经在这里保存

图5-2-2 荆州城区地图（来源：湖北省城市规划设计院）

和燃烧，贺龙、周逸群、段德昌等老一辈革命先烈曾在这里浴血战斗过，昔日湘鄂西革命根据地的首府就坐落在这里一条饱经沧桑的老街上，这条老街也早已列入国家文物重点保护单位，现存有革命旧遗址39处，成为全国优秀爱国主义教育基地和湖北省国防教育基地。

瞿家湾地处湖北省南部，位于洪湖市与监利县交界处，南临烟波浩渺的洪湖，北濒碧波荡漾的内荆河，东与沙口镇连接，西与监利县柳关相邻。古镇距武汉160公里，车程约3小时;距洪湖60公里，车程约1小时。

瞿家湾镇境内沃野千里，地势平坦，地貌类型为冲积平原。宽约50米的内荆河从镇北蜿蜒而过。地质条件较好，土地中泥多沙少，质地黏重，有机质含量较高。地下水位较高，一般在1.5米深处即可见水。（图5-2-3）

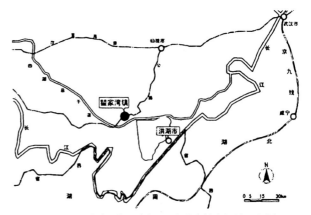

图5-2-3　瞿家湾区位图（来源：湖北省城市规划设计院）

2.街区的形成过程

从《瞿氏宗谱》中描绘清乾隆时期瞿家湾的区位图可看出，瞿家湾的空间格局主要受内荆河的影响，内荆河环绕瞿家湾蜿蜒而过，古镇东、西、北三面环水。为缩短汲取河水的路程及方便地利用水上交通，古镇紧邻内荆河呈弧形带状布置，瞿家湾老街由东至西贯穿全镇。河湾内地势平坦，土地泥多沙少，质地黏重，富含有机质，适于种植水稻。人们在古镇南边开垦了大面积良田，形成了"一河、一镇、八分田"的古镇空间格局。（图5-2-4）

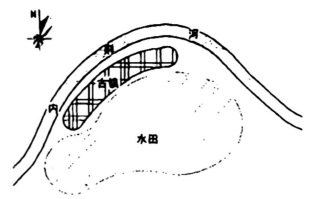

图5-2-4　一河·一镇·八分田（来源：湖北省城市规划设计院）

瞿家湾古镇区以一条主街和数条巷道组成，临河布置，并以主街为主轴呈现为弧形。

主街名曰瞿家湾老街，全长约700米，东西走向，街河之间约50米，线性的街道主轴与内荆河河道平行。瞿家湾老街是古镇区的核心要素，起到了古镇主轴的作用。

老街上设有数条巷道空间与河道之间的联系，各巷道间隔30～50米，它构成了临河的线性商业空间与河道之间的联系，便于交通运输的展开，同时作为防火的自然隔断。它们构成了临河的线性商业巷道，作为古镇次轴，南北走向，沿垂直于街道轴线方向延伸至古镇区外围。巷道与老街共同构成了鱼骨状的一街数巷古镇结构。（图5-2-5）

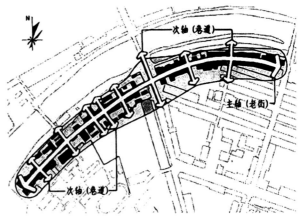

图5-2-5　一街数巷的古镇结构（来源：湖北省城市规划设计院）

瞿家湾老街的街、巷是整个古镇的骨架和支撑，是古镇联结和交流的空间，是人们生活和交往的主要场所。对老街的街、巷特色研究，有利于我们更深刻地了解古镇。

北宋末期，瞿家湾只零散地分布有几处民宅，直到明末时期，居民增加到几十户，建筑沿河一字排开，瞿家湾老街的街道形态才基本形成。瞿家湾老街在形成初期只具备交通和居住功能，到了清代，随着产品交换的频繁推动了经济发展，街道被赋予了商业功能，商业与居住及人们日常交往混合在一起，街市生活的多样性同时呈现在古镇空间的每一个角落，慢节奏的居民生活使人们在街巷中可以悠闲地浏览街市景象，也可以充分享受多样性细节带来的乐趣。瞿家湾老街呈现出一种自然生长的特点。随着街市生活的开展，老街历时五百年逐渐生长，呈现出自然、自由的形态，看似随意的脉络，恰恰凸显出街市生活的舒适。（图5-2-6）

街宅紧密共生的街道空间形态：在瞿家湾老街中，房屋是构成街道物质空间最重要的因素，房屋与街道紧密结合、相伴共存。

3.街区的特点

小而亲切的街巷空间：瞿家湾老街上的房屋大多为前商后住，街北靠近内荆河的房屋背向河流沿河布置，与街南的房屋形成背河街。街道宽3～4米，临街两侧为一、二层建筑，建筑山墙高4～6米，街道的高宽比约为1:0.7。小尺度的街道空间气氛亲切，使人心情放松，有很强的领域感，容易营造交往的气氛。同时，空间尺度小的街道可以增加交易的机会，人行于街中，五步之内即可进入两侧的店铺。巷道宽仅1.2～1.5米，两人相向行于其间，须侧身而过。巷道两侧为高耸的山墙，高6～7米，悬殊的高宽比使其空间透视感十分强烈，天际线也非常陡峭。（图5-2-7）

层次丰富的街道界面：老街上各房屋之间或毗连或共用一道山墙，山墙以青砖砌筑，各建筑山墙均超出店面向街道延伸0.6～1米。大部分房屋二层阁楼出挑做成"阳台"，以撑栱承挑檐枋，檐枋上设有栏杆，某些阁楼上的柱子下部还做有吊脚垂花柱，刻成莲花瓣、瓜棱瓣或花篮形状作为装饰。房屋前后以木板墙作围护，其上开大面积门窗，以利于经商。由檐口、山墙、台基形成的第一界面和阁楼、檐柱、额枋、门窗形成的第二界面，既加强了街道界面的层次感又丰富了街道景观。阳光明媚时，明暗对比强烈，光影变化生动，连贯流畅的街道界面显得开朗而极富韵律感。（图5-2-8）

相互渗透的空间领域：街道与临街店面空间的内外相互渗透是瞿家湾老街街区的一大特色。晚上店门关闭时，室内与街道界限分明，公共与私密空间互不干扰。而当白天临街店面门板拆下后，街道、房屋空间的界限消失，内与外相互渗透，房屋的山墙、台基与出挑的屋檐或阁楼形成街道与店铺之间的半公共空间。平日里这是住宅向屋外的延伸，是居民的半私密空间，居民可在此休息、聊天、洗衣、择菜。逢赶集日，中心道路是行人快捷流动的空间，屋檐或阁楼下为顾客停留空间，街道两侧的建筑是固定的店铺，从外到内，由动到静，各得其所。窄窄的小街次序井然，并提供了全天候的社交、贸易场所，既是街道的半私有空间，又是居民的半公共空间，在这里，"街道"的意义被赋予了"市"的内涵，其功能与形式有机结合，相辅相成。

外封内敞的空间布局：作为瞿氏家族居住生活的场所，瞿家湾老街街区不仅有它的实用价值，其空间布局也强调了"家族"的精神作用。街上房屋多为前店后宅，面向街道的建筑立面开大面积门窗，后院则以围墙封闭，只开一小门。这种建筑形制使老街形成了对外封闭、对内开敞的空间布局，整个街区向街道开门，后院开小门，有了内部空间与外部空间的概念。它的内聚性使得"家族"的意识充满整条老街，整个街区如同一个大家庭居住的院落一样，街道、支巷是中庭空间，为人共享，富于生机，充满生活情趣。（图5-2-9）

情趣盎然的节点空间：如果说瞿家湾老街街道是线形的流动空间，节点则是面状的开放停留空间。老街"一古二新"三段之间分布的两个节点——纪念馆入口节点、瞿氏宗祠节点联系着老街街道空间，是瞿家湾老街空间结构的必要组成部分、空间形态的重要表现内容。纪念馆入口节点与瞿氏宗祠节点与街道空间相比，节点空间提供了更强的私密性

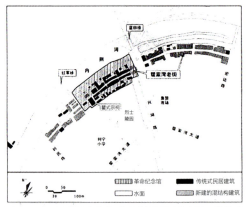

图5-2-6 瞿家湾老街街道现状平面图（来源：湖北省城市规划设计院）

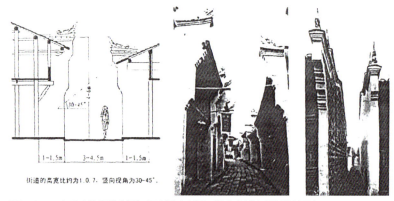

图5-2-7 小尺度的街道空间气氛亲切（来源：湖北省城市规划设计院）

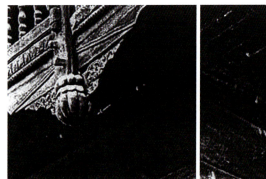

图5-2-8 阁楼下的瓜楞瓣状与花篮状垂花柱（来源：湖北省城市规划设计院）

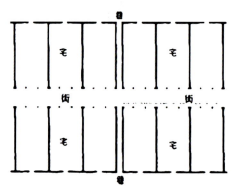

图5-2-9 瞿氏家族住宅平面图（来源：湖北省城市规划设计院）

与领域感，让进入其中的人产生停留的欲望；它丰富了街道空间，增强可识别性，为人们的行走过程添加乐趣，从而提高交往的可能。

参差曲折的街道天际线：瞿家湾老街许多房屋的山墙垛头上有摒头装饰，象征着家族吉祥兴旺，造型朴素轻灵、意趣深远。样式包括秋叶卷草、回头坍虎、凤凰灵芝等。瞿家湾自古属楚地，建筑装饰上亦受到楚文化的影响，老街上所见的摒头大部分是以凤凰为主题的。早在战国时期楚人便将凤作为图腾，如《离骚》："鸾皇为余先戒兮，雷师告余以未具"，"凤凰翼其承旗兮，高翱翔之翼"，这里所说的凤是作为沟通天地、人神的灵鸟出现的。同时"楚人以为，只有在凤的导引下，人的精灵才得以飞登九天周游八极。"房屋山墙虽都是简单的硬山样式，却也变化有致，有一跌、二跌、早跌之分，使山墙轮廓线跌宕起伏，各有进退。略微弯

图5-2-10 富于变化的屋檐和曲折参差的街道天际线（来源：湖北省城市规划设计院）

曲的街道空间与富于变化的屋檐、山墙上的撂头构成了曲折参差的街道天际线。（图5-2-10）

4.修复与保护重点

(1)回迁原居民，恢复街区居住功能。调查显示，受访原居民中，58%的人表示希望能够搬回老街居住，可根据自愿的原则，请原来居住在老街上的居民回迁。回迁居民以现住的新建房屋交换回老街上的老宅，或经商或居住。新建房屋由政府收回转卖，所得资金用于老街的保护和维修。

(2)理顺交通，恢复老街商业。参照周庄的保护方式，将革命纪念馆前后门开放，让游客免费进入古镇，只在个别重要的革命旧址入口设置购票点。把纪念馆围墙拆除，疏通老街的内部交通。如此瞿家湾老街、瞿家湾大道、宏达路、兴湖路、利民路可形成一个"日"字形路线，老街的人流量会有所回增，同时带来商机。

(3)将错就错，以示后人。首先要改正"以假乱真"的行为，将某些建筑上错挂的革命旧址牌匾摘除。而建筑维修的画蛇添足之处，改变了老建筑物的原样，而且在以前的维修中使用了水泥，但硬要更正这一点势必伤及老建筑的原始风貌。个如将错就错，保留下建筑的现状，并参照《威尼斯宪章》中的建议，在建筑前挂上展示板，以文字、插图、照片的形式记录下"对老建筑保护过当"的事实，让居民和来此地参观的游客认识到保护历史建筑的正确方式。

(4)改善居住环境。在回迁居民以前，应利用现在无人居住的机会，在每栋建筑里增设卫生间，疏通建筑的排水系统，在老街上增设暗沟，形成街道的整体的排水系统。从街区的外围地下铺设强、弱电系统，接入建筑单体。

（二）程集镇

1.区位

程集镇，位于湖北省荆州市监利县程集镇，为中国历史文化名镇，2007年由建设部、国家文物局共同组织评选的第三批中国历史文化名镇(村)揭晓，湖北省监利县程集镇等全国41个镇被评为第三批中国历史文化名镇。

程集古镇地锁三县，区位优势十分明显。古镇南依程家集河，沙洪省级公路穿境而过，交通便利。从古镇出发，1小时车程向西可分别到江陵县与石首市，向东可至监利县城，沿涌监省级公路3小时可达仙桃市。

程集镇地处北亚热带东部季风区中心，属亚热带季风气候，气温适中，雨水充足，四季分明。当地典型的地方性气候特征是:低温、梅雨、雨量充沛。年均气温1.63℃;年无霜期259天;雨量主要集中在春夏之交的4～6个月，总量1226毫米，占全年总雨量的44%；相对湿度82%；日照率为45%，年平均日照数在2000小时左右。具有光照充足、热量丰富、雨水充沛、雨热同期、无霜期长等特征，适合棉花、水稻、麻类、瓜果等的种植，有利于发展高产农业作物。

地理之道，山水而已。程集地处江汉平原，山少河多，因此水是程集古镇选址时考虑的主要因素。江汉平原河渠纵横、水陆相连，使得程集古镇坐拥得天独厚的水路条件。程家集河穿镇而过，向东不久注内荆河，经新滩口入长江，可至汉口;向西4公里出拖茅埠，便是长江故道，可进川黔腹地，商品可以经水道方便地与外省流通。所以，程集近有程家集河"金带环抱"，远有长江"龙水相连"，在明清时期农业商品经济蓬勃发展的背景下，良好的水路条件给程集带来了兴盛的契机。（图5-2-11）

程集古镇选址在老长河的一段河道弯曲处，沿河自西北向东南伸展，南北长约500米，东西长约300米，其中程集老街位处老长河北岸，三岔街在南岸，两街隔老长河相望，以古魏桥相连。据实地调查，程集最初成镇时以北岸程集老街为主，南岸的三岔街是后来逐步发展形成的(具体时间尚待考证)，而古代进出货的码头位于今魏桥北岸程集老街转弯处。由此可见，从选址观念上看，程集老街无疑占据了最佳位置。全街沿河既可以满足方便的水运交通及生活用水，呈河水环保之势，亦能避免河道冲刷、淹涝之灾。因此，程集古镇具备了相当理想的自然生态环境，是

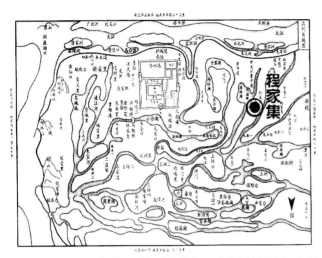

图5-2-11 清代监利县域图上的程家集（来源：湖北省城市规划设计院）

符合传统村镇选址观念中关于村镇选址、布局的理论的。

2.街区的形成过程

古镇的商业活动开始于南宋嘉定年间，当时古镇的范围仅有程家集河北岸以临水埠头为起点发展起来的小型集市。良好的地理区位、便利的水路条件，使该镇成为当地区域性的商业街市，逐步形成北岸一条沿河发展的商业街。到明代永乐年间，"一河两街"古镇跨河发展，形成了程集老街和三岔街相交呈三岔型的俗一的总体格局，一直延续到新中国成立前。新中国成立后，程集的规模在明清时期老街的基础上有了扩大，在程集老街北侧兴建了中心河用于灌溉，并沿中心河北侧建立新街一条，新街将老街截断，分成中兴街和程集老街，在灌溉渠上兴建钢筋水泥拱桥一座，使新老街道连为一体。1971年涌监省级公路建成后，在新街和姚集间修建了一条程姚公路，极大地改善了程集的对外交通联系，也从此让程集从单向线性街道逐步开始向多元化交通体系转变。1987年，程集撤区建镇成为县辖镇后，城镇建设发展速度加快，在程集老街北侧街道的基础上新建一环形的混凝土路面街道，将镇中心由程集老街迁移至新区；程家集河被截断废弃，中心河成为划分新老两个街区的分界线。随着新中国成立后城镇的发

展和经济形态的改变，老街区街道空间的尺度、功能设施等均已不能满足时代的发展要求，于是逐一修复重建。

发展阶段1："一集、一街、一河"。这一阶段的时间范围是从南宋嘉定初年到明永乐年间，此时的程集古镇形态呈现为一条地处程家集河北岸、紧邻河道的商业集市街道。

发展阶段2："一河两街、街镇合一"。这一阶段时间范围是从明永乐年间到1949年。此时的程集古镇包含两条街道，分居于程家集河南北两岸。河北岸的街道占据了古镇的中心。

发展阶段3："两线三片、新旧并立"。这一阶段时间范围是从1949年至今。其中，1949~1987年间，老街区北岸开挖一条中心河，沿河辟新街一条，"两线"初步形成；1987年至今，程集镇在老街区北侧跨中心河建设新街区，自此，由中心河将全镇分成新老街区，其中老街区又被程家集河隔为两块，呈现出"两线三片、新旧并立"的空间形态格局。镇中心由老街区转移至新街区，逐步蜕变为居住性的次要街道，其中心地位被新街区所取代。新街区建于1987年后，南北向长约400米，东西向长约700米，由"两横四纵"共6条街道组成。新街区连接程集镇的对外出口——程姚公路，镇政府、医院、中学、小学、电视台等重要行政单位以及商业店铺都分布在新街区街道沿线，构成了程集镇现在网络状的空间主轴。街道宽7米，沿街建筑多为2~3层，十分繁华。

综上所述，古镇的外部空间形态经历了三个发展阶段；每个阶段的形态特征如图5-2-12：发展阶段1："一集、一街、一河"；发展阶段2："一河两街、街镇合"；

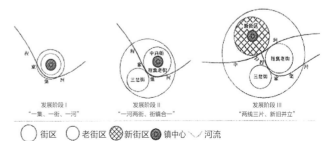

图5-2-12 古镇的空间形态发展演变阶段（来源：湖北省城市规划设计院）

发展阶段3:"两线三片、新旧并立"。

古镇的空间形态历经三个发展演变阶段,其演变时的生长方向在每个阶段也体现出各自的特点:

发展阶段1:由南向北、沿河生长;

发展阶段2:由北向南、跨河生长;

发展阶段3:由南向北、跨河生长。

3.街区的特点

"一主多支"的街巷结构:古镇的街巷主次分明,呈典型的"鱼骨"形结构,这种结构是由其主干街道、分支街巷和连接主干与分支的节点构成的。

"多位一体"的街巷功能:古镇过去的公共建筑类型和数量都相对较少,街巷便成为社会生活的载体。街巷空间作为城镇生活的发生器和促媒器,并非只有单纯的交通功能,更存在对人的多种行为需求的支持,这也决定了街巷功能的多重性。程集古镇的街巷功能可以归纳为:交通活动功能、经济活动功能、文化生活功能和其他生活辅助功能。

"以人为本"街巷尺度:程集的街巷空间处处给人以亲切、舒适的感觉,大到街巷的宽度、沿街建筑的高度,小到建筑立面构件的细部尺寸,都体现着人是街巷的使用者,映射出了人们的生活方式。(图5-2-13)

4.修复与保护重点

规划结合程集老街商贸历史轴线、沿程家集河绿化风景线形成,点、片结合的绿化、历史性街道和街道节点,以及

图5-2-13 程集古镇街道(来源:湖北省城市规划设计院)

以程集老街为中心、两侧绿化为衬托的线性布局。

对不符合历史风貌的建筑外立面,进行彻底整治。积极收集古建筑构件,用于恢复古建筑。整治过程强调一个"修"字,用古旧的木料、石料作为整修材料,以存其真。对使用的新材料采用"做旧"手法,使新旧材料混为一体。整修完毕后,能让人们从这条老街中读出历史的年轮。招牌、屋檐、店铺门窗等都必须进行仿古处理,力求与整体风貌相协调。

强化程集老街的历史性特征,保护街巷"一主多支"的结构,并做到老街区与新街区的合理联系,车行、步行系统分离,同时完善步行系统与交通设置。改造、疏通程家集河道,改良水质。结合当地城镇灌溉系统的规划,将程家集河与中心河之间的闸门开放,让程家集河"死水变活、黑水变清",重新焕发老河的青春。结合绿化改造,增加沿河岸绿化,结合屋后菜地,形成沿河自然绿化景观带,为古镇滨水生态景观的开发利用提供优质的资源。

五、特色要素总结

自然环境	山脉	八岭山、八宝山、凤凰山等
	江湖	长江、海子湖、松滋河、虎渡河、藕池河、调弦河等
	气候	亚热带湿润季风气候,雨量充沛、日照充足,四季分明
	特产	雪里藏凤、荆江麻鸭、鱼糕、八宝饭、千张扣肉等

续表

人工环境	古城格局	荆州古城依地势而建，东西长，南北短，呈不规则椭圆形
	文物古迹	太晖观、元妙观、开元观、掷甲山、点将台、落帽山、画扇峰、章华寺、荆州古城等
	民居街巷	三义街、得胜街、瞿家湾老街
	墓葬胜迹	楚纪南城遗址，郢城遗址，鸡公山遗址，阴湘城遗址，万城遗址、孙叔敖墓、张居正墓园
	古文化遗址	楚纪南城遗址，郢城遗址，鸡公山遗址，阴湘城遗址，万城遗址，八岭山古墓群，纪山古墓群，雨台山古墓群，天星观古墓群遗址，熊家冢古墓群遗址，马山古墓群遗址，枝江青山楚墓群遗址，潜江龙湾遗址
人文环境	历史人物	楚庄王、屈原、孙叔敖、岑文本、岑参、张居正、罗清泉、黄远志、谭友林、王伊锋、黄万荣、张知本、李青萍
	宗教信仰	佛教、天主教、伊斯兰教、道教、基督教等
	岁时节庆	上元节、清明节、端午节、乞巧节、中秋节、元宵、中元节、元旦、春节等
	民俗文化	荆河戏、三棒鼓、碟子曲等
城市肌理	水域空间	水域空间围绕荆州古城
	道路系统	网状结构
	城市开放空间	荆州古城为核心，建成区围绕洋澜湖向西北方向延伸，成为中心环状组团式的结构形态

六、风格特点

城市特色	楚文化的发祥地之一，著名的三国古战场
街区特点	布局灵活中有对称、建筑进退和高低变化丰富
材料建构	穿斗式木构架、青砖、青灰色布瓦、栗色木门窗
符号点缀	凤鸟装饰

第六章　鄂东南地区传统建筑文化特色解析

本章以现存鄂东南地区民居建筑为蓝本，以专业的角度深入解读鄂东南传统民居建筑，并结合与之相关的文献资料，从自然环境、文化背景、人文环境方面对湖北传统村落和民居建筑进行分析研究。

鄂东南地区是湖北民居的一个重要聚集地，该地区现存的传统民居建筑数量在整个湖北地区是最多的，且种类丰富，极具代表性。该地区处于三省交界之处，融合南北农耕文化，特别是其纬度的地质面貌多样，因而形成了颇具特色的传统民居风格。其建筑类型丰富且形制独特，具有极高的艺术价值。其种类大致包含有：大宅、祠堂、店铺、牌坊、廊桥等各种民居建筑。当地人把住宅称之为"天井院"，这种"天井院"是大量传统民宅的基本形式。

鄂东南民居建筑所展现的朴素的建筑之美，其建筑在空间形式上的"大度"以及兼容并包的建筑装饰特征令人印象深刻，尤其是独具特色的"牌坊屋"，实用与美观并重，极富艺术价值。建筑空间灵活、装饰质朴、选材多样，可谓是湖北传统民居中的翘楚。尤其因相邻的安徽、湖南及江西三个地区在传统民居方面有特殊地位，所以鄂东南地区传统民居的研究价值也就不言而喻。

第一节　鄂东南地区传统建筑文化特色解析

鄂东南指湖北东部长江沿线以及南地区，东与安徽省太湖县、宿松县接壤，东南与江西省瑞昌市交界，西南与湖南省临湘市毗邻，包括黄石的阳新县、大冶市，咸宁市的咸安区、赤壁市嘉鱼县、崇阳县、通城县通山县以及鄂州市。崇阳及黄冈南部等市县与湘、赣、皖三省接壤。鄂东南以地貌复杂的山地、丘陵为主要的地理特征。鄂东南地区现存的民居古建筑主要分布于通山、阳新、崇阳、赤壁等地，其中尤以通山、阳新较为集中，且保存也较为完整。通山更被认为是湖北的古民居之乡，该地遗存大量传统村落和各式民居古建筑，它们为此次研究提供了宝贵资料，其建筑类型丰富且形制独特，具有极高的艺术价值，其种类大致包含有大宅、祠堂、店铺、牌坊、廊桥等各种民居建筑。通山境内还有一类特殊形制的房屋——"牌坊屋"较为常见，既可用于宗祠，也可用做住宅。

一、聚落规划与格局

鄂东南地区是"江西填湖广"、"湖广填四川"运动的典型移民通道，因此民间文化受到当年江西等经济文化较发达，宗族组织较严密地区的影响，在气候条件、地形地貌上具有一定的相似性，因而民居建筑在自然生态适应性方面与周边地区存在共性特征。鄂东南民居既有皖赣建筑的古雅简洁，又以多进式院落和灵活的空间格局、精细的细部处理延续了楚风建筑恢宏与灵秀的特征。

鄂东南传统民居，多采用"天井院"的布局，常常以一组天井院为一个居住单元，大的宅邸往往由若干单元纵向或横向排列而成。鄂东南住宅立面一般由五开间或三开间组成，建筑一般采用清水砖墙，近檐口处的墙面和退进的入口常以白灰粉刷，讲究的建筑，在檐下作水墨彩绘，建筑外观素雅考究。在通山境内，还有一种特殊形制的"牌楼屋"，是将牌坊和房屋组合为一体的建筑造型，通过在立面上增加梁枋、匾额、彩绘、雕饰，丰富立面变化，是一种节地节材的灵活做法，既用于宗祠，也用于住宅，是楚国祭祀文化传统的延伸，也是楚地独具特色的建筑形式。

二、传统建筑风格及元素

构成：院、墙
色彩：黑、白、灰
风格：实、稳
内涵：理、礼

天井院是鄂东南传统民居最基本的空间组织方式。大的宅第往往是由多组天井院纵向或横向延展、组合而成，即形成所谓数十个天井的颇具规模的大屋。一组天井院就是一个居住单元，通常包括门屋、天井、面向天井的厅堂，厅堂两边的耳房、天井两侧的厢房以及联系这些房舍的廊道等要素。一组居住单元通常有一个主天井及两个小天井组合而成。

这里的典型住宅一般采用"三间制"或"五间制"的形制，即一个居住单元通常为横向三开间或五开间。因此可以用"五间一天井"或"三间一天井"来表述其居住单元规格。

鄂东南典型民宅多为两层。上层为阁楼，层高较低，通常不作为居住空间，而作为储存仓屋。

鄂东南大的宅第充分体现尊卑有序的礼制观念，一般居住十口人，按照辈分等级居住在多重院落的不同房间。

鄂东南传统宅第主立面一般也呈现五间或三间的单元组合特征，有明显的轴线对称关系。由于受山区村落不同的基地条件的影响，许多住宅布局处理也十分灵活。建筑外墙一般以石基清水砖墙为主，墙体近檐口处加以叠涩处理，退进的入口开间常以白灰粉刷。墙檐常以水墨彩绘勾勒或灰塑装饰。（图6-1-1～图6-1-12）

三、传统建筑结构特点及材料应用

鄂东南民宅以砖木混合结构为主要结构体系，这种结构方式与北方普遍采用的抬梁式结构以及南方的穿斗式结

图6-1-1 通过穿梁承托檐口梁,增加条形天井的挑出(通山大畈镇西泉世第)(来源:《"荆楚派"村镇风貌规划与民居建筑风格设计导则》)

图6-1-2 窄巷排水明沟一侧设人行道,入口上方设连廊(阳新枫林镇杨桥村)(来源:《"荆楚派"村镇风貌规划与民居建筑风格设计导则》)

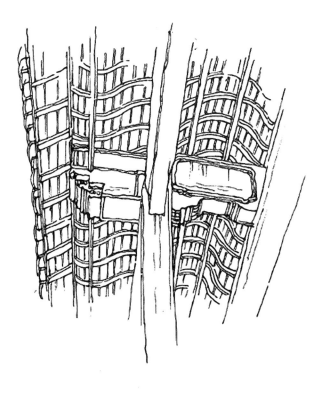

图6-1-3 雕饰穿斗挑梁头(通山大夫第)(来源:《"荆楚派"村镇风貌规划与民居建筑风格设计导则》)

图6-1-4 砖木组合的二挑墀头(大冶南水湾村)(来源:《"荆楚派"村镇风貌规划与民居建筑风格设计导则》)

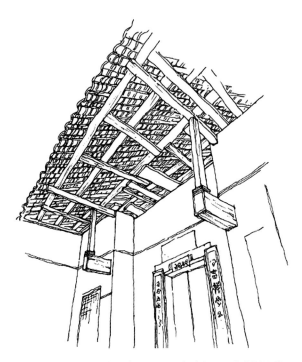

图 6-1-5 挑梁托檐柱（赤壁羊楼洞）（来源：《"荆楚派"村镇风貌规划与民居建筑风格设计导则》）

图 6-1-6 "鳌鱼挑"托檐（阳新龙港镇老屋场）（来源：《"荆楚派"村镇风貌规划与民居建筑风格设计导则》）

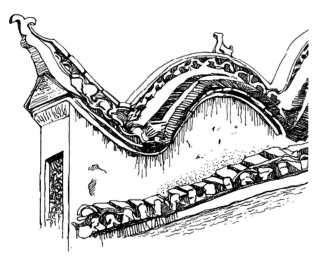

图 6-1-7 云形山墙、鱼尾脊翼、凹进式装饰、镂空脊及动物装饰（通山县大畈镇西泉村）（来源：《"荆楚派"村镇风貌规划与民居建筑风格设计导则》）

图 6-1-8 墀头彩绘加凹进式动物装饰（阳新太子镇）（来源：《"荆楚派"村镇风貌规划与民居建筑风格设计导则》）

构均有所区别，即便与相距仅 300～400 公里的徽州地区传统建筑的结构方式也有较大差别，我们通常认为中国木结构体系是典型的"框架结构"系统，其特点是"墙倒屋不塌"，但这里的结构方式则不完全是"框架结构"，其山墙多是城中的砖墙，直接承载着屋顶的檩条。不过，建筑内部开间分割一般都是承接屋顶构架的梁柱排山，既有抬梁式也有穿斗式，其中抬梁式构架多用于主要厅堂，童柱往往是雕饰的重点，而穿斗式多用于明、次间间隔，通

图 6-1-9　双坡屋面的多样化组合（赤壁羊楼洞石板街）（来源：《"荆楚派"村镇风貌规划与民居建筑风格设计导则》）

图 6-1-10　在曲折墙面上镶嵌入口与门头（阳新玉瑽村李蘅石故居）（来源：《"荆楚派"村镇风貌规划与民居建筑风格设计导则》）

图 6-1-11　六边形石雕花窗（大冶水南湾）（来源：《"荆楚派"村镇风貌规划与民居建筑风格设计导则》）

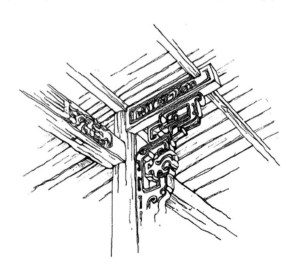

图 6-1-12　带有楚风的木雕撑栱（大冶胡家大院）（来源：《"荆楚派"村镇风貌规划与民居建筑风格设计导则》）

常镶以板壁，其中坊柱往往是雕饰的重点。

鄂东南民宅以砖木混合结构为主要结构体系，但其独特的地域特色反映在其构架的细部处理中：雕饰穿斗挑梁头、挑梁托檐柱、鳌鱼挑等构架形式均为该地区常见的构架处理方式。

鄂东南地区多为硬山小青瓦屋面，屋面被形形色色的马头墙所隔断。常应用双坡屋面的多样化组合，营造出丰富的"第五立面"。通过砖叠砌或灰塑形成丰富的檐口造型，主要以对称式立面、牌楼式立面、正立面与山面组合的立面为特色。

四、传统建筑装饰与细节

鄂东南地区多采用清水砖墙，近檐口处墙面和退进的入口以白灰粉刷。讲究的建筑在檐下作水墨彩绘，建筑外观素雅考究。八字形槽门、偏转斜门、角部带雕饰的石库门、牌楼门等为当地民居常见的入口做法。鄂东南民居非常注重细节构造，通过窗花、木雕展现古雅的楚风。

柱在鄂东南地区建筑中常常给人以较深的印象，并以方形截面居多，圆形截面的偶尔也能见到。有说法称圆柱的房子比方柱的房子年代久远，或称清代为方柱而明代为圆柱，是否准确尚待考证。鄂东南地区建筑中的柱的特殊性在于其做法与其他地区有所不同，主要体现在柱础高大、"一柱双料"方面。

五、典型传统建筑分析

（一）文星塔

文星塔，又名文峰塔，俗称南门塔，位于鄂州市区南浦路与文星路交汇处，是市级文物保护单位（1984年公布）。

该塔始建于明代，是明嘉靖二十一年（1542年）知县谌谦与教谕朱瓒为激励学子奋发读书所建，后废。清代康熙七年（1668年）知县熊登看到文星塔渐渐颓废，于是易地在学宫南隅"距旧址六十步"处重建，至今已有450余年的历史。新中国成立后，历届政府又多次进行了维修。

此塔高约23.13米，共有5层，由塔座、塔身和塔尖三部分组成，塔座高2.25米，直径8米，基座边长7.5米，用条石垒砌而成。从塔座到塔顶均为八角形状。塔身为青砖木料飞檐式建筑，属八角攒尖顶式砖塔，高19.08米，每层间均有石阶十级相连，游客可拾级而上，直登塔顶，塔顶高1.8米。塔每层有四门四窗，合八方四门，可通观八面。塔身正南门镶碑上镌有"文锋"二字，书法古朴秀逸。

文星塔是鄂州市现存的唯一古塔，现与迁建来的万年台共存于文星园内，成为鄂州市一处著名的人文景观。

（二）古寿井

古寿井位于鄂州市区古楼街与十字街交汇处，是市级文物保护单位（1984年公布）。始建于南宋嘉定年间，由县尉邹应博捐修，因井口置有四眼铁盘，故俗称"四眼井"。水井建成之日曾留下吉祥的祝词："后当有登高位、掇巍科、亨上寿者。"故后人又称之为"寿井"。元代至正年间，监邑达噜噶齐铁山（亦为观音阁的主持修建者）、知县王文贡又在井上建"寿井亭"。清末民初，因战火，亭废。数百年来，该井给鄂州人民的生活提供了极大的方便，并成为古鄂城"十景"之一。但自从用上自来水后，四眼井渐渐停用，并被垃圾杂物填埋。

为抢救恢复古寿井，保护文化遗产，2003年12月，市人民政府拨出专款，对该井进行抢救修复保护。该工程由市文体局、城管局组织协调，市博物馆、市政设施管理处负责实施，于2004年4月完成了淘洗古井、安置四眼铁盘和竖立保护标志碑等工作。现在，古寿井又成为鄂州市的一景。

（三）观音阁

观音阁始建于元代至正年间（1341～1368年），由监邑铁山（蒙古族）所建，此后历代多次维修，使这一古建筑保存完好。2006年5月25日，鄂州观音阁作为元至清时期古建筑，被国务院批准列入第六批全国重点文物保护单位名单。

观音阁又名龙蟠寺，是古今鄂州的著名景点。整座建筑建在江中的龙蟠矶上。龙蟠矶为蜿蜒盘踞在江底的一大片岩石，秋冬水落，可见其形如蟠龙脊背。古人就在这高低不平的龙蟠矶上"垒石成台，以石梁属之"建起了观音阁。整个建筑有一亭二楼三殿，总建筑面积300余平方米。殿阁坐东朝西，西大门外是观澜亭，进大门后依次是东方朔殿、观音殿、老君殿，然后从南侧上纯阳楼、寅宾楼。站在长江南岸远望观音阁，犹如一只石船，观澜亭像船头的桅杆，三重殿堂和楼阁像船舱。这"船"停泊在长江之中，经千年风雨，破万里波涛，人们称之为"万里长江第一阁"。观音阁不仅是一处独特的长江人文景观，而且是一处长江水文标志，鄂州老百姓历来把观音阁作为观察长江的标志物。

（四）通山焦氏宗祠

焦氏宗祠位于通山县，为晚清建筑。该宗祠选址极佳，坐西朝东，主轴线正对远处的山坳，四面青山环绕，祠前左为一参天古榕树，右为碧水一潭，前方则是一片开阔的田野，远处是起伏的山峦，景色十分秀美。平面为三进三开间，砖

图 6-1-13 后院（来源：《荆楚建筑风格研究》）　　图 6-1-14 雕饰（来源：《荆楚建筑风格研究》）

木结构，硬山顶，青瓦铺盖。

前院曾建有戏台，毁于"文化大革命"期间。现存第二、三进厅堂，占地约 400 平方米，均完整保存；二进中厅为家族议事厅堂，其后的院落则是主要的祭祀空间——祖堂。

二进中厅建筑高大，檩椽之间满铺望板，两端青砖山墙皆直接承托檩条；中间排山为抬梁式构架，童柱和梁头均作精美的雕饰，梁头雕为龙首，童柱雕成扑狮，栩栩如生；前后檐廊均作拱轩装饰，明间一对挑梁做成硕大雄壮的龙首鱼尾形象，背抵拱轩，尾承房檐，极有气势，当地人称"鳌鱼挑"；中厅其余梁枋也有精细的浅浮雕，多为花草、人物故事图样；中间排山与脊檩交接处通过类似如意斗——燕子步梁承托，额枋（看梁）均作浮雕。

中厅八根方形石柱与木柱拼接，为典型的一柱双料做法，石柱础为方形，地面为三合土夯实，天井以青石墁铺。三进祠前天井正中设方形石砌祭台，台面建木构方亭，飞檐翘角，气韵生动；亭檐下饰如意斗。祭台尽端为供奉先祖的神龛，两侧为双层廊道，楼上均为木质雕花栏杆。（图 6-1-13，图 6-1-14）

（五）阳新李氏宗祠

李氏宗祠为三进四合院。同当地其他宗祠一样，进入大门先要穿越戏台下部，然后进入一个大的院子——前院，两侧原为连接前后两进的双层连廊（已毁）；戏台对面的厅堂体量高大，面阔三间，进深七间，高约 8 米；两进之间的天井相对狭小，使得厅堂的大空间显得比较幽深。

从外观看，李氏宗祠的主入口立面同典型的阳新乡土建筑不同，不仅没有如住宅建筑入口明间墙体缩进形成门廊的做法，也不像其他宗祠有高高的牌楼直接伸出屋面。入口上部墙体伸出檐口，与两侧山面云墙组合成"山"形轮廓，以这片墙体为背景，正面有三开间牌坊式门楣，其下是石制门框，上有"李氏宗祠"四个阳文石刻。两侧硬山封火墙做云墙形态显示出该建筑的重要地位。（图 6-1-15）

正立面上没有开窗洞，因而主入口显得格外突出。高墙的另一面则是面向厅堂的戏台。李氏宗祠的戏台气势宏大，大致呈方形的平面，面阔进深都约 5 米。戏台屏风后是贯通的后台空间，戏台屋面做歇山顶。

图 6-1-15 戏台（来源：《荆楚建筑风格研究》）

图 6-1-16 滚龙脊（来源：《荆楚建筑风格研究》）

厅堂屋架中部为抬梁式，两侧由砖墙直接承托横枋、檩、椽和屋面。檐下做平天花，遮盖屋架构造。戏台正中，厅堂中间天花都做藻井，有斗四藻井和斗八藻井。石柱础皆为方形截面，有多种规格；地势最高、最不易淋雨的最后一进厅堂的柱础高约 0.5 米；最容易被雨水淋湿的柱的柱础最高，可高达 1.2 米，其上为石木对接的方柱，石柱高达 5 米，直至檐下。阁楼的立柱也有与底层立柱不对应而落在梁上的状况。

李氏宗祠的装饰装修比较丰富，如后院厢房隔扇，花心用冰裂纹样，裙板绘以不同瓶花等等；戏台额枋（看梁）饰精美木雕，木板屏风也饰以书法字画，但是后期修缮时将所有木构件以油漆涂抹艳俗色彩，将柱涂成鲜红或黑色，所有木板涂成鲜红色，甚至额枋木雕也涂上天蓝、粉红的颜色，藻井内也施以彩画（究竟是否原内容不知），装饰得原貌尽失。（图 6-1-16）

宗祠内石柱础上以动物花鸟为主要内容的雕饰非常精美也颇具匠心，另外天池排水口也巧妙地做成动物形态的砖雕，所幸得以保存至今未遭破坏。

（六）阳新伍氏宗祠

伍氏宗祠位于阳新县三溪镇，背倚屏山，坐南朝北。

宗祠为一组建筑群，由牌楼门墙、戏台、场院、厅堂和围绕场院的老房子组成。门楼、戏台、宗祠在同一轴线上。门楼有一排三个入口，中间主入口，在戏台背面，是一座完整的三间五楼砖砌牌坊门。两个次入口位于两侧对称位置，亦作牌坊式门楼，但高度比中间低，且立柱不落地。门楼上施以较多的灰塑和彩绘。主入口石制过梁和转角石均有精致的雕刻，尤其转角石上对称布置一对石狮雕刻栩栩如生。门两侧有一对高大的抱鼓石，显示该建筑气度不凡。

祠堂主体建筑面阔三间，纵深三进，两侧有附属用房构成的跨院。前厅向戏台所在的场院开敞，其檐柱为木石双料，尤以明间二柱石料高大；两侧硬山山墙与木构架排山相连，但不作为承托屋面的支承，其出屋面部分做云墙式样；明间挑檐檩下做四根垂花短柱，柱底木雕花篮极其精美。

前两进平面为矩形，每面三间（面阔开间比进深开间稍大）。两进之间以东西向狭长的窄天井相连。进入前两进空间没有阻隔，只有进入第三进院落有门墙相隔。最后一进院

图6-1-17 门头（来源：《荆楚建筑风格研究》）

图6-1-18 内景（来源：《荆楚建筑风格研究》）

落是设祭坛的祖堂空间，周围环以双层连廊，中间抱厅，连通中厅和祭台。祭台地坪抬高，强调其重要性。

伍氏宗祠的建筑用材大且讲究，抬梁式构架，使得柱距相当大，形成室内大空间。窄天井是该祠堂空间的另一特点，除前两进厅堂之间的东西向窄天井外，第三进院落中间作抱厅式祭台，因而在两侧又形成一对南北向狭长天井。窄而长的天井在幽深的屋顶上构成了一条条透入天色的光带，尤其祭台两侧的天井，每当晴日早晚间，金色的阳光斜射进来，洒在祭台和石制香炉上，与厅堂和祭坛深处的幽暗对比鲜明。伍氏祠堂内做天花，并在前两进殿堂明间的正中和抱厅下做斗四、覆斗等多个藻井，藻井内运用大量如意斗、龙、蝠等吉祥图案。门楼处装饰以石浮雕为主，内容以人物、典故为主。祠堂内前两进殿堂空间宽敞但装饰较为节制，但在第三进殿堂中就出现大量精美的木雕、石雕。木雕主要展现在檩、枋、梁、柱、雀替以及隔扇、栏杆、垂花门等构件上，雕刻手法有浮雕、镂雕、透雕等；雕刻题材包括花纹、人物、动物、植物等多种造型。精美石雕不仅出现在门框、柱础上，还有一个石香炉置于祭台前中心的位置，其底座为八边形，中段束腰为上下两段圆形截面，而上部焚香钵又呈六边形，通体上下各面均有雕饰，题材多为动植物图案，是一个十分罕见的石雕艺术品。（图6-1-17，图6-1-18）

（七）阳新李氏公祠

李氏公祠位于阳新县浮屠镇茶铺村李斯栈，为该村落李氏家族支派祠堂，建于清代。李氏公祠坐落于村落中心一个水塘的东侧，面向池塘，大致上为坐东朝西的朝向。作为支派祠堂，李氏公祠没有"宗祠"或"总祠"那样富丽堂皇，却有符合自身等级地位的一系列处理，因而具有明显的特征，主要表现在以宽大的八字门墙（亦称八字影壁）强调主入口，以显示其和周围住宅有明显的区别。李氏公祠入口大门做得比较高大，留有宽敞的门廊。除了砌筑八字门墙外，在门屋天井处山墙也斜砌，再次呈现八字墙的形态。

两对八字影壁处都各自对称开有两扇小拱门，这种开门的八字墙成为李氏宗祠的独有特色。从平面上看，该祠堂面阔仅一间约6米（每进的面阔略有区别），但纵深五进达60米，形成狭长的空间格局。柱与墙分开，进深很大但内部不设隔

图6-1-19 内景（来源：《湖北传统民居》）

图6-1-20 入口八字门墙（来源：《湖北传统民居》）

断，空间贯通开敞，从入口即可一眼看到对面设祭台的空间。在李氏祠堂长长的山墙上开了一些门，这些门分别与村落的道路垂直相通或通向相邻住宅。

在天井和过厅交替的狭长空间中，有能便利全村人进出的出入口。经过大门后进入搭有戏台的过厅，戏台面对厅堂，下部架空抬高以保证行人能从下部畅行无阻地经过。祠堂的纵深方向与等高线方向垂直，在有高差的每进空间之间砌台阶数步，从入口一直缓缓向上，最终到达供奉先人的祖堂。

李氏祠堂为硬山顶，做马头山墙，檐口墀头做工讲究，屋宇式入口的墙壁整体退进，使正门外形成宽敞的门廊，门廊下设条石凳，大门口设有方形石门墩。

祠堂的木构架形式简单直接，用料也较小，柱仅两列（戏台、阁楼下加两列短柱支撑），并与山墙分离；屋架采用硬山搁檩的方式，檩条直接插入封火山墙内，因此山墙要直接承担部分屋架的重量。各进厅堂屋架做法不一，基本是穿斗式和叠梁式结合的做法。用材都不大，檩、枋使用曲材的情况非常普遍。在阳新地区的乡土建筑中，阁楼是常见的元素，除了戏台外，其他过厅也设有阁楼，并有木窗数扇。祠堂内戏台、阁楼架空的高度都不大，不足2米。内部空间高度不大。

李氏宗祠采用的装饰并不多，重点集中在戏台部分，戏台上空的天花部分用了斗八藻井和平天花，是祠堂中最讲究的；藻井中央有蝙蝠的木雕图案，额枋上施有植物花卉图案，木架均施红漆。除戏台外，在木构架的梁头、蜀柱、额枋等构件上也常出现木雕图案，内容以动物、花草为主。此间石雕也较常见，普遍在柱础、门墩上。由于气候潮湿，柱础都做得高，高宽比大于2:1，雕成细颈方底花瓶状，在瓶肚四面施以雕刻；石鼓和柱础的石雕内容以花鸟为主。在祠堂大门八字影壁的檐口，以砖叠涩仿斗的局部做法，也是特色装饰的一种。（图6-1-19，图6-1-20）

（八）通山许氏支祠

该祠堂位于通山县通羊镇，北距通横公路80米，为清代建筑。该祠堂坐西朝东，布局较有特色。大门为八字门墙，门前有一方不大的水池，大门内为青石墁地的纵向院落，东西两侧为独立的两层民宅；后面为第二重门，该门为装饰重点，上有木构门楼，四角发戗做飞檐。门楼内侧与祖堂相连，其下空间成为祭台的延伸。门楼、门墙和祖堂组合形成左右两个不大的天井。此门前有一横向巷道与村落连通。

祖堂内四根金柱承载屋面，亦为木石拼接的"一柱双料"做法。祖堂神龛为石构，祠堂看梁和雀替均做精细的木雕装饰；祖堂西侧原为许氏一房学堂，属宗祠附属建筑，学堂坐西朝东，通深二进，面阔三间。（图6-1-21～图6-1-23）

图6-1-21 前院（来源：《湖北传统民居》）

图6-1-22 入口巷道（来源：《湖北传统民居》）

图6-1-23 天井（来源：《湖北传统民居》）

图 6-1-24 入口（来源：《湖北传统民居》）

（九）阳新梁氏宗祠

梁氏宗祠位于阳新县白沙镇梁公铺，始建于清康熙年间，距今约有 300 多年的历史，供奉从山东迁移而来的梁氏家族的始祖梁灏（距今大约七百多年）。当年主持祠堂修建的是清朝正二品大臣梁勇孟（梁灏第十八代孙），并由当时分布于阳新境内及附近地区的梁氏宗族的六大户头出资出力共建。

梁氏宗祠踞于老村口的"咽喉"地段，坐北朝南，前有案山，背靠高坡，门前地势缓降，视野开阔。宗祠规模宏大，正面三个入口呈中轴对称，两边为次入口，中央主入口八字门墙，有抱鼓石分立两侧。整个建筑分为前后三进：大门与戏台合为一进，中间是享堂，最后一进为祖堂。主入口大门两边八字门墙的后面为特别设置的"乞丐房"，在举行大型的宗族聚会等活动时用来施舍收容乞丐。

戏台与享堂之间为观戏场，两侧有双层宽敞的回廊，回廊之后还建有对称的两个宴会厅，称"酒厅"。酒厅面积极大，可同时摆下百桌以上的酒席。享堂宽敞大气，有巨大匾额高悬，享堂与祖堂之间由左右双天井分隔，以抱厅相连。祖堂正中供奉的便是梁氏始祖梁灏；祖堂两边（酒厅的后方）还另外设置了先贤祠和乡贤祠，分别供奉的是梁氏族人梁志和梁庭风（阳新人，元朝进士）的牌位。

梁氏宗祠不仅整体规模宏大，许多细部做法也颇具特色。封火墙头的滚龙脊是鄂东南一带宗族祠堂的典型标志；入口八字门墙有别于其他宗祠的牌坊门样式，配合较大的尺度，颇有气势。大门背后，石柱将戏台抬起的高度恰好适合入口尺度。享堂为十六柱，规格甚高，抱厦顶与戏台相映成趣。梁氏宗祠内部算上阁楼共 99 间房，整个祠堂建筑面积达 2400 多平方米。梁氏宗祠 300 多年来经过了两次较大规模维修，一次是在道光年间，另一次是在 1997 年。梁氏宗祠现为阳新县重点文物保护单位。（图 6-1-24 ~ 图 6-1-26）

（十）通山王明府第

这是一组"复合院落"式联体大宅院，位于通山县大路乡吴田村。

建筑坐西北朝东南，占地面积 2914 平方米，通面阔十一间 47 米，通进深 62 米。这座拥有 28 个大小天井的宅第在平面布局上是十分严谨的，其中间是一组单开间的房舍，称"宗祠"（实为家祠），宗祠前后由 4 个小天井串联而形成明暗相间的狭长廊道空间直达后端，形成整个宅第的中轴线；其左右两侧两组建筑就是王明兄弟二人的宅第。"祠宅合一"的布局在鄂东南地区的宅第建筑中是较为普遍的做法，王明府第堪称这类布局形制的典例。整栋建筑由左右两组住宅和中间祠堂三部分组成；宗祠居中，左右两路四进院落，各有门庭、前厅、中厅、后厅、祖堂及厢房。宗祠是位于两路院落之间的单开间的多进天井院连起来的一组狭长的"公共空间"，每进房舍均有阁楼，称"仓楼"，至最后一进的祖堂，面阔加大，天井前设阁楼，并有八角形藻井，

图 6-1-25 滚龙脊（来源：《湖北传统民居》）

图 6-1-26 前院戏台（来源：《湖北传统民居》）

图 6-1-27 外景（来源：《湖北传统民居》）

图 6-1-28 天井（来源：《湖北传统民居》）

上绘八卦图样，檐下施如意斗，阁楼栏板、挂落雕饰精美。两路住宅也是以天井为中心的对称布局，明次间为抬梁式结构，室内空间高大宽敞，与周围其他房舍对比鲜明，足见房主当年的身份地位非同一般。入口主立面严谨对称，正立面有三个入口，中间为祠堂入口，两侧则是基本相同的住宅大门。入口当心间外墙向内退进约 2 米，门洞就开在退进的墙上。每一入口檐下均设一道略向上拱起的月梁，上有彩画和雕饰，并承托其上的檐口拱轩，当地人称"看梁"。门两边墙体上部向外、向上伸出外墙和屋顶，形成生动的具有艺术感染力的墀头和马头墙。中间祠堂屋顶以及两侧封火山墙均做成云墙式样，称"五花猫拱背"式云墙，又称"滚龙脊"；云墙盖瓦和侧面白灰粉刷并根据房屋山面和院落外墙高低有节律地起伏，从正立面一直延伸至后墙，绵延 60 米。（图 6-1-27，图 6-1-28）

（十一）通山润泉大夫第

这是一座晚清时期建造的宅第，位于南林桥镇青档村润泉山，为当年在朝为官的徐氏先人建造。

该建筑占地约540平方米，背倚高坡林地，前有东流溪水，主体建筑坐北朝南，但中路院门却向东开启。门墙比院墙高出2米，两侧有向外伸展的短墙，平面呈八字形，上部为跌落两段的马头墙；两侧墙间有屋檐连接，形成雨篷；石筑门洞上部有彩墨描边的匾额，上书"绪衍南州"四字。该宅第为三路联体天井院建筑，彼此之间有廊道相贯穿。右侧第一路宅院入口立面颇具特色，两层三开间之左右两间墙面高于居中一间，从而使入口十分突出；大门上方有挑出墙面的木构门楼，正好嵌于左右墙体之间的"缺口"，其下为墨书门匾"大夫第"。这种入口处理与鄂东南地区其他宅第"明间退进"的入口处理均不相同，却有些徽派民居风格。大门内设木制屏门，屏门后为一天井，青石墁铺；两侧为二层厢房，与倒座房一起，形成三面看楼，第二进屏风后有一木构板梯通看楼。中路为面阔五间天井院，一进设有中门，东厢房槛墙以上为隔扇窗，西厢为通体隔扇，雕饰精美。天井均为青石墁铺，通深二进，三面看楼，并有耳房两间。左边靠南第三路，除无门楼、门匾外，余皆与右侧第一路相同。（图6-1-29）

图6-1-29 入口外观（来源：《湖北传统民居》）

图6-1-30　外观（来源：《湖北传统民居》）

图6-1-31　五间三天井连续组合空间的细部（来源：《"荆楚派"村镇风貌规划与民居建筑风格设计导则》）

（十二）阳新光禄大夫宅

光禄大夫宅位于浮屠镇玉村，建筑坐东朝西，背倚秀美的黄姑山，面朝两山山坳的地势高亢之处，周围建筑很少，四面都是青山绿野，视野开阔。该建筑建于清代，为清朝武官李蘅石故居，亦称"李氏官厅"。李蘅石（1838—1892），字守吾，号甲侯。曾游太学，任县丞，后投左宗棠部，随左出征新疆回民军，曾以甘肃题奏道观察史职，出使俄什坎城，与俄官员交涉俄所窃占我伊犁城事宜。李使俄期间，据理力争，终以不动干戈、收复伊犁而不辱使命。钦赏二品封典，特授新疆按察使，诰授光禄大夫。该宅院为李蘅石告老还乡所建。

从布局看，面阔五间，纵深三进，长方形平面。中央明间退步为门，开间广大，形成宽敞的门廊，入口檐下增加柱两根用以承托檐口。官厅由于用材硕大，开间宽阔，建筑体量较当地普通乡土民居高大很多。其内有两组5个较大天井，使建筑内部得到充分采光。厅堂宽敞通透，由于是官宅，更加讲究对称、有序、等级。因此各进之间均有隔扇门可将两空间隔开，另外在二、三进之间还做了垂花门，但是这些隔断又可完全打开，与前后门贯通形成风路，适应当地夏季漫长、炎热潮湿的气候。同样，水平方向每进也有通道和侧门，结合天井，能保证宅内各个地点的通风和采光。

光禄大夫宅外墙是硬山封火墙，中间入口缩进使正门外形成宽敞的门廊，体现阳新民居的典型特色。从外立面看来，不仅整个建筑体量较大，门窗的洞口也开得较多较大。外墙用材以砖为主，并在正立面施以白灰粉刷。（图6-1-30）

正门口立柱为典型的"一柱双料"做法。立柱上托檩枋，用材讲究，且门口檐下也做平天花。另外，开在山墙上的侧门也做了精致的门罩，以青砖叠涩砌筑而成，显示出与当地普通民宅不同的地位和等级。

光禄大夫宅的屋架是穿斗与叠梁结合的做法，柱列整齐，柱距并不大，而且檐下全做了平天花，其中间有两处还分别做了八角形和方形覆斗藻井。除最后一进祖堂外，所有的房间上空都做了阁楼，这些阁楼仅作寻杖栏杆围合，由于彼此贯通，使得内部空间显得很通透。（图6-1-31）

光禄大夫宅的装修总的来说并不华丽，虽然大量使用天花，在檐枋、穿插枋上也常见一些木雕纹饰，但这些雕刻以图案为主，较少有木雕精品，木构架用材较讲究，如雕饰精美的雀替、隔扇等。除了木材用量大外，还大量用到砖石材料。

室内厅堂铺地都是添加糯米汁的三合土筑成，卧室据说曾以木地板铺设，而天井附近主要以青石板铺设。石柱础在天井附近则衍生为整根的石柱，以防雨水潮湿。

（十三）阳新陈光亨宅——清代国师府

陈宅位于枫林镇漆坊村，形成东西朝向、背山面水形态，整个村落沿山地势等高线基本呈条状分布。该房屋建于清道光年间，约1846年前后。这座颇具规模的宅第，当地人称"国师府"或"国师堂"，皆因其原主人陈光亨曾在咸丰帝为太子时做过老师。这幢老宅是在他辞官归里后在家乡的住处，据传是咸丰帝特拨国库银两为这位"国师"修建的，应属于"官宅"或"官厅"。

陈宅是一幢规模相当大的天井（合院）式住宅，以现在保留的规模（包括已毁坏但仍能确定的范围）来看，纵深三进，横向四路，可推断、确定的天井22口。在平面布局中，天井是各院落过渡、贯通的重要空间。各院落均是围绕天井空间布置，交通空间也是利用天井进行布置。每进每跨都有通向户外的通道和门，形成便利的交通。陈宅别具特色地在开间方向沿外墙布置了两条狭长的天井空间。这两排天井包裹了横向外围的两排厢房，这些房间就朝向天井空间开窗、采光、开门；狭长的天井空间也根据厢房的开间进行了隔断，从而避免了东西日照对房间使用的影响，这种平面布局有利于调节建筑内的小环境。另外，天井形式多种多样，也是该宅平面布局的特色之一，灵活运用天井形式满足了各种功能要求。

主入口位于建筑一侧（由于部分建筑已毁），入口墙缩进三开间的宽度，门口立有四根高大立柱支撑屋檐，形成宽大的入口空间；屋檐下有曲面天花，额枋、看梁上还有雕饰；两侧外墙砌筑成八字影壁，显示出宅主非同一般的地位。

外墙用材并没有采用常见的空心砖墙的方式，而是全用青砖实砌，只在很不易受潮的墙体部分才用土坯砖。而在内部隔断上，围绕天井空间各房间的隔断都基本使用木料，以木板和镂空隔扇结合的方式分隔各自空间，房间、阁楼也都是如此。其中对应每间房间都有同样面积的阁楼可放置杂物。阁楼有镂花的窗扇和屋顶的亮瓦采光。

屋架做法也是穿斗式和抬梁式结合，以及硬山搁檩的做法。在这种较大规模多进多跨的住宅中，除了正门厅堂中所

图6-1-32　八字门墙（来源：《湖北传统民居》）

用材料比较讲究以外，其他空间的用材并不大。较重要的空间如厅堂等，也出现檩、枋使用曲材的情况。

该宅原来装饰精美，如今仅能看见一些残存构件，主要存在正面厅堂、天井空间中。例如檩、枋构件上可见一些雕饰，抬梁构架上瓜柱也经过精心雕刻。还能见到一些精美的石雕，如正对主入口正厅天井的石栏板，上有精美草龙石雕；在栏杆转角处的望柱头雕有形态各异、栩栩如生的小狮子，堪称石雕精品；正门口也有一对雕刻十分精美的抱鼓石，基座还刻有狮、象等动物形象。厅堂地面以方砖磨砖对缝铺设，其他则为石灰、砂子、黄土掺糯米粥调合夯成的坚实的地面，历经150余年，有的地方至今仍很平滑；天井铺以青石排水口并被雕成螺纹状。（图6-1-32）

（十四）崇阳大市村老屋

大市村老屋为清代民宅，位于崇阳县白霓镇大市村东1公里处。该宅第坐北朝南，占地面积约1000平方米。民居的平面布局为五间三天井三进式，有前厅、中堂、祖堂及厢房，通面阔五间22.34米，通进深38.2米。民居为砖木混合结构，其中结构框架以木为主，墙柱混合承重，围合的墙体则大量使用土坯砖表面以白灰粉刷。中轴线上建筑均为单檐灰瓦顶，

图 6-1-33 外观（来源：《湖北传统民居》）

图 6-1-34 门楣石刻（来源：《湖北传统民居》）

图 6-1-35 外观（来源：《湖北传统民居》）

穿斗式构架。在后院天井的一角有一眼水井，石作井沿雕饰精细，至今保存完好。

该民居的细部与装饰颇为考究。入口看梁中间有木雕花饰，墀头部位有砖雕和彩画，彩画为花草纹样，色彩以黑白二色为主，局部加有淡彩，清新雅致。主入口石制门框用料考究，石过梁和转角石均有浅浮雕纹理，多为花草纹样。该宅院承重柱，包括面临天井的檐柱和厅堂、厢房的转角柱，多为"一柱双料"做法，且上部木质部分较短，下部石柱部分较长，多高于 2 米；柱础的样式较多，有的浑圆饱满，有的方直劲挺，并有精美的雕刻。阁楼层较宽敞，沿天井设木栏杆，雕饰精细。前厅和祖堂各有木质屏风，但屏风中间的隔扇已不复存在。祖堂中有一条桌，做工极精细。（图 6-1-33，图 6-1-34）

（十五）通山唐家垄牌坊屋

牌坊屋位于通山县通羊镇唐家垄，这是一个仅有十来户人家的偏僻小山村。牌坊屋建于清同治六年，占地面积仅 30 平方米，但牌坊的式样却非常正式，装饰档次也不低。建筑坐北朝南，背倚山坡，面向池塘。牌坊为青石梁柱，三间三楼，嵌于这座硬山顶的小屋正立面上，与房屋融为一体。从牌坊上的铭文看，这是一座"节孝"牌坊，楼檐下为砖制如意斗，中间最高处悬挂"皇恩旌表"的石雕牌匾，其下就是石刻阳文"节孝"两个大字；字匾两侧还有人物故事彩墨灰塑，格调雅致。

当心间上下额枋表面均有精美的砖雕，上额枋为"八仙过海"，下额枋为"二龙戏珠"，之间的牌匾上刻有"儒士许颢达妻成氏"字样；左右次间牌匾各有"冰清"、"玉洁"字样。房屋入口开在当心间，门墩作抱鼓石样式，两边墙面均为六边形龟背纹面砖镶砌。整个牌坊屋汇聚砖雕、石艺、灰塑和彩墨绘画于一体，有较高的艺术价值，堪称鄂东南民间工匠技艺的代表。（图6-1-35）

（十六）赤壁新店老街及民居

新店镇位于湖北赤壁市区西南39公里处，与湖南省临湘市一河之隔。由于占据交通要道，具有水运优势，古镇很早便开始了贸易活动，成为湘、鄂、赣三省及周边地区的物资集散地。明清时期，羊楼洞砖茶主要通过新店水路外运，因而新店被誉为"鄂南古茶港"。

古镇内现存的老街始建于明洪武年间，路面以麻青条石铺筑，总长约800米。街道两侧保留清代、民国时期的住宅90多处，2002年被列为省级重点文物保护单位。（图6-1-36，图6-1-37）

第二节　鄂东南地区（鄂州市）历史文化名城特色解析

一、城市发展的历史变迁

鄂州市位于湖北省东部，长江中游南岸。西邻武汉，东

图6-1-36　胜利街（来源：《湖北传统民居》）

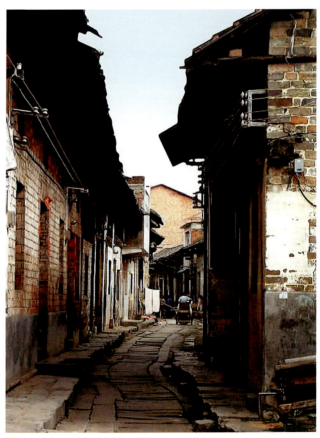

图6-1-37　建设街（来源：《湖北传统民居》）

接黄石，北望黄冈。316国道、106国道、武黄高速公路纵横贯穿全市，水陆交通便利。

新中国成立之初，设立湖北省大冶专区，鄂城归大冶专区管辖，并为专区设所。1952年7月撤销大冶专区后，鄂城县划属黄冈专区。1960年11月，改鄂城县为鄂城市；1961年12月15日又改市为县，仍属黄冈专区。1965年8月成立咸宁专区，鄂城县属咸宁专区。1979年11月，分鄂城县的城关及石山等地设置鄂城市，并属咸宁专区；同年12月改属黄冈专区。1983年8月19日，撤销鄂城县，建立省辖鄂州市。

二、名城传统特色构成要素分析

（一）自然环境

鄂州有湿地面积71371公顷。其中自然湿地26930公顷，有天然湖泊129个，计21000公顷，河流59300公顷。梁子湖是湖北省第二大淡水湖，现有水域面积30400公顷，其中东梁子湖在鄂州境内（以梁子岛划线），面积13000公顷。

鄂州市土壤类型丰富多样，主要有红壤土、潮土、水稻土三大土类，包括棕红壤、潮土、灰潮土、淹育型水稻土、储育型水稻土、测渗型水稻土、潜育型水稻土、沼泽型水稻土8个土壤亚类中的40余个土种。

鄂州属亚热带季风气候区，位于中纬度地区，季风气候明显，秋、冬两季主导风向是偏北风，春、夏两季主导风向是偏东风。冬冷夏热，四季分明，雨量充沛，光照充足，无霜期长。严冬暑期时间短，主要灾害天气有暴雨、干旱、大风、冰雹和冰冻等。年均气温17.0摄氏度。年平均日照时数为2003.7小时，年平均日照率为45%。年平均降水量为1282.8毫米，年际变化大。降水量的地域分布特点是：西北部略多于东南部，中部和西南部介于两者之间。

（二）人工环境

鄂州文物古迹众多，已发现古文化遗址54处，古遗址3处，石刻4处，古建筑8处，近现代建筑7处，全市各级文物保护单位108处，其中国家级文物保护单位1处，省级文物保护单位9处，至今仍保存有孙权、庞统、陶侃、元结、李阳冰、苏轼、黄庭坚等历史名人的遗址。吴王城遗址是全国唯一保存较为完整的三国都城遗址。唐代著名书法家李阳冰的怡亭铭摩崖石刻，为国家重点保护文物。万里长江第一阁观音阁，几千年来洪水不毁，至今屹立江中。灵泉寺、九曲亭、松风阁、文星塔、城隍庙等古建筑保存完好。市区及近郊已发掘的古墓有上千座，历史文化积淀丰富。

鄂州不仅是一座著名的历史文化名城，还是长江中游南岸的一座新兴工业城市，是鄂东"冶金走廊"、"服装走廊"、"建材走廊"的重要支撑，逐渐形成了以冶金、服装、建材、医药、化工、机械、电子、轻工为主体的门类齐全的工业体系，是湖北省重要的工业基地和鄂东的商品集散中心。

（三）人文环境

鄂州市古称武昌，有着悠久的历史文化。三国时期，吴王孙权在此称帝，取"以武而昌"之意，改鄂县为武昌。东吴三国60年，鄂州作为国都和陪都，先后长达45年之久。1991年6月，鄂州市为湖北省人民政府公布的第一批省级历史文化名城。

三、城市肌理

鄂州市主城区从20世纪50年代的50公顷发展到现在的2730公顷，发展模式可划分为四个大阶段：1946～1959年：单核内聚型，以水路交通为主的商贸小镇；1958～1978年：单中心沿江多核带状式，以重工业企业形成的多点多核的工业城；1976～1997年：单中心沿江带状"T"形，多核、内聚相向发展，规模随工业规模的扩大，城市交通条件的不断完善而不断增加，突破小城市规模，进入中等城市行列；1998～2015年：规划为中心环状组团式的结构形态。（图6-2-1）

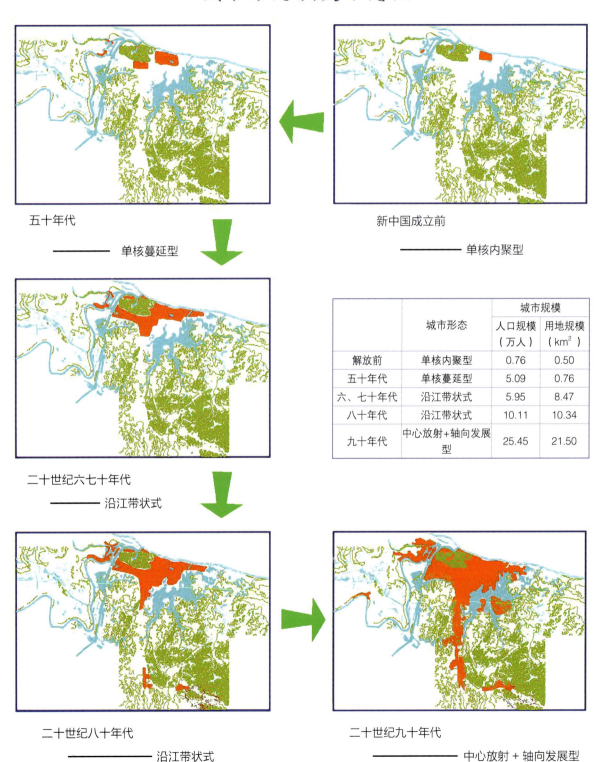

图 6-2-1 城市肌理演变示意图（来源：湖北省城市规划设计院）

图6-2-2　鄂州区地图（来源：湖北省城市规划设计院）

（一）水域空间

长江位于鄂州市的北部，大致呈东西走向，城区中心洋澜湖，形成一带一点的空间布局形态。

（二）道路系统

鄂州内道路系统为网状结构，道路网络由城市快速路、主干路、次干路和支路组成。

（三）城市开放空间

建成区围绕洋澜湖向西北方向延伸，成为中心环状组团式的结构形态。（图6-2-2）

四、历史街区

（一）羊楼洞明清石板街

1. 区位

羊楼洞明清石板街位于湖北省赤壁市新店镇夜珠桥村——赤壁西南边陲与湖南交界的潘河北岸，始建于明洪武年间，石板街总长1800米，现存1100米，共有3条街即民主街、建设街、胜利街。石板街以麻青条石铺成，两边为商铺门店。三面环山，北面为北山，南面为松峰山，东面为马鞍山，位于山顶可鸟瞰古镇全景。古镇建在平原之上，地势

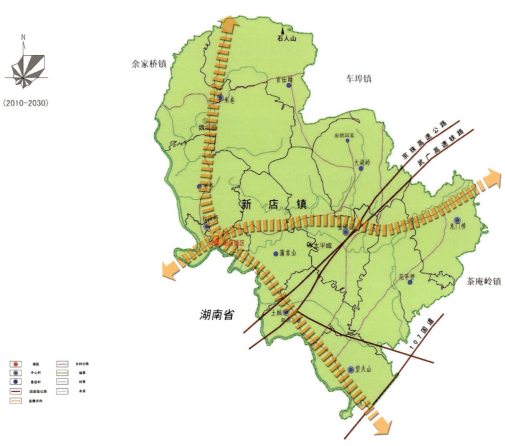

图6-2-3 羊楼洞明清石板街区位图（来源：赤壁市规划设计院）

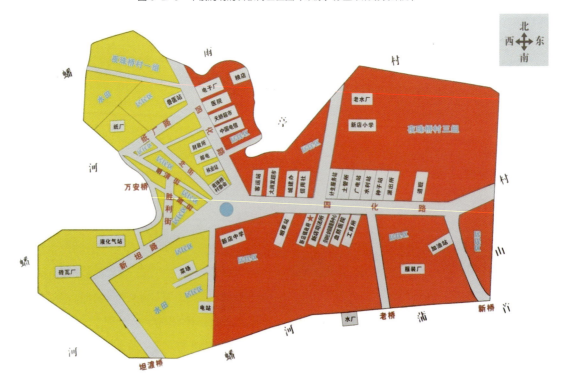

图6-2-4 明清石板街在夜株桥村的位置（来源：赤壁市规划设计院）

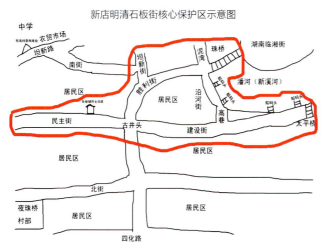

图 6-2-5 明清石板街核心保护区示意图（来源：赤壁市规划设计院）

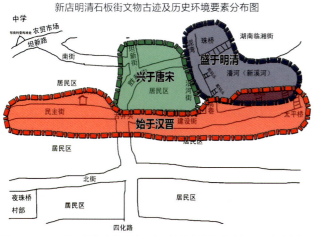

图 6-2-6 明清石板街文物古迹历史环境要素分布图（来源：赤壁市规划设计院）

平坦，地势略高于附近的崇阳、通城、临湖等茶叶产区，利于茶叶的储藏。

明清石板街形成于 1368 年，距今 600 多年，因早期制茶业的兴旺发达，茶叶贸易繁荣，成为国际茶马古道的一个源头。浓厚的茶文化、古朴典雅的古建筑及优美的自然环境，充分显示了明清时期的古建筑风格，蕴含浓郁的江南民俗风情。这里曾经繁华一时："四十二茶庄，七十二烟囱"，特别是那条著名的明清石板街，聚集着很多大户人家，风光得很，极盛时有茶庄 200 余家，人口近 4 万，有 5 条主要街道，百余家商旅店铺。2002 年 11 月 7 日，湖北省人民政府批准公布为第四批省级重点文物保护单位。（图 6-2-3 ~ 图 6-2-6）

2. 街区形成过程

在古代中国茶叶外销的几条通道中，位于湖北赤壁的羊楼洞——新店茶马古道经蒙古至俄国的茶叶之路最为著名。它是一处自唐至清末的茶叶出口运输线路，街道用青石板铺设。明清时期晋商、粤商在此开设茶庄数十家，民国中期，俄、德、日在此建厂，极盛时有茶庄 200 余家，商旅店铺、钱庄百余家，人口近 4 万。17 世纪中叶到 20 世纪初，是赤壁羊楼洞——新店茶马古道最繁盛期，当时湖北的茶叶经羊楼洞等地在汉口集中，走水路运至襄阳，转唐河北上到达河南社旗换骡马走旱路，经洛阳渡黄河进入山西的晋城、长治、祁县、太原，到达大同，再经张家口，在此换成骆驼进入草原和戈壁，经蒙古乌兰巴托运达中俄边境口岸恰克图，全长 3000 多公里。羊楼洞古镇的形成与演变都与当地茶叶加工、茶叶贸易的发展、演变密不可分。经济发展影响到古镇的方方面面，茶叶加工和贸易的收入成为其经济收入的重要来源。（图 6-2-7，图 6-2-8）

1）第一阶段：萌芽期（明万历年间至清乾隆年间）

羊楼洞古镇始建于明万历年间，距今 400 多年，是中国著名的"砖茶之乡"。明代中叶，当地就开始加工"帽盒茶"转运蒙古。这个时期的茶叶贸易以当地商人经营为主的。晋商的身份是一种包买商性质，往往预支一笔钱给茶农为其加工茶叶，同时支配或控制了茶户的加工活动及再生产过程。如此包买商经济是中国社会历史发展到一定阶段和一定水平的产物，它是商业资本从流通领域逐渐转向生产领域的一个过渡时期。

萌芽期从明万历年间到清乾隆年间，大约经历了 150 年。这个时期，古镇发展主要是依靠自身所具备的自然条件和农业基础，商品经济初步发展，发展相对缓慢。

2）第二阶段：发展期（清乾隆年间至 1840 年）

清代以后，晋商指导当地农民种植茶叶，直接在当地开设茶叶作坊和商号进行茶叶贸易。现有最早关于外地商人在羊楼洞设场制茶的记录是：乾隆年间山西茶商"三玉川"和"巨盛川"来羊楼洞设庄收制砖茶，年生产砖茶80万斤。但青砖茶的发展一直比较缓慢，晋商大多还是以买包商的身份出现。

道光四年（1825年），大批广东茶商先后涌入羊楼洞采制红茶。到1840年，当地红茶年总产达500万斤。红茶的发展带动了整个茶砖业的发展。发展期是从乾隆年间外来资本首次进入羊楼洞到第一次鸦片战争时期，前后大约经历了100年左右。这个阶段羊楼洞出现了建立在分工基础上的工场手工业。相对发展初期的小作坊的简单协作，这种新的生产模式提高了劳动生产率。手工业发展需要大量的劳动力，就业人员由分散的乡村居住向城镇集中，使得大量的农业人口转变成为城镇人口。城镇人口结构中，农业人口比例增加。在城市生活方面，由于商业资本的迅速积聚和手工业的发展，必然促进相关配套产业的发展和基础服务设施的建设。这个时期的羊楼洞处在一个城市化发展的起步阶段。

3）第三阶段：鼎盛期（1840～1937年）

1840年的鸦片战争，英国人用坚船利炮打开中国的国门。1843年，五口通商后，充当洋行买办的粤商纷纷涌入羊楼洞收购红茶，促进了当地的红茶生产。到1850年，羊楼洞茶号增加到70多家，年制红茶达30万箱，约1500万斤。1861年汉口开埠后，俄国皇族财阀巴提耶夫先后在羊楼洞开设顺丰（1863年）、新泰（1866年）、阜昌（1874年）三个制作砖茶的茶庄。随后英、日、德等国商人闻风而来，在这里竞相占地建厂，羊楼洞成了湖北砖茶的集中地，当时镇上常住人口达40000人，有6条主要街道，各业店铺数百。民国时期的羊楼洞，制茶、销售依旧保持一个良好的发展状态。

鼎盛期是从1840年鸦片战争到1937年日本侵华战争时期，这个时期也是羊楼洞古镇发展的阶段。外来商人特别是外国商业资本的大量进入，使得当地茶叶加工、贸易达到顶峰，成为地区茶叶贸易的中心。生产方式发生转变，小作坊被大型的手工业工厂所取代。砖茶加工企业完全实行自由雇佣劳动制，羊楼洞出现大规模的民族资本主义经济。此时的羊楼洞已经发展成为一个兼备茶叶加工基地、茶叶贸易集散中心双重职能的商业重镇。

图6-2-7　17世纪中叶到20世纪初，羊楼洞青砖茶运输路线（来源：《武汉市志》）

图6-2-8　羊楼洞青砖茶生产场景（来源：《武汉市志》）

4）第四阶段：停滞期（1937～1953年）

1937年爆发日本侵华战争，受到战争影响，市场对茶叶需求量急剧下降，羊楼洞茶叶产量也随之锐减。战争爆发前，1933年羊楼洞砖茶产量是20万担，到战争爆发的1937年就下降到只有6万担。1938年日军侵占蒲圻，茶叶产区遭到严重的破坏。羊楼洞茶坊、茶庄相继倒闭，羊楼洞集镇也随之萧条。至1949年新中国成立时，古镇茶庄只剩下几家，茶叶贸易接近停滞。部分街道遭到战火摧残，复兴街部分被烧毁。停滞期是从1937年抗日战争爆发到1953年，大约经历七年。这个时期，古镇的主要特征是：一是受战争因素影响，古镇茶叶加工、茶叶贸易发展停滞，街道商业功能逐渐衰败，向生活性街道转变；二是古镇格局基本没有发生改变，部分街道和建筑遭到严重破坏。

5）第五阶段：转型期（1953年至今）

新中国成立以后，茶叶贸易逐渐恢复。1953年，当地政府将羊楼洞茶庄整体搬迁到了交通更为便利的赵李桥镇，改制合并为"湖北省咸宁地区赵李桥茶厂"。随着茶厂的整体搬迁，原有厂房被废弃，或改作他用，古镇的贸易功能也随之消失。在20世纪60年代爆发的"文化大革命"时期，古镇一批历史建筑遭到破坏和损毁，镇北的将军庙就是在这个时期损毁的。1980年代以后，羊楼洞城镇建设发展加快，特别是镇东侧的观音街建成，极大地改善了城镇对外交通能力，但同时也改变了古镇的格局。观音街取代了老街在古镇的主体地位，成为城镇新的发展核心，新建建筑和公共设施多围绕新街分布。转型期是从1953年茶厂改制搬迁至今，大约经历了50年。

3. 街区特色

街道整体分布依松峰港呈南北走向，现存古街全长约1000米，街道最宽处6米，另有三条丁字巷，街道整体保存完好。街道路面采用硬质的青石板铺设，街道路面中间均设下水道，宽约1.2米，用青石板横铺，下水通至古街东侧的松峰港，下水道两侧竖铺条石，条石之间均留有缝隙，用于通下水。庙场街和复兴街道路在道路中心横铺一条石板，作为道路的中心线，两侧对称纵向布置石板，纵向的石条相对尺寸较短。这种铺设方法是为了适应街道的弯曲。明清时期运输的主要工具为独轮车，在青石板上多处保留有寸余深的车辙迹。街道两侧保留有清代、民国时期的住宅、商铺三百余栋。房屋结构均为砖木结构、有一进二重、三重式，分上下两层，下层为商铺，前店后宅，墙体为砖结构，中间设置天井，上层为阁楼，穿梁式木结构。

羊楼洞镇经过800余年的发展演变，其风格特征可从古镇布局、石板老街与店铺老宅等方面来剖析。从古镇布局来看，羊楼洞镇呈线形与带状布局，两条水系及街道确定了古镇线性空间的布局模式。而镇内的石板老街，街随河走，屋沿河建，且结合变化曲折的地形空间形态，形成了丰富多变、适宜交往的街道空间尺度，使人感到亲切与迎面而来的人情味。另外，古镇店铺老宅等建筑空间形式却灵活多变，因地处长江中下游地区，为副热带季风气候，当地湿热性气候促使建筑形成了自己独特的建构特点。

古镇建筑立面个性鲜明，并因功能各异呈现丰富的建筑类型与灵活的空间布局形态。镇内建筑装饰从石板老街两侧的柱础石可窥见一斑，既有雕琢细腻、精美，造型丰富生动的，也有粗糙、简洁的。它们因历史的变迁而破损严重，但那残剩的雕刻花纹却可使我们从另一个角度了解、欣赏并想象出古镇曾有的风貌和特点。在一座保存较好的大宅院里，只见大宅门屋三间，中间明间退后1米成凹字形，墙身设有石库门。还有不少老宅开间两端做出马头墙墀头，伸出屋顶之上，以达到门第突出的目的。另从宅院窗棂上那精美的木雕也可看出，明清时期羊楼洞人在建筑上的智慧及对美的追求。（图6-2-9，图6-2-10）

4. 修复与保护重点

1）保留古镇原有的空间环境格局。石板古街的街道空间和明清时期的建筑本身就是一道亮丽的风景线，是整个规划设计的景观主轴。古镇内部可设置的街头游园也为内部的居民和外来游客提供了更舒适的休憩和游玩场所。

2）改善水质，重新设计滨水面，通过滨水绿地和景观步道，与内部的开放空间相互渗透。将居民的生活与水结合，

图 6-2-9　青条石铺设的街道（来源：中信设计院）

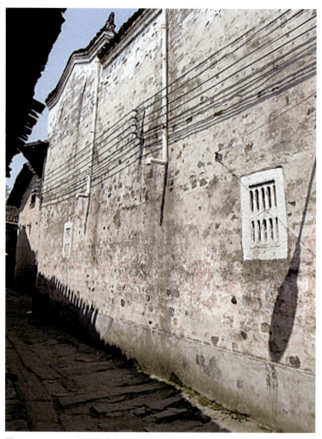

图 6-2-10　石雕漏窗（来源：中信设计院）

包括游园、广场、土地庙等，重新将活力引入水环境中，通过对水环境的改造，打造良好的古镇环境。

3）根据建筑质量和建筑功能，将建筑改造划分为以下几种方式：

（1）修缮：主要针对明清石板街上保存较好的明清和民国时期的历史建筑，保持原有建筑结构不变，真实地展现历史建筑原貌。局部修缮改造，重点对建筑内部加以调整改造，配备市政设施，改善居民生活质量。

（2）保留：主要针对与传统风貌区无冲突的一般建筑。此类建筑多分布在观音街，为居住或者商住性质，保留不变。古镇庙场街北部及复兴街以西也分布有建筑质量好的居住建筑，均尊重现状并予以保留。

（3）整饬：针对与传统风貌有一定冲突的一般建筑。对外观加以整修改造，包括降层、平改坡、更换外饰面和屋顶等，使之与环境协调。

（4）新建：针对建筑质量较差的建筑，拆除后重建，并与传统风貌相协调。主要是新街的建筑，改造为传统的合院式，并加入一些新的元素，局部打开，以利于内部通风采光，形成"街—巷—院"的空间层次。这种类似合院式的布局也能较好地培养邻里关系。院落内部引入绿化，改善生活环境。

（5）拆除：针对新建筑中与传统风貌冲突较大或建筑质量很差的建筑，拆除后规划为开放的绿地。

将其特色手工业和砖茶产业规模化、扩大化，使之成为古镇的一个招牌，为当地居民带来经济收入。其次是发展旅游业配套产业，结合周围旅游资源，将古镇的失落空间改造成为新的充满活力的休息娱乐和生活空间，使得古镇人口外流的问题缓解，为古镇长久发展打好经济基础。

五、特色要素总结

自然环境	山脉	西山、莲花山、白雉山、葛山等
	江湖	长江、梁子湖、鸭儿湖、三山湖、花马湖、沐鹅湖、红莲湖、洋澜湖等
	气候	亚热带季风气候区，位于中纬度地区，季风气候明显
	特产	鄂州梁子湖大闸蟹、临江毛豆、涂镇藠头、太和千张、沼山茶油、梁子湖湘莲、鄂州武昌鱼、鄂城鳜鱼等
人工环境	古城格局	鄂州城依山傍江，建筑城垣，形成一个不规则的圆形。方格网状道路系统
	文物古迹	怡亭铭摩崖、吴王城遗址、瓦窑咀窑址、凤凰台、观音阁、西山名胜风景名胜区、古灵泉寺、庚亮楼、文星塔、九曲亭、城隍庙
	墓葬胜迹	彭楚藩烈士墓等
	古文化遗址	吴王城遗址、瓦窑咀窑址等
人文环境	历史人物	熊渠、孙权、陶侃、李白、苏轼、丁鹤、彭楚藩、吴兆麟、范鸿戢、刘伯垂、张裕钊、张金保、万籁声、万籁平、赵怡忠等
	宗教信仰	佛教、天主教、伊斯兰教、道教、基督教等
	岁时节庆	立春日、花朝节、清明节、端午节、乞巧节、中元节、中秋节、小年、除夕、春节等
	民俗文化	牌子锣、樊湖硪歌、踩高跷、鄂州民间堆漆艺术、鄂州民间印花艺术、嵩山百节龙、泽林旱龙舟、葛店虾灯等
城市肌理	水域空间	长江位于鄂州市的北部，大致呈东西走向，城区中心洋澜湖，形成一带一点的空间布局形态
	道路系统	鄂州内道路的系为网状结构，道路网络由城市快速路、主干路、次干路和支路组成
	城市开放空间	建成区围绕洋澜湖向西北方向延伸，成为中心环状组团式的结构形态

图6-2-11 羊楼洞石板街（来源：《湖北传统民居》）

图6-2-12 羊楼洞老街（来源：《湖北传统民居》）

六、风格特点

城市特色	古铜镜之乡
街区特点	街区布局为线形和团块式组合型
材料建构	青石板、清水砖墙、硬山小青瓦、木构架
符号点缀	云形山墙、鱼尾脊翼、凹进式动物装饰、石刻葫芦、囍字纹装饰、六边形石雕花窗

第七章　鄂东北地区传统民居元素与风格类型

　　本章节研究了鄂东北地区的传统建筑，总结了这个地区经过长期移民文化的渗透、交融和发展，在外来地域基本原型的基础上，融入当地特色，组合造型非常丰富，既有典型三合天井或四合天井式独栋民居，也有规模宏大、独屋成村的多进院落群，甚至有的大屋格局兼容江西围屋形式，地方特色鲜明。重点从传统建筑外部形态特征、空间组合和布局、材料和结构样式及色彩与装饰等几个方面归纳和提炼出鄂东北地区传统建筑的风格特点。

第一节　鄂东北地区的传统建筑文化特色分析

鄂东北是我国古代八大移民集聚地之一。早在元末明初的"洪武大移民"中，70%的江西籍移民湖北，素有"江西填湖广"之说。鄂东北地区北邻河南省，东邻安徽省，北屏大别山，南带扬子江，自古就有"楚头吴尾"之称，是楚文化、周文化、吴文化相互融合的地区。鄂东北包括孝感市的孝昌县、大悟县、应城市、云梦县、汉川市、安陆市和黄冈市的黄州区、武穴市、浠水县、蕲春县、黄梅县、团风县、红安县、麻城市、罗田县、英山县等县市。鄂东北地区多为丘陵，山地和平坝与之相连，聚落形态受汉江流域文化影响巨大，民居依河道分布呈现多样化的特征。传统民居受到江西客家先民后裔移民大潮影响，在传统建筑的形态布局、材料选择、营建技术等方面呈现出彼此关联的地方特色。

一、聚落规划与格局

鄂东北按聚落和民居所处位置的地形来看，最具特色的当属位于山凹处的宗族聚落，位于平坝地带的府第和宅屋，以及位于山顶的堡寨。宗族聚落规模都相对较大，讲究山水格局，而且历史演进的痕迹相对比较清晰。府第宅屋形制丰富，有的规模宏大，甚至独屋成村，有的大屋格局与江西的围屋颇为相近。山寨既有军事山寨，也有民防山寨，与居住、兵屯的距离及关系根据其远近也有好几种类型。

选址布局不像中部地区那样讲究宗法礼制，但还是存在风水讲究，更注重依附地形，自然布局，让地为田。民居样式单一，实用为主，墙体较厚，晒台为重要组成部分。

鄂东北传统民居多为合院式，天井成为人们生活劳作的空间。鄂东北的天井较大，具有自然采光通风和排水的作用。建筑布局注重依附于地形，且院落、室内外均有高差，布局灵活，错落有致。民居建筑立面多为五开间或三开间，轴线对称，中间为厅堂，两边为厢房，主入口设在中轴线的明间，常常凹进1~2米。有时为了满足风水的要求，刻意地将主入口偏转一个角度，面向远处的山峰，称为"望山"。

鄂东北传统民居受徽州民居影响，马头墙和挑檐的细部做法与徽州民居相似，但组合形式更加丰富。建筑的构造具有一定的地域特色，如穿斗、抬梁和插梁式结构的灵活运用，以大斜撑增加挑檐深度等。入口大门常用青条石做门套，上设砖雕门罩，细部装饰如墀头、柱础、栏杆、门扇的雕刻，体现了当地工匠精湛的技艺和简朴大方的建筑风格。

二、传统建筑风格及元素

构成：街、院

色彩：黑、白、灰

风格：厚（重）、（敦）实

内涵：中庸

鄂东北传统民居的主立面多为五开间或三开间，轴线对称，中间为较宽的厅堂，两边为厢房卧室，主入口设在中轴的明间上，且常常采用"凹进式"的手法向内收进1~2米，有时为更好地满足风水的要求，还刻意将入口偏转一个角度使其能够对着远处的山坳，这在风水上称之为"望山"，红安的吴氏祠和罗田的新屋垸均可看到这样的手法。也有少数受基地限制，立面为两开间，住宅入口则不设在轴线上，如罗田胜利镇屯兵堡街上的住宅。传统民居入口大门一般采用青石板做门套，其上做砖雕门罩。

鄂东北传统民居的外墙下部勒脚多为青石砌筑，可防止雨雪风霜和地下潮气的侵蚀，增强民居的整体稳定性，上部为加厚的清水砖墙，以增强保温性能。还有一些传统民居建筑在墙体上采用透空的方式，称为漏明墙。漏明墙运用在建筑外墙或合院内部形成空透效果，既可减轻自重，也能突破大面积墙面的单调感觉，还起到通风采光的作用，如罗田的新屋垸。

鄂东北传统民居在一些建筑符号的采用上与徽州传统民居有很多相似之处，如民居檐下挑砖，山墙一般作为马头墙，其主要作用是防火防盗。

三、传统建筑结构特点及材料应用

鄂东北民居建筑多依附于其特殊的地形，以合院式布局居多，房屋与墙四面围合，中间形成天井，为适应多雨的气候。一般说来，鄂东北地区的天井比江汉平原的天井大，比北方中原地区庭院小。单披檐与双披檐构造做法也为鄂东北地区的特色处理方法，用来塑造半公共、半私密的檐下空间。

鄂东北地区的构架特点表现有大斜撑、穿梁外挑屋檐等。

鄂东北民居山墙多以人字形、直线形及云形组合成丰富的变化，以简洁的马头山墙和层层挑出的砖砌墀头为明显的地域性建筑符号。山墙有三叠式或五叠式的阶梯形。三角形小马头墙，其山墙垂脊略高于坡屋面，并与正面檐墙墀头相连。弧形山墙分为单弧面和多弧面，多弧面由2～4段半圆弧以3～5层叠涩而成，形态圆润柔美。山墙下部的青石勒脚可以防止雨雪和地下潮气的侵蚀，上部为加厚的清水砖墙，以增强保温性能。镂空石雕花窗也是当地的建筑特色，使建筑外墙或合院内墙形成空透效果，同时还起到通风采光的作用。

鄂东北地区屋顶多为硬山，屋檐下不同的挑砖形式成也为当地的传统特色。讲究的檐口装饰多采用灰塑寿字纹、金钱纹浮雕、宝瓶墀头等符号装饰。

入口常采用望山式入口、壁柱夹槽门、牌楼式入口、八字槽门，以及凹入或外凸等变化。采用隔扇门窗分隔空间，加强室内外的联系，造型灵巧通透。五开间或三开间立面，轴线对称，中间为较宽的厅堂，两边为厢房卧室，主入口设于中轴线明间上。

四、传统建筑装饰与细节

鄂东北传统民居的细部装饰与构造具有一定的特色，比较多地表现在屋角的墀头、门框的雕刻、封火山墙、各种柱础、抱鼓石、栏杆以及门窗上栩栩如生的雕刻与彩绘上。

民居内部的门窗、隔板是装饰的重点，且以"漏"为门窗构造的主题。通透灵巧的隔扇窗门把室外景色分割成许多美丽的画面，具有剪纸一样的黑白效果，加强了室内外空间的联系。窗扇各式各样的花纹，有横竖棂子、福字雕花，动物花卉等图案，也有来自中国道教文化中的太极八卦以及古老的民间传说，多用来表达吉祥如意、福禄寿喜等美好愿望的寓意。如红安吴氏祠的栏板上雕刻有武汉三镇的图案，生动活泼，实属罕见。还有许多构件如柱础、抱鼓石、栏杆、挑手、斜撑等都集中体现了工匠精湛的技艺和简朴大方的建筑风格。

五、典型传统建筑分析

（一）浠水文庙

浠水文庙为清代祭祀建筑，位于浠水城东南隅，建筑坐北朝南，现仅存棂星门、大成殿、崇圣祠、尊经阁。

大成殿为浠水文庙的主体建筑，重檐歇山顶，面阔三间。屋面造型在重檐中部升起，形成三重檐屋面的效果，丰富了主立面轮廓，是湖北建筑的常见手法(图7-1-1)。浠水文庙棂星门为四柱三开间石牌坊，石雕狮、象柱礅石、石雕狮子柱头，均有鲜明的个性。石梁上的飞凤浮雕、镂空花饰、门簪式石柱以及顶部的火焰纹雕刻，均表现出楚地建筑空灵的艺术特色。（图7-1-2）

图7-1-1　浠水文庙大成殿（来源：《荆楚建筑风格研究》）

（二）万年台

万年台为清代戏楼，位于浠水马垅镇福主村。戏楼建在1.8米高的青石台上，平面呈"凸"字形，重檐歇山式建筑，檐下施如意斗栱（图7-1-3）。万年台戏楼舞台顶棚施阴阳八卦图案，舞台口上方为精美的云龙纹高浮雕，牌匾上方也有精细的戏曲场景透雕，均体现出高超的技艺。（图7-1-4）

（三）五祖寺

五祖寺又名东山寺，清代寺院，位于黄梅城东，禅宗五祖大满禅师弘忍创建，现尚存麻城殿（毗卢殿）、圣母殿、千佛殿、真身殿等建筑。

寺庙立面极其考究。正立面以大面的明黄色墙面为基调，拱门入口处以四柱三开间的牌楼作强调，牌楼柱体为

图7-1-2　棂星门（来源：《荆楚建筑风格研究》）

图7-1-4　戏楼顶部（来源：《荆楚建筑风格研究》）

图7-1-3　万年台（来源：《荆楚建筑风格研究》）

图7-1-5　五祖寺毗卢殿（来源：《荆楚建筑风格研究》）

暗红色，额枋采用蓝色和绿色搭配，牌楼屋檐采用三层斗栱出挑，檐下配以蓝、黄、红色彩画，彩画以曲样线条勾勒为主，细致精美，色彩搭配巧妙，既丰富又统一。（图7-1-5，图7-1-6）

（四）泗洲寺

泗洲寺为清代佛教寺院，位于云梦下辛店，坐北朝南，占地面积336平方米，现尚存正殿与鼓楼，均为重檐歇山顶。正殿立面造型简洁，在墙面直接起斗栱承重飞檐的构造形式，给人以空灵之感。（图7-1-7，图7-1-8）

（五）五脑山庙

五脑山庙又名紫微侯庙、帝王庙，俗称天星观，清代道教建筑，位于麻城五脑山南麓。

建筑依山而建，坐北朝南，从上至下，依次建有精心亭、一天门、二天门、紫微宫、拜殿、帝王殿、娘娘殿、祖师殿及钟鼓楼等建筑。其中，娘娘殿的屋面用铁质筒板瓦，该瓦为明代嘉靖年间的遗物（图7-1-9），采用半开敞式布局，通过大台阶和两侧券门形成前后左右的交通联系，山墙有起伏优美的龙形屋脊。（图7-1-10）

图7-1-6　五祖寺圣母殿（来源：《荆楚建筑风格研究》）

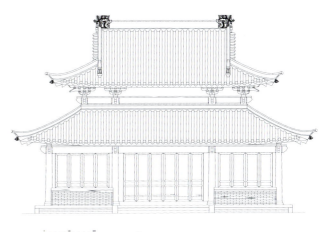

泗洲寺正殿正立面图

图7-1-8　泗洲寺正殿立面图（来源：《荆楚建筑风格研究》）

图7-1-7　泗洲寺（来源：《荆楚建筑风格研究》）

图7-1-9　五脑山庙（来源：《荆楚建筑风格研究》）

图7-1-10 拜殿（来源：《荆楚建筑风格研究》）

（六）毗卢塔

毗卢塔又名慈云塔、真身塔，唐代佛塔，位于黄梅四祖寺，禅宗四祖道信圆寂于此。亭阁式砖塔，通高约11米。坐南朝北，塔外形平面呈正方形，塔基边长10米。

毗卢塔全为砖砌，一层石础上，内收三层砖砌基础。在方形平面上，砌出外凸的墙体，在券门上方，加有宝瓶轮廓的套纹，在四面墙上方，刻有诸佛的法号。檐口砖砌叠拱，重檐攒尖顶，铸铁覆莲宝顶（图7-1-11）；须弥座上刻精美的卷草浮雕，具有明显的唐风（图7-1-12）；翼角曲线与墙身曲线连为一体，呈优美的流线型。檐口斗栱采用外挑实板栱，体现了砖砌体结构的简洁性。毗卢塔立面造型厚重而不失精细，墙身向外拱出的造型给人以奇幻之感。（图7-1-13，图7-1-14）

图7-1-11 毗卢塔（来源：《荆楚建筑风格研究》）

图7-1-14 正立面图（来源：《荆楚建筑风格研究》）

图7-1-12 基座细部（来源：《荆楚建筑风格研究》）

图7-1-13 檐口细部（来源：《荆楚建筑风格研究》）

(七)东坡赤壁

东坡赤壁为清代纪念建筑,位于黄冈市黄州区,为纪念三国赤壁大战而建。

建于山体挡墙与磴道之间,采用券式门楼,成为主景区重要的过渡性建筑(图7-1-15)。位于黄冈市黄州区,现有二赋堂、坡仙亭、睡仙亭、问鹤亭、放龟亭、涵晖楼等传统建筑(图7-1-16)。

(八)红安七里坪镇长胜街及民居

七里坪镇位于湖北省红安县北部鄂豫两省交界处,天台山脚下,倒水河东岸,曾是历代军事要冲,是鄂豫皖三省交界的重要贸易集散集镇之一,大革命时期是鄂豫皖苏区政府所在地,革命遗存丰富,现在则是红安北部的政治、经济、文化中心。2005年公布为全国历史文化名镇。

镇内现存的长胜街原名正街,始建于明末清初,后因百姓企盼太平军长打胜仗而改名为长胜街,全街长约800米,宽4~6米。1930年,为了纪念广州起义牺牲的领导人彭湃和杨殷,命名正街中段为"杨殷街"、正街南段为"正红街",集中了14处重要的革命历史遗迹,是七里坪的精华所在,有国家级重点文物保护单位7处。

七里坪镇坐落于依山傍水的丘陵地带,与周围的山、水和谐共存,呈现出"三面河水抱平地,四周山势锁古镇"的空间格局。从元代至明清,共修建了长胜街、河西街、东后街、解放街、和平街5条街道,街道因地就势,弯曲而平缓。

长胜街共有明清建筑128栋,风貌完整。前店后宅式街屋建筑居多,一般为单开间、双开间,天井式与院落式空间布局共存,少量为天井院子式建筑。(图7-1-17~图7-1-20)

图7-1-15 券式门楼(来源:《荆楚建筑风格研究》)

图7-1-16 东坡赤壁(来源:《荆楚建筑风格研究》)

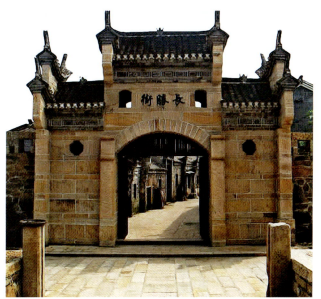

图7-1-17 牌坊(来源:《湖北传统民居》)

图7-1-18 街道（来源：《湖北传统民居》）

图7-1-19 鸟瞰（来源：《湖北传统民居》）

图7-1-20 石牌楼门，由壁柱、拱门、拱窗夹牌匾形成变化
（来源：《"荆楚派"村镇风貌规划与民居建筑风格设计导则》）

（九）长胜街65号民宅

建于1931年，位于红安七里坪长胜街，现为全国重点文物保护单位。

建筑坐东朝西，总面积292.3平方米。砖木结构，硬山顶，瓦铺盖，进深两进，面阔五间，中间是一个狭长的环槽天井，两边是耳房，耳房与前厅以木质隔断分隔；后排五间，后及左右厢房比前厅稍低，梁架的形式、用材也没有前厅讲究。

后室内有四匹插梁木屋架，屋架搭在前后檐柱上，室内无木柱搁在石雕柱础上。前后檐出檐较少，天井出檐较深，高4.5米。天井四周为木雕隔扇门，雕刻有八仙过海等图，可以根据需要开启或关闭，调整室内采光和通风。结构所用的木料、砖石均来自当地。结合屋面构造，屋顶局部引导自然光线，使得室内采光良好。（图7-1-21~图7-1-25）

图7-1-21 外景（来源：《湖北传统民居》）

图7-1-22 内景（来源：《湖北传统民居》）

图7-1-25 托梁抬柱，设穿梁外挑屋檐；下实上虚的室内隔屏（来源：《"荆楚派"村镇风貌规划与民居建筑风格设计导则》）

图7-1-23 外立面局部（来源：《湖北传统民居》）

图7-1-24 木雕（来源：《湖北传统民居》）

（十）红安潘氏祠堂

建于1926年。现位于红安七里坪长胜街10号，全国重点文物保护单位。1926年冬在中国共产党的组织下，七里坪各商店的店员组织成立的店员工会以及1927年春在黄安县总工会的领导下成立的七里坪工会，都在此办公。

建筑坐东朝西，建筑面积210平方米。砖木结构，单檐硬山顶，布瓦铺盖，面阔两间，前后三进。大门在左间，为双马头式大门，石库门石条以石雕装饰，内凹门洞一人高处装饰有砖雕，以浅浮雕为主，形象生动，线条简练而有力，色彩淡雅。门两侧各有一矩形抱鼓石，雕刻精美，使门口部分十分突出。进门处有一小过厅，右侧为卧室，两进间有一大天池，天池四周开木隔扇门，门板雕花复杂且各不相同；两开间中为一匹抬梁式木构架，山墙搁檩承重，木构架不对称，靠天井一侧以檐柱挑檐，檐柱下柱础底座为八棱柱，顶部为圆鼓形。二进是正房，左间为厅堂，右间为上房。两间均对天井开木雕隔扇门、屋顶上设亮瓦。第三进是辅助用房，设一小天池。（图7-1-26～图7-1-28）

（十一）红安秦氏祠

建于清道光年间。现位于红安七里坪镇盐店河村。

祠堂为三进五开间，四合院式，占地面积678.6平方米，硬山布瓦顶，砖木结构。秦氏祠曾为红二十八军抗日干部训练班旧址。1937年10月，红二十八军在此举办两期抗日游击干部训练班，培训红军和地方干部300余人；同年底，中共湖北省委举办的青年培训班迁此，至1938年3月结束，青年培训班共举办三期，培训学员400余人。（图7-1-29~图7-1-31）

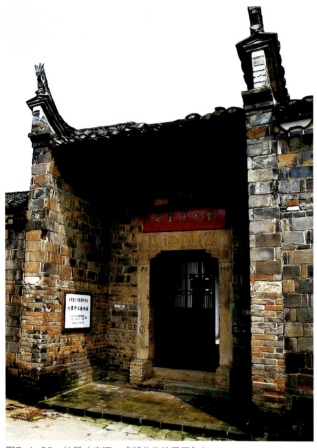

图7-1-26 外景（来源：《湖北传统民居》）

图7-1-28 梁架（来源：《湖北传统民居》）

图7-1-27 内景（来源：《湖北传统民居》）

图7-1-29 外景（来源：《湖北传统民居》）

（十二）红安八里湾镇陡山村吴氏祠

建于乾隆二十七年（1762年），光绪二十七年(1901年)扩建。现位于八里湾镇陡山村，湖北省重点文物保护单位。

祠堂坐北朝南，占地面积约1410平方米。四合院式布局，有戏楼、中厅、正殿及偏房，封火山墙。通面阔五间25米，通进深56米。戏楼平面呈"凸"字形，分前后台，前台单檐歇山灰瓦顶，后台单檐硬山灰瓦顶；明间屋顶高出次、梢间2.5米，分上、下层；中厅、正殿为单檐硬山灰瓦顶，明间抬梁式构架，次、梢间穿斗式构架。（图7-1-32~图7-1-36）

（十三）罗田胜利镇屯兵堡街及民居

罗田胜利镇地处大别山南麓，鄂皖交界的雄关险隘松子关下，是罗田西北部重要的政治、经济和文化中心，同时也是周边地区边贸商品的重要集散地。镇内现存的屯兵堡街，具有较好的明清街巷风貌，是胜利镇老城核心区域，具备"街即是镇"的格局特征。胜利镇屯兵堡街的形成发展与当地军事斗争史密切相关，同时它在历史上又是以经济功能为主的小城镇。军事因素和商业因素是主导当地城镇发展的两大核心要素，其形成和发展的过程可以概括为"兴于兵事，盛于商驿"。革命

图7-1-30 远景（来源：《湖北传统民居》）

图7-1-32 山墙立面（来源：《湖北传统民居》）

图7-1-31 三合院前设廊屋，以休憩空间分隔池塘和天井
（来源：《"荆楚派"村镇风貌规划与民居建筑风格设计导则》）

图7-1-33 外景（来源：《湖北传统民居》）

图7-1-34 "人"字形、直线形及云形山墙组合；直线上翘的脊翼和翼角（来源：《"荆楚派"村镇风貌规划与民居建筑风格设计导则》）

图7-1-35 雕饰精细复杂，但结构关系清晰（来源：《"荆楚派"村镇风貌规划与民居建筑风格设计导则》）

图7-1-36 隔断：通过虚实变化突出中间的福字（来源：《"荆楚派"村镇风貌规划与民居建筑风格设计导则》）

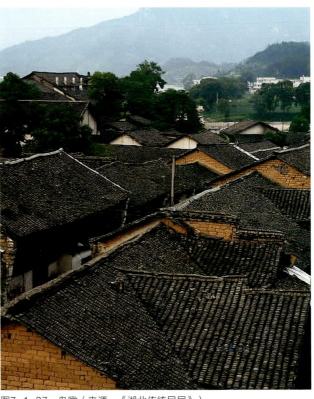

图7-1-37 鸟瞰（来源：《湖北传统民居》）

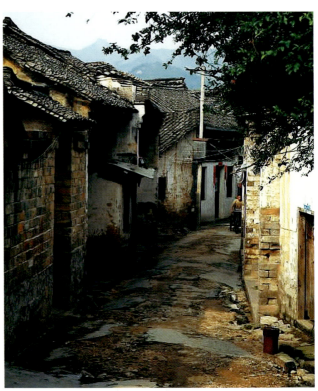

图7-1-38 街道（来源：《湖北传统民居》）

战争年代屯兵堡街的发展几乎停顿,在战火不断摧残的同时,屯兵堡街凭借其在大别山区的重要军事地位,与当地的革命战争有着千丝万缕的联系,并见证了罗田地区中国共产党第一个地下党支部的诞生。(图7-1-37,图7-1-38)

(十四)屯兵堡街83号民宅

建于清代。现位于屯兵堡街三甲街西端,古戏台附近。

建筑为二层砖木结构,面阔三间,抬梁式结构,内部空间较大,临街敞口厅面阔三间,空间完整。建筑中部为两层通高的天斗空间,有天斗和亮瓦采光,此处室内空间较为明亮,是家庭会客和吃饭的公共活动场所。整个内部空间围绕天斗展开,垂直于街道的建筑轴线控制了内部空间形态和建筑立面的构成。天斗左右各布置有厢房,以墙与天斗空间相隔,现空置;厢房一层顶部木格架镂空处搭活动爬梯与二层储藏空间联系。天斗后侧是厨房和其他附属功能用房。

建筑立面不同于其他撑栱单挑出檐的临街建筑,采用在一、二层分隔处挑枋上搭立柱的方式硬挑屋檐,并且在挑檐柱底端配以木雕装饰,形式较为特殊,在整个屯兵堡街中独树一帜。(图7-1-39~图7-1-41)

(十五)屯兵堡街122号民宅

建于清代,现位于屯兵堡街二甲街中端。建筑面阔一间,进深三间,原来是前店后宅式的建筑,现底层住人,上层储物。建筑的临街部分成为住家的堂屋,白天一般大门敞开,成为街道空间的自然延伸。由于人口的增加和居住条件

图7-1-40　清水砖砌柜台及山墙、层层外突的砖砌墀头
(来源:《"荆楚派"村镇风貌规划与民居建筑风格设计导则》)

图7-1-41　通过大斜撑承载托挑檐、下砖上木的立面变化
(来源:《"荆楚派"村镇风貌规划与民居建筑风格设计导则》)

图7-1-39　屯兵堡街83号民宅外景(来源:《湖北传统民居》)

恶化，屋主将堂屋用作卧室，通过隔板划分空间，只留通道联系建筑内外交通。（图7-1-42）

（十六）罗田新屋垸

建于明代，现位于罗田东北部的三省垴脚下。

江西人罗有琦明朝时随大批移民从南昌迁到罗田，家业逐步壮大。1598年，他招募鄂、豫、皖三省名匠，历时5年，盖起气势恢宏的大屋，当地人把它叫作"新屋垸"，并一直延续下来。如今新屋垸内共住着200多居民，大部分居民是罗氏后裔，以农业为主业，保持较为传统和闭塞的生活方式。

新屋垸民居依山傍水而建，南北长168米，东西宽48米，总建筑面积6000平方米。整个建筑群依据东西中轴线、左右对称、主次分明等一套传统建筑布局章法，具有我国古代建筑风格之一的"围龙屋"的特点，即山围水、水围垸、垸围院、院围屋。其大院门楼是新屋垸的装饰重点，门楼形式为条石过梁平拱，呈牌楼样式，中间凸起，两边围墙为布瓦顶，眉檐滴水，用砖层层挑檐，檐下有方砖伸出，砖面及檐墙雕各种人物花纹图案。门楼内侧是戏台，内院面积约400平方米，院内正面及左右两侧各有大门。进入三个门内即有三个生活组团，均有下堂屋、中堂屋、上堂屋，且都有精致的雕花装饰。

各堂屋两侧布置房屋共99间，取"久"的谐音，象征富贵长久，寓意永远进取。新屋垸里共有32口天井，它们全部用花岗石砌成长方形，形成一个约1～2米深的坑。中堂屋与上堂屋之间为走廊，与左右走廊连接，关上前后门，自成一统，可与外界隔绝，屋内各生活组团由长廊相连，既独立又相通。另在主体建筑左侧建有接官亭、舞凤楼、贡马楼。（图7-1-43～图7-1-47）

（十七）麻城王氏祠

建于清嘉庆年间。现位于麻城市黄土岗镇桐枧冲村桐枧冲湾，市级文物保护单位。祠堂坐西朝东，占地面积1200平方米，四合院式布局，面阔36米，进深34米。单檐硬山灰瓦顶，砖木结构。（图7-1-48，图7-1-49）

图7-1-42　屯兵堡街112号民宅外景（来源：《湖北传统民居》）

图7-1-43　侧立面（来源：《湖北传统民居》）

图7-1-44 正立面（来源：《湖北传统民居》）

图7-1-46 通过局部小披檐衔接三种不同样式的山墙，显得自然而富于变化（来源：《"荆楚派"村镇风貌规划与民居建筑风格设计导则》）

图7-1-47 凹入式八字槽门，厚实的过梁、精美的石雕门墩、精细的檐下装饰（来源：《"荆楚派"村镇风貌规划与民居建筑风格设计导则》）

图7-1-45 贴建建筑上留采光槽，形成半天井格局（来源：《"荆楚派"村镇风貌规划与民居建筑风格设计导则》）

图7-1-48 近景（来源：《湖北传统民居》）

（十八）孝昌小河镇环西街及民居

孝昌县小河镇地处大别山向江汉平原的过渡地段，是广水、大悟、黄陂、孝感四地的交汇处。北宋元年间，此地即有街市寺庙。明洪武年间设巡检司以训练甲兵、巡逻城乡，可见当时小河镇已规模初具。解放战争时期，环西街还是刘邓大军对敌作战时重要的军需供应地。

清时镇中主街环西街作为京汉驿道上的驿铺，是当时鄂东北人流、物流、信息流汇集之地，也是孝感北部的政治中心。环西街至今仍保留了明清时的风貌：长1600米的环西街两侧店铺林立，沿街有2米宽的街廊贯通，这种日不晒、雨难淋的街廊，折射出当时小河古镇的商贸繁盛和人文关怀。

小河镇的形成发展与其便捷的水陆交通是密不可分的：小河作为小河镇对外水路交通的切入点，横穿古镇主街——环西街南行注入河，上抵二郎畈（现大悟县城），下至长江口，既可输入南方杂货，又可输出当地土特产品，可以说小河溪孕育了小河古镇。而小河镇作为京广官道上的驿铺腰站的地位，更是促进了小河镇的繁荣昌盛。环西街也具有光荣的革命传统。1927年以后，中国共产党带领小河人民先后摧毁了小河分县政权，成立中共孝感中心县委。（图7-1-50，图7-1-51）

（十九）环西街174号张正太宅

位于中街的张正太宅是一栋三进两天井的街屋，其空间布局序列依次为：街廊→店铺和坊→过堂→天井→堂屋→天井→厨房及储藏。沿街为并排两开间，北侧为坊，南侧为铺。过店铺后，由东西侧的过堂、堂屋和南北侧的檐廊、卧房围合成第一进天井，天井较大，空间尺度接近于合院。第二进天井为半天井形式，尺度小，排屋面雨水是其主要功能。（图7-1-52，图7-1-53）

（二十）大悟双桥镇老街及民居

双桥镇位于湖北大悟县县城以北，距大悟县城12公里、武汉市151公里。全镇地势西高东低，主要河流沿镇东侧流经。南北朝北周时期，此地即有迁徙居民所建民居村落。

图7-1-49 远景（来源：《湖北传统民居》）

图7-1-50 街景（来源：《湖北传统民居》）

图7-1-51 鸟瞰（来源：《湖北传统民居》）

村落南北端于河之上各建一个单孔石桥，以供河两岸通行，故此地名双桥。清康熙年间，由于双桥镇地处孝感县小河镇与三里城驿路之间，水陆交通极为便利，所以形成了集市，并有农历双日为集的习俗。双桥镇亦由此慢慢形成商贸为主的集镇。

双桥街街道长约350米，宽约5米。街道两边多为店宅，以三开间居多，主要经营杂货、染行、粮油、药材及木材。街面满铺青石板，主街蜿蜒转折，除了交通功能，主要进行商品交易活动。三条巷道长约35米，宽2~3米，主要功能为防火、分户以及使得主街购物人群迅速抵达河边码头。（图7-1-54~图7-1-56）

图7-1-54　街景（来源：《湖北传统民居》）

图7-1-52　天井-堂屋（来源：《湖北传统民居》）

图7-1-55　所有瓜柱下均设彩雕木墩（刘宅）
（来源：《"荆楚派"村镇风貌规划与民居建筑风格设计导则》）

图7-1-53　防盗门（来源：《湖北传统民居》）

图7-1-56　砖雕垂花门头，与月牙形屋面形成曲直对比（刘宅）
（来源：《"荆楚派"村镇风貌规划与民居建筑风格设计导则》）

第二节 鄂东北地区（黄冈黄州区）历史文化名城特色解析

一、城市发展的历史变迁

黄州是湖北省历史文化名城，历为州、府、县驻地。黄州之名始于北周大象元年（公元579年），北周军队攻占南司州治黄城后，改南司州为黄州，这是黄州的最早记载。

宏观上的黄州古城，应当有两千多年的历史。早期的黄州古城始于战国初期，接下来，它相继被称之为"邾王城"、"邾城"、"女王城"、"禹王城"、"齐安城"等。到了宋代早期，皇帝注重经济建设。因皇帝不喜欢延续了一千多年的禹王城，为了"政绩"，黄州的州官响应皇帝的号召，往长江边发展，新建了一个宋代的黄州城。北宋初期，从上到下，都没有战备观念。因此，宋代的黄州城选择在平地，城墙也不高。在禹王城和宋代黄州城之间，有一段距离。在这个区域，是荒芜的丘陵和小山坡。宋代黄州城延续到元代，有三百多年的历史。到了明代，靠农民起义当上皇帝的朱家王朝，战备观念强，要黄州的朱家小王爷高筑城墙。于是，在禹王城和宋代黄州城之间荒芜的丘陵和小山坡得到充分利用，这就是明代和清代的黄州古城遗址。

明代和清代的黄州古城遗址，位于今城区的西北角。此古城为明洪武初年从宋元黄州古城址北移二里而建的黄州府城。现城墙土筑体主要集中于胜利南村西背后的一段。黄州区委大院西北侧至汉川门区人武部西侧一段经维修保存完好。原城有四门，即清淮门、一字门、清源门、汉川门，今仅存汉川门。黄州古城东门谓"清淮门"，遗址在今胜利南村北口与胜利北村南口相对应处。今公汽站牌所标"东门"或"小东门"，在东门路与胜利街相交的转盘处，不是黄州古城之东门。

黄州古城，明清两朝为黄州府、黄冈县治所，规模较小，人称"绕城一转，只有七里半"。城围周长1294.2丈，占地面积约142公顷。自20世纪50年代初起，中共黄冈地委、行署，黄冈军分区，中共黄冈县委、黄冈县人民政府等党政军机关均设在城内。黄州古城现已被新城区包围着，古城街道、建筑物大为改观。黄州古城汉川门城门上建有"月波楼"，整个门楼占地面积150.4平方米，其主体为石基砖墙，中间夯筑填土，可分上下两部分，上为楼、下为门。月波楼原为砖木结构，后改造为钢筋水泥结构。屋檐硬山青瓦顶，抬梁式构架，面阔五间，通长20.5米，进深7.8米，通高13.8米。城门洞内地面呈斜坡状，门洞通长12米，宽2.8米，东面垂直高度5.04米，西面垂直高度3.27米，系城区西北面重要的进出通道。1984年，列为黄冈县文物保护单位。2005年，黄冈市人民政府将其列为市级第一批重点文物保护单位。

二、名城传统特色构成要素分析

（一）自然环境

黄冈位于湖北省的东北部，大别山南麓，长江中游北岸，北接河南，东连安徽，南与鄂州、黄石、九江隔江相望。现辖一区（黄州）、二市（武穴、麻城）、七县（红安、罗田、英山、浠水、蕲春、黄梅、团风）和一个县级龙感湖农场。黄冈区位交通得天独厚，其位于楚头吴尾和鄂豫皖赣四省交界处。境内依傍一条黄金水道（长江），自古具有"承东启西、纵贯南北、得天独厚、通江达海"的区位优势。因此，自古以来黄冈就是战略和交通的要道。

黄冈属亚热带大陆性季风气候，江淮小气候区。四季光热界线分明。光照丰富，雨量充足，为植物的生长提供了得天独厚的有利条件。黄冈优越的区位环境和适宜的气候条件使其自古以来就成为人们栖息生活的首选，至今黄冈境内还保存有大量的山寨、村落和传统民居。

（二）人工环境

黄州区东连浠水，北接团风，西南与鄂州隔江相望，距武汉60公里，为湖北省黄冈市委、市政府和黄州区委、区政府两级政府所在地，黄州区现辖4街道、3镇、1乡和1

个经济开发区。

由于拥有漫长、悠久的历史文化，黄州境内古迹较多。主要景点有堵城古遗址螺蛳山、禹王城等；观光名胜地有东坡赤壁、鄂东名刹安国寺、青云宝塔、遗爱湖风景区；还有李四光纪念馆、龙王山风景区等。

（三）人文环境

黄州区由于大批历史名人、名家而声名远扬，李四光纪念馆、赤壁赋遗址等吸引了众多人文历史学家前来研究，不少游客也慕名前来访古。另外还有非常著名的黄冈中学也位于黄州区内，在每年的世界奥林匹克数学、物理、化学竞赛中总能有捷报频频传来。黄冈中学为国家高等学府输送了一批又一批的人才。（图7-2-1）

三、城市肌理

黄州区的主要发源地为遗爱湖西侧，未来发展方向为东北向。一些相对比较大的工业区分布在主城区边缘地带，而一些小片的居住区、行政区和文化区域分散在遗爱湖周围。除了沿河的大型条状绿地，还有一些零星的相对较大但是较之工业用地仍较小的绿地分散在主城区中。

（一）水域空间

黄州区的水域空间位于城区西南部，呈西北东南走向，城区中部分布有若干大小湖泊，形成一带多点的空间布局形态。

（二）道路系统

黄州区内道路的系统呈放射线与方格网相结合的布局，道路网络由城市快速路、主干路、次干路和支路组成。

（三）城市开放空间

黄州区开放空间总体格局为建成区，位于城市西南部，依江而建，沿路口大道向城区中部渗透。

四、历史街区

（一）胜利镇屯兵堡街

1.区位

胜利镇屯兵堡街位于罗田县西北部，东与罗田县薄刀锋农场、大地坳乡接壤，西与麻城市毗邻，南与罗田县河铺镇、廖家坳乡交界，北与本县落梅河乡、安徽省金寨县相连，具备便捷的公路交通区位。镇址距县城凤山镇61公里，距麻城市61公里，距三里贩镇49公里。当地历史上该镇既是边贸镇，又是罗田西北部政治、经济和文化中心，距镇区20公里内的其他乡镇商业流通量均不及此地。

胜利镇是罗田西北部通往外界陆路的必经之处。与此同时，胜利镇对外水上交通便捷，胜利河流经镇南侧，河面开阔，流经地众多，在罗田县和外界的水陆交通中占有重要地位。

军事要地松子关距胜利镇址以北约10公里，两者之间便捷的联系使得胜利镇成为重要的军需物资储备基地和军事指挥中心，具备雄关在前的军事区位。松子关始建于公

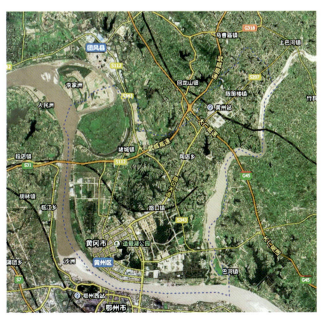

图7-2-1 黄州区地图（来源：百度地图）

元前206年，海拔523米，是罗田西北边境的重要关隘。

我国历史上的重要军事关隘一般都设有后方指挥中心，而附属的军事需求，如粮草、指挥机关、预备部队、军需供应部门都需要驻扎在依山傍水、地势相对平坦、交通便利，同时也具有一定经济职能的城镇。胜利镇具备较好的经济基础，同时与松子关之间的交通十分便利，军队的调遣和驻扎都十分便捷，是松子关附近方圆几十公里范围内最适合作为军事后勤基地的地点。（图7-2-2）

2. 街区的形成过程

胜利镇屯兵堡街的沿革可以概括为"兴于兵事、盛于商贸"，其原始雏形属于应商贸往来而自然形成的民建村镇。

屯兵堡街产生、发展和演变过程主要受到军事因素和经济因素的综合作用，其演化过程分为五个阶段：

第一期：商市形成、店铺分散（宋朝末年至明朝嘉靖二十二年）。

第二期：商市繁荣、街道形成（明朝嘉靖二十二年至1926年）。

第三期：战火不断、街道残败（1926~1949年）。

第四期：街道百废待兴、城镇发展缓慢（1949~1988年）。

第五期：街道颓废、重心外移（1988年至今）。

军事和经济因素在胜利镇屯兵堡街形成、发展和演变的过程中起了至关重要的作用，它们不仅是城镇的核心职能，同时也是分析胜利镇屯兵堡演化特征的两个重要切入点。

1）兴于兵事

罗田地区历史上战事频繁，尤其是农民起义居多，成为地方安定的不稳定因素。历代浓郁的战争气氛决定了统治者在该地区有军事驻留的必要性。纵观罗田地区历代战争、战事频繁，虽然单次持续时间不长，但频率高，以农民起义居多，这和罗田地区多变的山区地貌、易守难攻以及本地居民性格彪悍等特点是分不开的。胜利镇本身自然环境龙水锁喉，易守难攻，与距镇以北10公里的著名的险关松子关相互呼应，是军事后勤基地的理想之所。其镇址周边理想的自然环境和自身的经济基础又为军事需求提供了物质保证，具备两方面有利条件的胜利镇屯兵堡街因此具备重要的战略地位，成为历代兵家必争之地。

2）盛于商贸

宋代以后，中国古代商业发展经历了一次革命性变化，严格控制的里坊制度逐渐被摒弃，中国社会商业发展进入更深的层次。商市的分布产生了重大变化，突破了集中市肆的方式，出现了沿街道分布，繁华的商业街。这是城镇经济发展的必然结果，同时也符合人民生活的需求。宋代以后，商业、城市手工业、交通运输业都有比较大的发展，胜利镇的商市也正是从北宋以后开始形成的。胜利镇屯兵堡街这个深山集镇一直是本地和邻省、邻县的物资集散地。罗田的板栗、甜柿、获等、罗猪、罗米和罗苍术等地方特产和外地的土产以胜家堡(胜利镇)为交易中转站互通有无。同时，茶叶、棉、盐等基本生活资料的长距离贩运也途径胜家堡。明代胜家堡与石桥镇、平湖关、多云镇并列为罗田县四大集镇。

随着经济活动的扩张和经济形态的发展，城镇的社会形态和城镇空间也相应地发生改变。屯兵堡街经济活动的形态以交坎为主，同时包括一定数量的手工业作坊，各地客商纷纷到此交换商品，买卖交易，屯兵堡街进而演变为居、商、

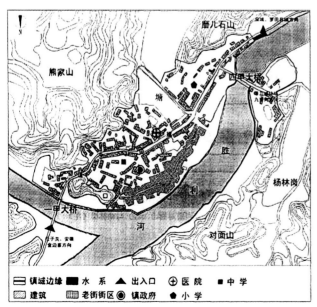

图7-2-2 胜利镇现状平面图（来源：《地方志》）

军混合的复合功能街道。改革开放以后，胜利镇发挥区位优势，大力建设基础设施，促进了城镇经济发展，与此同时，由于经济中心的内移，在经济因素的作用之下，屯兵堡街也随之蜕变为以居住为主的生活性街道。

3）兵商并举

屯兵堡街演化表现为军事因素和经济因素结合发展，相互促进，在某种情况之下相互制约的历史进程。

胜利镇屯兵堡街在以经济因素和军事因素为主导的历史演化进程中共分为五个阶段，街道从荒芜走向了兴盛，又从兴盛回到了平静，其曲折变化的发展历程从一个侧面反映了整个中国社会在这段历史时期之内的发展与变化。胜利镇的空间格局由胜利河、磨儿石山、熊家山与胜利河对岸的对面山共同控制，形成"三山一镇一河"的自然空间格局图式。由山水组成的地形地貌是古镇空间格局的环境框架，也为人工环境的建设定下了基调。胜利镇坐落于三山环抱之中的平坦地面之上，胜利河从侧流经城镇。山水组成的自然界面成了胜利镇镇域空间的边界，经过巧妙的村镇布局，人工与自然共同构筑了和谐的空间格局。（图7-2-3）

两街平行、重心转移：胜利镇址的商业交换活动开始于宋朝末年，由于便利的区位优势，当地成为周边地区商品交换的中转场所。宋代这里只有零星的七八家商铺，形态松散。到了明代，当地因兵而兴，在军事、商业和居住几种因素的共同作用之下，形成了屯兵堡街。街道东西方向联系镇域的两个出入口，以线性的街道空间控制全镇，形成"一镇一街，街即是镇"的空间格局。

随着中国资本主义制度萌芽的兴起，区域间的经济来往日益密切，屯兵堡的商业活动也更加繁荣，经贸的发展带来了人口增加与古镇规模的扩大。新中国成立以后，由于战乱停止，当地经济缓慢地进一步发展。由于屯兵堡街线性的街道空间有限，无法容纳全镇所有功能扩张的需求，交通体系随着古镇建设需求而发生变化，由单向线性街道向多元化交通体系转变，全镇的重心也逐渐向内部腹地转移。这种转移的趋势在我国改革开放以后越发显著。随着胜利镇与麻城、本县木子店、罗田县城和安徽金边寨的公路交通系统的建成，1963年一甲大桥和四甲大桥的兴建，胜利镇对外交通发生了巨大变化，全镇迎来了经济发展的新时期。1995年建成通车的建设大道是胜利镇发展的历史性转折点，胜利镇"一镇两街"的格局正式形成，城镇由于有利区位优势而带来的商业潜力由于建设大道的兴建得以体现，如今的建设大道两旁商贾林立，人潮汹涌。相比之下，屯兵堡街由于其空间尺度的限制，而逐渐退出了胜利

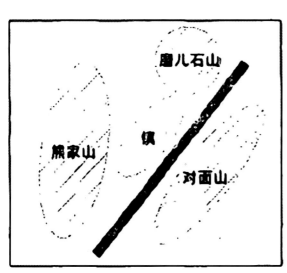

图7-2-3 自然空间格局（来源：《地方志》）

图7-2-4 "一镇两街"格局图（来源：《地方志》）

镇的经济舞台，沦为以居住为主的街道。（图7-2-4）

居住和商业是屯兵堡街具备的基本功能，它们相辅相成，互相促进：一方面，居住人口增加会带来更多的商业需求；另一方面，商业的兴旺也会带来人口增长的驱动和农业的发展。

屯兵堡街始建于明代，在相对落后的建造技术条件之下仍然考虑了防火和防水等功能，为人民的生活和商业的运作提供了舒适和安全的环境。屯兵堡街沿街界面主要由连续的二层砖木结构建筑组成，连续的街道界面开敞通透，有利于买卖双方相互交流，促进了商业发展。

3. 街区空间特色

屯兵堡街以其独特的"一线二点四甲"的街道空间结构和"沿河节地多变"的街道空间形态展示出独特的街道空间韵味，与大多数冷漠、缺乏人情味的现代街道相比，屯兵堡街融洽的社会交往与和谐的街道气氛显得弥足珍贵。街道空间处理对于小范围内的街道社会生活形态产生了良性的作用，对现在的城市空间设计有一定的借鉴价值，从其空间的艺术手法中可以总结出以下几点经验：

1）街道空间结构与社会结构的统一，在整体空间系统中利用公共空间或者设施有机联系各个子系统，形成既独立又统一的空间链接模式。

2）尊重自然、利用自然的空间建构思想，自然要素对于城市或者城镇空间具有独特的重要作用，有利于形成与自然相和谐的生态环境格局。

3）交往尺度与空间尺度相协调，有利于形成良好的交往环境，提高了社会生活质量，创造安定祥和的气氛。

4）街道中各种功能的设置，可以促进各种街道生活的相互诱发，让活动带动生活，形成丰富和谐的社会生活。

4. 修复与保护重点

利用屯兵堡街周边龙水皆备、街巷内部曲折多变的特征，以创造"外围绿意盎然的诗情画意、内核生机勃勃的都市生活"之现代化传统街区为空间目标，同时与建设大道产生有机空间联系，具体手段包括：首先，通过拆除现有建筑，在屯兵堡街与建设大道之间设置开敞绿化空间，使得新街与旧街在空间上和功能上有机结合，自然过渡。设置4个主要出入口，保留建设大道上原有的三个通路，分别为古戏台节点、集贸市场节点和屯兵堡街西端入口。拆除屯兵堡街东端一甲部分临山建筑，将街道入口设置于一甲转折处，露出山体，强化原有街道形态和景观意象。其次，整条街延续原有"一线、两点、四甲"的空间结构，街道原空间界面和空间尺度四甲街道内部的街巷空间肌理基本保持不变，新的建设内容必须以维持原有空间尺度和风貌为原则。

屯兵堡街现有街巷空间基本维持了原始格局，良好的街巷空间尺度衍生出和谐安详的街道生活。对其保护并利用、规划，首先应该完善现有空间格局，延续街区的轮廓线，修缮沿街建筑立面，严禁二层出挑等形式破坏街巷空间风貌。街道铺设应该统一改造，改变现有泥路或者水泥路面，参照湖北其他地区传统街道的铺设方式来进行，以原始的青灰色石板按照街道曲率有规律铺设，烘托街巷空间的整体性。

五、传统特色构成要素

自然环境		
自然	山脉	大别山、烽火山、龙王山等
	江湖	长江、蔡家潭、余家潭、白潭湖、遗爱湖、幸福水库等
环境	气候	亚热带季风性湿润气候，四季分明，光能充足，热量丰富，无霜期长，降水充沛
	特产	黄州烧梅、黄州豆腐、黄州萝卜、东坡菜、东坡小吃、东坡酒等

续表

人工环境	古城格局	古城墙遗址、方形城廓、方格网状道路系统
	文物古迹	安国寺、青云塔、月波楼、考棚、青砖湖遗址、古城墙等
	民居街巷	坡仙路、汉川门路、阮家凉亭路、胜利街、考棚街等
	墓葬胜迹	明楚王墓、鲁台山古墓群、陈友谅墓等
	古文化遗址	禹王城(邾城)遗址、螺蛳山古文化遗址、霸城山古文化遗址等
人文环境	历史人物	程明超、王家重、胡伊默、钟图南、余鸣歧、王文俊、陈洪九、刘子壮、陈潭秋、刘少卿
	宗教信仰	佛教、天主教、道教、基督教等
	岁时节庆	春节、元宵节、清明节、立夏节、端午节、中秋节、重阳节、寒衣节、下元节、腊八节、祭灶节、除夕等
	民俗文化	荡腔锣鼓、戏子架、黄梅小调、丝弦锣鼓、黄冈善书等
城市肌理	水域空间	一带多点的空间布局形态
	道路系统	放射线与方格网相结合布局
	城市开放空间	建成区位于城市西南部，依江而建，沿路口大道向城区中部渗透

六、风格特点

城市特色	革命之乡、湖北省民间文化艺术之乡
街区特点	街区布局灵活、错落有致，且依附于地形
材料建构	木构架、青石、青瓦
符号点缀	马头墙、镂空石雕花窗、灰塑寿字纹、金钱纹浮雕、宝瓶墀头

下篇：湖北传统建筑文化传承与发展

第八章　荆楚近代建筑研究

　　湖北近代建筑在百年的历史中不断发展，特别是汉口开埠以来，受西方文化的影响而产生的建筑及其外部历史空间环境，丰富了湖北的建筑类型，同时创造了一系列中西合璧的建筑。为适应湖北地区夏热冬冷多雨的气候特征，也产生了天斗、外檐挑廊等构造特色。这些湖北近代建筑无声地记录着近代以来的城市以及社会的变迁，展现着荆楚建筑文化的魅力。与此同时，荆楚近代建筑也为当代建筑创作提供源源不断的灵感源泉，从适应地域气候到集体记忆展现再到城市肌理。对于近代建筑中具有重要价值的建筑单体或建筑群，采取适当有效的措施进行保护和利用，使其在当代社会的发展中依旧能焕发活力，增强其生命力，这也是历史建筑实现可持续发展的重要途径。

第一节　湖北近代建筑概况

1840年鸦片战争爆发，中国开始由封建社会沦为半殖民地、半封建社会。湖北作为中国近代工业、近代教育与近代军事的中心，跌宕起伏于历史的狂潮中，在中国近代史上具有特殊的地位。湖北近代建筑无声地记录着湖北近代社会和城市的沧桑历程，一方面具有强烈的地域特色，另一方面也具有深刻的时代烙印。

一、近代建筑的发展分期

（一）形成期

1861年汉口开埠、1876年宜昌开埠、1895年沙市开埠。1861年至1911年湖北近代建筑进入形成期，出现了领事馆、教堂、工厂、医院、里分住宅、俱乐部等新的建筑类型。建筑以西方风格为主，规模较小，通常采用中国技术，砖木结构，在建筑风格上表现为洋风初入时期的中西混杂。

1860~1895年的清朝洋务运动，建设了一批官办军事工业与官督商办企业，1890年建成的汉阳钢铁厂是中国第一个近代钢铁企业。

（二）兴盛期

新建筑体系在1912年至1926年形成，租界区发展为城市主体，建筑类型齐全，出现了钢筋混凝土结构的建筑，租界区建筑多采用西方古典主义建筑风格，立面构图严谨、装饰线脚丰富。

（三）成熟期

1927年至1937年，湖北近代建筑活动进入鼎盛时期，出现了向现代主义建筑过渡的趋势。中国建筑师走上湖北建筑舞台，追求民族形式，形成了中西合璧的近代建筑风格。

（四）衰落期

1938年至1949年为湖北近代建筑的衰落期。抗日战争爆发后建设活动基本停滞，抗战胜利后建筑活动有所恢复，内战爆发后湖北近代建筑走向衰落。

二、近代建筑的分布特点

借长江之利，外国殖民者在长江沿岸相继开埠。主要集中于武汉、沙市与宜昌三地，外国殖民者在这里留下了数量巨大、形式多样的近代建筑。其中在武汉租界区内，兴建了大量的领事馆、洋行、别墅等建筑类型。湖北其他地区近代建筑较少，零星散见于其他中小城市与村镇，主要为少量的宗教建筑、工业建筑、民用与居住建筑。这也从另一侧面体现出近代中国半封建半殖民地的社会性质。

汉口近代建筑主要分布在租界区及华商买办创建的模范区，武昌近代建筑主要分布在昙华林、珞珈山及其他文

图8-1-1　武汉近代建筑分布图（来源：《湖北近代建筑》）

教区。（图 8-1-1）宜昌及沙市的近代建筑主要分布在沿江地段。（图 8-1-2，图 8-1-3）

三、近代建筑的发展背景

（一）洋务运动之后，清政府在湖北兴办工厂、办公楼、学堂等，推动湖北近代建筑的发展

经过两次鸦片战争后，清政府为挽救统治危机而分裂出洋务派和顽固派。洋务派主张利用西方先进生产技术，强兵富国，摆脱困境，利用资本主义发展的工商业手段来维护清朝的封建统治。19 世纪 60～90 年代，洋务派在全国各地掀起了师夷长技以自强的改良运动——洋务运动。继曾国藩、李鸿章和左宗棠之后，在洋务派赫赫声势大见衰落之际，最后一个代表人物张之洞在清朝中央政府的支持下，于担任总督的江西、两广和湖北都主持了"新政"，以振兴实业、编练新军、举办文教设施，耸动朝野视听，造成了一种引人注目的新格局。

张之洞推动湖北的工矿事业，兴建了湖北纱布丝麻四局、汉阳铁厂、大冶铁矿、王三石煤矿和江夏马鞍山煤矿，为修筑芦汉铁路开办了汉阳铁厂，以生产铁轨，还组织修筑粤汉铁路，又兼督办川汉铁路，在湖北改进商业和金融业，改良农业，推动湖北近代社会发展的同时，也促进了近代市政建筑、工业建筑、商业建筑、文教建筑等的发展。

（二）殖民者在租界区开展市镇建设，陆续建造为之服务的各类建筑

湖北虽处内地，但有长江之便利，外国殖民者借水路长驱直入，长江沿岸的汉口、宜昌、沙市陆续开埠，逐步成为中外共管、文化混杂的中心城市。租界内建筑活动空前高涨，留下数量巨大、形式多样的近代建筑，如领事馆、工部局、银行、洋行、教堂、饭店、俱乐部、别墅、公寓等建筑。租界成为崭新的、具有西方风格的城市新区，是西方建筑文化快速传播的地段。

（三）外国教会入华修建了大量的教堂、学校、医院、育婴堂等建筑

1844 年，中法《黄埔条约》签订，天主教弛禁，此后弛禁范围又扩展到基督教各教派，西方建筑在一定程度上随教会势力一起扩散到中国各地。长江沿岸的中小城市与村镇受到不同程度的影响，建有不少宗教建筑，如教堂、医院、传教士别墅等。为了弘扬教义，争取教众，外国教会还在湖北的长江沿岸城市修建了学校、医院、育婴堂等慈善建筑。

（四）社会和经济的发展，推动湖北近代建筑的发展

随着社会和经济的发展，湖北大中城市中相继产生了

图 8-1-2　沙市近代建筑分布图（来源：《湖北近代建筑》）

图 8-1-3　宜昌近代建筑分布图（来源：《湖北近代建筑》）

百货公司、游乐场、火车站、邮政局、旅馆、图书馆、博物馆、体育场馆、市镇工程设施、园林等建筑。

（五）地域文化影响湖北近代建筑的发展

江汉平原是我国著名的鱼米之乡，农业发达，是中国重要的粮食产地，也是棉花的主要产区之一。出于地方经济的需求，江汉平原的中小城镇在近代出现了各类农产品加工厂，如砖茶厂、打包厂、蛋厂等。

在继承本地传统居住形态的基础上，吸收近代西方规划思想及住宅设计的优点，近代湖北形成了独特的居住体系——里分。汉口的里分民居是近百年民居文化的一个缩影，也是汉口开埠之后西方低层联排式住宅和中国传统的四合院式建筑的结合体，是东西方文化交流的产物，是"中西建筑文化交融"的标本。

四、近代建筑的主要类型

在1840年鸦片战争至1949年新中国成立的这一时期内，短短百年，内外战争频繁，政治风云变幻。湖北近代建筑受西方文化影响，传统的建筑体系已经不能满足近代社会发展所需的多样功能要求，继而产生了诸多新的功能类型建筑。

（一）建筑单体类

1. 领事馆建筑

领事馆，指缔约国在通商口岸设立的领事机构，包括办公馆舍与领事官邸等。在近代的湖北，随着外国侨民的增多以及外资的大量流入，各宗主国为庇护本国的工商业者，纷纷在湖北设立领事馆，从1861年到1949年，先后有英国、德国（图8-1-4）、俄国、美国（图8-1-5）、瑞典、法国、葡萄牙、丹麦、荷兰、意大利等多个国家在武汉设立总领事馆。

领事馆建筑特征：

1）平面布置内敛规整，办公馆舍布局形式大都是"一"字形和"回"字形，多用装饰优美的院墙或栏杆形成封闭的庭院，建筑主入口多居中设置，使得整体建筑呈对称样式。

2）大多设置半地下室或架空层，增设通风口，取得隔潮通风效果。

3）立面造型轻巧别致，通常设有四周连通的外廊或"L"形外廊，既能遮阳又能通风。另外为适应湖北湿热的气候特征，开窗尺度较大，使得立面效果较为通透。

2. 洋行与公司建筑

洋行与公司建筑，指1949年前外国资本家在中国开设的商行、专与外国商人做买卖的商行以及华人自办的民族工商企业。汉口开埠后，各国洋行纷纷进入湖北，湖北省近代贸易由此开始。外资的进入，在一定程度上激发了国内投资兴办企业的积极性，民族资本主义获得了较快的发展。

图8-1-4　汉口德国领事馆（来源：《湖北近代建筑》）

图8-1-5　汉口美国领事馆（来源：《湖北近代建筑》）

洋行与公司建筑特征：

1）开间组合灵活，进深趋于浅薄，体型较大的房屋往往采用对称的平面。

2）立面样式新颖简明。早期建筑多为券廊式，分层处有腰线，偶尔点缀拼花装饰。后期建筑技术提高，立面以古典柱式为基础，突出轴线，注重比例、主从关系。横向多用分段式构图，竖向运用窗的排列划分墙面，窗与墙面或柱子的对比产生了明快的对比效果。（图8-1-6，图8-1-7）

3. 宾馆建筑

宾馆建筑，指宾馆、旅馆、饭店、客店、旅栈等各式临时性居住场所及设施。湖北的汉口、宜昌与沙市都是近代闻名全国的繁华商业都市，迅猛发展的贸易带来了大量的外来流动人口，从前的老式客栈再也不能满足当时人们，特别是达官显贵与外国殖民者的住宿需要，于是在租界区内开始出现西式宾馆建筑，并得到迅速发展，影响至今。（图8-1-8，图8-1-9）

宾馆建筑特征：

1）选址多位于繁华的商业街区和路口，交通便利。十

图8-1-8　德明饭店（来源：《湖北近代建筑》）

图8-1-6　立兴洋行（来源：《湖北近代建筑》）

图8-1-7　三北轮船公司（来源：《湖北近代建筑》）

图8-1-9　璇宫饭店（来源：《湖北近代建筑》）

分注重平面使用功能和布局，底层一般设有办公、接待、商场和餐厅等，上层为客房。

2）在立面处理上，多采用三段式构图，常用贯穿的壁柱和线脚进行立面划分，在细节处理上力求精工细刻，以求达到高贵大方的效果。位于道路转角处的宾馆建筑通常在顶楼设置塔楼或塔亭，既强化入口又形成优美的轮廓线。

4. 娱乐建筑

娱乐建筑，指为大众提供休闲、娱乐的建筑场所，包括茶园、大舞台、俱乐部、跑马场、影剧院、游乐场等。随着汉口、宜昌与沙市的先后开埠，湖北近代城市居民的娱乐生活方式发生了巨大的改变，人们不再局限于京剧、楚剧等传统文化活动，而开始接纳电影、舞蹈、音乐等西方文娱活动。西式休闲生活方式的广泛传播，为新型的娱乐建筑类型如电影院、马场、影剧院、俱乐部等不断涌现创造了条件。（图8-1-10，图8-1-11）

娱乐建筑的特征：

1）为满足戏剧、戏曲、体育、电影等众多文体表演活动的需求，平面设计功能完善，现代化和人性化的程度达到了较高的水准。日本俱乐部内设击剑道场，赛马会下建有游泳池，影剧院设有观众休息厅。

2）立面风格活泼多样、动感亲切，带给人不同的视觉感受。如新民众乐园，体量较大，立面强调水平构图通过转角弧形处理，增加细部装饰，配合壁柱、柱式等欧洲古典母题，使得立面简洁而不单调。

3）因娱乐建筑对文体表演活动有特殊要求，在防水、声学、灯光、防火等方面有了先进的建筑技术和设备。

5. 金融建筑

金融建筑，指办理存款、贷款、汇兑、储蓄等业务的银行、钱庄等。清末的金融行业大多沿袭旧式民间的货币流通方式，经营规模往往较小，营业场所因陋就简，无独立的专业性建筑。汉口、宜昌、沙市开埠后，贸易活动急剧增加，但湖北的外商办理本国汇款业务，须先通过上海外国银行办理结汇，然后转汇汉口，这种汇款周转极为不便，且增加成本，故此时外国银行开始在汉口设立分支机构，湖北出现近代金融机构。按资产类型有外资银行、中资银行、中外合资银行三种。（图8-1-12，图8-1-13）

金融建筑的特征：

1）为彰显金融机构雄厚的经济实力，大多建筑抬高基座，一方面能增加建筑的高大雄伟之感，同时又能提防长江边上的水患。

2）理性开敞的平面布局：近代金融建筑大多设在城市主要商业区内，以武汉为例，主要位于江岸区，分布在江汉路、沿江大道和中山大道等汉口最早发展起来的商业区。为突出金融建筑的显赫与威严，平面多采用对称式布局，空间开敞舒适，方便营业大厅办理银行业务。营业大厅中通常由柱子来支撑结构和分割空间。

图 8-1-10 西商赛马会（来源：《湖北近代建筑》）

图 8-1-11 新民众乐园（来源：《湖北近代建筑》）

3）气派庄重的立面形式：金融建筑因为其特殊的性质，建筑外观雄伟，整体色彩稳重大方。20世纪早期的金融建筑多采用券廊式，之后的金融建筑立面严谨对称，尺度雄伟，竖向自下而上分基座、楼身、檐部三段式构图；横向呈三或五段划分，形体庄重。

4）丰富精湛的细部处理：营业大厅金碧辉煌，小品雕塑工艺精湛，建筑材料多采用石材，体现银行追求诚信的氛围。重视女儿墙的装饰，特色各异，原交通银行、横滨正金银行等还在主入口做高起的徽标装饰物，强化建筑入口和轴线，体现出一种理性的色彩。

6. 居住建筑

居住建筑，指独立别墅、公馆、公寓和里分等住宅。清末，湖北的居住建筑主要为传统木结构，形式比较单一，保持着浓厚的地方色彩。汉口、宜昌、沙市开埠后，城市生活逐渐发生变化，原有的住宅形式已不能满足新的城市生活方式，于是产生了适应不同阶层的新住宅形式。首先是租界区内独立别墅和多层公寓的出现，其后则是里分住宅的蓬勃发展。（图8-1-14，图8-1-15）

居住建筑的特征：

1）平面布局讲究功能实用：居住建筑主要功能为生活日常所服务，布局力求紧凑实用，别墅公馆类相对自由，公寓里分住宅类为节省用地，多采用单元式布局。

2）立面简洁大方：因居住建筑体量尺度相对较小，立面风格以实用简洁为主，大都在窗户梁柱等地方稍作处理，色彩明快。

7. 宗教建筑

宗教建筑，指教堂、寺庙、清真寺等宗教活动场所。湖北宗教历史悠久，信教人数众多，除主要有本土的佛教、道教和一些民间信仰外，还有外来的天主教、基督教新教、东正教和伊斯兰教等。在近代，外国宗教势力不仅扎根于湖北的中心城市，而且还渗透至其他偏远地区，尤其在宜昌地区、鄂东地区等地，留下不少宗教建筑。

古德寺：1877年开建，1921年建成大雄宝殿，造型独特，极具异域风情。大殿坐东朝西，仿缅甸"阿难陀寺"

图8-1-12　汇丰银行大楼（来源：《湖北近代建筑》）

图8-1-13　东方汇理银行（来源：《湖北近代建筑》）

图8-1-14　鲁兹故居（来源：《湖北近代建筑》）

样式，采用国内少有的圆通殿建筑格局，殿基是边长 27 米的正方形，殿高 16 米，殿正脊有象征五佛四菩萨的 9 座佛塔，塔周围有 96 个莲花墩和二十四诸天菩萨像。殿内供有释迦牟尼、药师、弥勒三尊高达 18 米的金身大佛，大佛盘坐在 8 级莲花宝座之上。大佛背后是西方三圣、二十五圆通和文殊菩萨、普贤菩萨佛像。（图 8-1-16）

宜昌圣方济各堂：始建于 1883 年，1891 年遭火灾，1892 年重建，教堂高大雄伟，为宜昌教区的主教教堂。后陆续修建主教府、神职人员用房、天主堂印书馆等建筑。现存主教堂为两层钢混结构，平面为短十字巴西利卡三廊式，长 55 米，宽 19 米。教堂内依次为门廊、小经堂、过厅，然后是进深七间、高达两层的大厅，最后是半圆形的祭室。立面具有罗马式风格，正立面两侧有塔楼一对，高 21 米，凸出主体建筑 8 米，塔楼四角柱墩粗壮而挺拔，巍然耸立。（图 8-1-17，图 8-1-18）

宗教建筑特征：

1）对称式的平面布局：湖北地区的近代宗教建筑以基督教和佛教建筑为主，由于宗教都具有较强的精神向导作用，因此在平面布局上大都采用对称式的布局形式，引导人们在

图 8-1-15 巴公房子（来源：《湖北近代建筑》）

图 8-1-17 宜昌圣方济各堂鸟瞰（来源：《湖北近代建筑》）

图 8-1-16 古德寺（来源：《湖北近代建筑》）

图 8-1-18 立面局部（来源：《湖北近代建筑》）

建筑中体验庄严的氛围。基督教建筑采用拉丁十字平面，便于布置神坛和教堂。佛教寺庙中多采用中国传统的多进院落组合，其中核心建筑居于中轴线上靠后的位置。

2）精致细腻的立面风格：宗教建筑在城市中占据有重要的地位，在立面装饰上，基督教建筑采用古典的文艺复兴式柱式和券廊、花窗等组合，体现其高耸的立面特色，佛教寺庙中立面大都沿用传统建筑台基、屋身和屋顶三段式立面。

8. 文教建筑

文教建筑，指小学、中学、大学、书院、教会学校、学堂等文化与教育建筑。作为楚文化的发祥地，湖北素有兴学重教的传统。清末湖广总督张之洞从1890年开始兴办新式学堂，开创了湖北近代教育的先河，为中国近代的发展培养输送了大量的人才，其中按办学性质分为官办学校和教会学校。

文教建筑特征：

1）自然唯美的校园规划：近代学校不仅将西方的教育制度、教学内容、教学方法和管理体制引进中国，同时还引进了西方近代学校先进的规划理论和方法，在规划方面表现出极强的专业性。无论学校规模大小，校园分区明确，功能布局合理，而且表现出对地形环境的适应性。近代校园的选址强调地址开阔，风景优美。武昌拥山抱水，恰好符合这一条件，故武汉的书院、学校大多集中于武昌。如武汉大学选址于珞珈山，邻近东湖，环境绝佳，景色宜人。文华书院坐落于武昌的昙华林，绿树成荫，山水兼得，是兴学办教的理想场所。另外，近代校园在吸取自然山水灵气的同时，刻意突出纪念性和校园景观的层次，重视教学空间，规划具有古典倾向。

2）中西融合的建筑形式：近代文教建筑比其他类型建筑更加注重自身的建筑文化倾向性，大都采用将中国传统建筑手法与西方建筑设计融合在一起的做法。在文华书院中，瞿雅阁健身所的中式大屋顶与西方建筑技术和谐统一，在柱廊的明间与次间、栏杆、额枋以及雀替的处理上均采用中国传统建筑的做法；法学院二层露台设西式外廊，而

图 8-1-19　瞿雅阁健身所（来源：《湖北近代建筑》）

图 8-1-20　武昌高等师范学校附小（来源：《湖北近代建筑》）

外廊上部檐口的额枋梁装饰了传统的木雕花格。（图 8-1-19，图 8-1-20）

9. 医院建筑

医院建筑，指外国教会医院、外国医院、官办医院、私人开办的医寓及诊所等医疗机构。早在西方列强用洋枪洋炮"撬开"中国的大门之前，众多外国传教士便深入内地进行传教活动，为掩人耳目，他们常常假借医病为名，开办医院诊所，于是近代医院建筑开始在内地出现。（图 8-1-21，图 8-1-22）

图 8-1-21 仁济医院（来源：《湖北近代建筑》）

图 8-1-22 仁济医院门诊部立面局部（来源：《湖北近代建筑》）

医院建筑特征：

1）平面布局合理、交通组织流畅：近代医院建筑由于其实用功能的要求，内部交通流线复杂。因此平面布局要求以流畅为主，方便病人快捷地就诊，多利用长廊或回廊来组织各种流线，交通流畅。其中，武昌仁济医院平面功能分为门诊部和住院部两个部分，门诊部为矩形平面，四面外廊，每层由贯穿中轴线的走廊将平面划分为两大功能区，每个功能区均在走廊和外廊上各设一个入口，既能独立工作，又能有机地与其他工作单元保持联系。住院部平面呈凹型，中间是下沉式庭院，四周设两层回廊。内部均采用木构件，木楼梯设于正中门厅内，并设有多处壁炉，为疗养提供了良好的氛围。

2）建筑立面亲切稳重：近代医院建筑造型相对简洁，为带给就诊患者良好的感受，立面设计强调亲切感和归属感，建筑色彩、比例、装饰都力求达到此种氛围。仁济医院门诊部的平面为矩形，外廊式立面，设计注重细部处理，努力营造宁静的氛围感。底层回廊由连续的罗马券构成，上层排列有简化的多立克柱。栏杆雕刻细致，壁柱上有复杂的精美花样浮雕，四坡屋顶上覆红瓦，使得医院氛围更加平和宁静。

10. 工业建筑

工业建筑，指外国殖民者、官僚资本、民族资本家及私人投资兴建的工厂企业，包括车间厂房与办公楼等。湖北近代工业初始于 19 世纪中叶的榨油、酿酒、碾米、皮革、铜器、金银制品等手工作坊。张之洞督鄂时期，湖北成为我国中部腹心地区的工业基地，在内地省份中居领先地位，近代工业得到迅猛的发展，兴办了一系列新式工业建筑，这些工业建筑主要集中在武汉、沙市、宜昌、大冶、赤壁、黄石等地。按企业性质主要包括外资工业、官办工业、民族资本主义工业。

工业建筑特征：

1）结构体系：近代工业建筑的发展，主要表现在厂房空间和结构的演进上。新的建筑技术和材料刺激了新型结构的产生，并运用近代的施工机械解决大跨度、防火等复杂的施工技术和设备安装问题，为工业的机械化及标准化提供保障。早期工业厂房多为民宅改建，一般采用前厂后宅或上宅下厂的布局方式，随着洋务运动的兴起，湖北陆续兴建了一系列新工厂，1893年建成的汉阳铁厂屋顶用料、圆柱、扁柱、横梁均为钢铁构件。进入20世纪后，部分工业厂房转而采用钢筋混凝土框架结构，例如1931年竣工的沙市纱厂。（图8-1-23）

2）屋顶形式：因近代工业厂房需要较大的加工空间，常用瓦楞镀锌薄钢板、波形石棉瓦等轻质材料来减轻大面积屋面的荷载。锯齿形屋顶有利于厂房的通风、采光，这种形式屋面在湖北地区厂房广泛应用，武昌第一纱厂、裕华纱厂等都采用此种形式。（图8-1-24）

11. 公共设施与市政建筑

公共与市政建筑，是指城市的重要的公共事务建筑和重要的基础设施，主要有工部局、咨议局、海关等行政办公建筑、巡捕房、监狱、电话局、水厂、电厂等市政建筑。

德国巡捕房：1900年建成，2层砖木结构，位于武汉市江岸区胜利街271号。德国罗马式风格，条形平面，内

图8-1-23 平和打包厂（来源：《湖北近代建筑》）

图8-1-24 沙市纱厂（来源：《湖北近代建筑》）

图8-1-25 德国巡捕房（来源：《湖北近代建筑》）

廊式布局，两层均为圆拱内廊。居中设主入口，两侧稍微前凸。外墙底部勒脚用红砂岩石砌筑，上部斩假石粉面，坡屋顶覆红瓦。两街转角处突出塔楼，防卫用，塔楼三层窗形各异，丰富了建筑造型，极具特色。（图8-1-25）

湖北省咨议局：1909年建成，2层砖木结构，位于武昌区武珞路1号，现为武昌辛亥革命博物馆，全国重点文物保护单位。主楼采用西方行政大厦和会堂的设计手法，平面呈"山"字形，前部办公楼，设主入口突出门廊，两边设回车道。后部正中凸出为会议大厅，中部清水红砖外墙，檐部施白色线脚，双坡红瓦屋面。（图8-1-26）

湖北省图书馆：1936年建成，是我国最早的省级公共图书馆之一，建筑采用中国古典建筑形式，对称布局，中间三开间凸出主楼，前廊有4根贯通2层的圆柱，外墙假麻石饰面，两翼开窗较小，顶层为歇山式飞檐绿色琉璃瓦屋顶，下施斗栱。整体比例和谐庄重，采用近代的建筑技术展现古典建筑优美的轮廓与比例样式。（图8-1-27）

公共设施与市政建筑特征：

1）建筑类型丰富：近代以来随着城市的发展，产生了一系列具有公共服务设施的建筑类型，包含巡捕房、监狱、电厂、水厂、图书馆等。

2）平面设计以功能实用为原则：由于这类公共建筑均具有较强的服务功能，在平面设计中，大都采用简洁有效的平面布局，从设备、流线、采光等实用的角度出发来布局各类功能空间。

（二）建筑群类

1. 汉口近代建筑群

汉口近代建筑群位于湖北省武汉市汉口旧大智门火车站以南至江汉路、京汉大道以东至长江边地区，主要包括江汉关大楼、汉口汇丰银行旧址、汉口水塔旧址、德国领事馆旧址、横滨正金银行旧址等建筑。这一带至今仍林立着一批自汉口开埠后修建的租界建筑，式样从古希腊、古罗马、拜占庭式到哥特式、巴洛克式、文艺复兴式等，各个时期、各种流派的建筑在此交相辉映。汉口洋风建筑主要由西方设计师设计，因此忠实地遵循了欧洲传统建筑的美学思想，注重建筑外在形式的和谐感。

汉口近代建筑群体特征体现在以下几方面：

1）各种建筑风格同时存在。古希腊、古罗马、拜占庭式、哥特式、巴洛克式，直到文艺复兴式建筑形式在同一时期融合，形成折中主义建筑风格。

2）注重建筑比例关系。这一时期的洋风建筑多为西方

图8-1-26　湖北省咨议局（来源：《湖北近代建筑》）

图8-1-27　湖北省图书馆（来源：《湖北近代建筑》）

设计师设计，纯正的西方建筑文化在此反映得极为明显，如注重建筑形体比例、立面开间比例、柱式比例等的协调关系。

3）西方装饰纹饰及装饰手法的运用。建筑的细部设计如装饰构件、门窗、线脚、纹饰等方面承袭了欧式古典主义建筑的装饰手法。

汉口近代建筑群建筑风格　　　　　　　　　　　　　　　　　　　　　表 8-1-1

建筑名称	建设时间（年）	建筑风格特征
德国领事馆	1895	维多利亚式建筑，建筑周边采用两层券廊处理，黄色拉毛外墙，红瓦坡屋面。屋顶中设有塔楼，塔楼两侧开半圆形天窗，顶部装饰德式花纹，建筑四角有四个尖顶。
金城银行	1928	欧洲新古典建筑风格，八根仿爱奥尼巨柱贯通一至三层，构成了立面的核心。以中部的拱门入口为中心，两侧各开三个拱形大窗，更增添了异域风情。
江汉关大楼	1924	仿欧洲文艺复兴时期建筑风格，结合英国钟楼式样。大楼东西北三面均带花岗石柱廊，饰以变形的柯林斯柱头，以钟楼为中心的对称式构图。
汇丰银行	1913～1920	整个建筑具有欧洲文艺复兴时期流行风格，临街立面古典柱式自下而上三段构图，柱廊运用爱奥尼柱式装饰。
汉口水塔	1909	欧洲古典立面风格，平面呈正八边形，采用典型的三段式构图，底层花岗石垒砌，上部均为红砖清水墙。
德明饭店	1919	典型的法国式建筑，矩形平面，中部朝街稍有前凸，暗红色砂石基座，覆斗形铁皮瓦屋面，加上双坡老虎窗更显独特。

2. 昙华林历史街区

昙华林历史街区位于武昌老城区东北部。主要指东起中山路，西至得胜桥，包括昙华林、戈甲营、太平试馆、马道门、三义村以及花园山等。昙华林历史街区北临沙湖，为花园山、凤凰山、螃蟹甲三山环抱。武昌老城沿螃蟹甲山脊而建，昙华林依城墙而展开，一湖三山的自然景观与武昌老城相得益彰，构成了集自然、历史、人文、艺术等特征于一体的"湖·山·城·街巷·建筑"的街区结构。

自辛亥革命开始，军阀在武汉进行混战，西方趁机进行文化渗透。相继有英、美、意大利、瑞士等国在此兴办教会、学校、医院，昙华林成为武昌最重要的"文化租界"。正是因为西方的文化渗透使昙华林逐渐繁荣昌盛起来，中西文化也在这个节点上融汇，形成昙华林独特的文化氛围，建筑也兼具中西文化风格。目前，昙华林街区的建筑形式多样，集古城文化、宗教文化、教育文化、街巷文化等众多历史文化特色于一体，其建筑与城市空间的形成和发展在今天仍有深远的影响。

昙华林历史街区近代建筑一览表　　　　　　　　　　　　　　　　　　表 8-1-2

建筑类型	建筑名称
教会、教堂	天主教：意大利教区及花园山天主堂（圣家堂）、嘉诺撒善功修女会礼拜堂　基督教：崇真堂、圣诞堂、瑞典教区
学校	文华大学神学院、法学院、文学院（华中大学）、文华公书林、真理中学旧址（昙华林 115 号）、懿训女校（昙华林 101 号）、文华书院、文华中学

续表

建筑类型	建筑名称
医院	同仁医院、圣约瑟医院、仁济医院
住宅、公馆	石瑛故居（三义村8号）、刘公公馆（昙华林32号）、汪泽故居（太平试馆1号）、夏斗寅公馆、徐源泉公馆（昙华林141号）、翁守谦故居（昙华林75号）、昙华林81号、戈甲营76号、蔡广济旧宅（戈甲营94号）、徐氏公馆（崇福山街7~9号）、晏道刚旧居（高家巷17号）、恽代英出生地（涵三宫）、钱基博故居（朴园）、卢春荣故居（梅园）、鼓架坡59~60号阁楼、鼓架坡27号（半园）

昙华林历史街区的特色：

1）街区历史遗存集中具有重大的文化价值特色。昙华林在历史的长河中，经过了一百多年的蹉跎岁月，记录了三个时期——辛亥革命、中共建党建团、抗日战争的历史风云，这些历史事件给予历史街区深厚的文化积淀。

2）大量的中式、西式、中西合璧的建筑构成了一部建筑文化史。教堂学校、名人故居、早期医院、老城墙基等构成了武昌古城完整的"历史实物标本"。它们以实物的形式，显示着城市厚重的历史文脉。昙华林街区以实物的、活生生的历史标本形式伫立在那里，形象地展示着中国近代革命史、教育卫生史、中外文化交流史、建筑史、宗教文化史和武昌城邑文明史，内涵深厚且密集，资源丰富又集中，不仅武汉其他城区没有，在全国也属罕见。

3）许多重大历史事件的痕迹展现了武昌旧城原汁原味的风貌特色，真实地承载了政治经济、文化宗教、民俗多方面的信息。中国第一座公共图书馆和图书馆学科诞生于此，武昌首义的火种在这里孕育，抗战时期"政治部第三厅"在此掀起全国民众的抗日热潮；近代汉口开埠后，美国圣公会、英国伦敦会、瑞典行道会、意大利圣方济各会等各国势力强大的宗教组织，都曾选择这里修建教堂，传布教义。基督教美国圣公会1871年在此创办的文华书院。

3. 武汉大学近代建筑群

1840年鸦片战争开始，西方建筑文化便开始影响到我国。1901年，清王朝颁发"新政"，标志着我国传统建筑文化的"瓦解"，西式建筑开始在我国蔓延，中国近代建筑进入"仿洋风"时期，这种建筑风格随着新艺术运动达到了历史的顶峰。随着传统复兴的民族运动开始，教会建筑主导下的"中国式"风格建筑开创了中西建筑体制交融的第一步，随着折中主义思想的到来，中国固有式建筑风格登上了历史的舞台，并将传统复兴推向了历史的最高潮，使得中西建筑交融达到了极致，中国固有式在折中主义思想的基础上经历了从宫殿式、混合式到近代化转变的3个时期。当中国固有式发展到近代化时期的时候，武汉大学校园建筑便是这个时期最著名的建筑创作之一。2001年，被国务院公布为第五批国家重点文物保护单位。

武汉大学早期建筑群的特色：

1）选址依山傍水，自然人文景观极佳，具有很高的科学性

校址位于中国最大的城中湖东西湖的南岸三面环水的半岛。这里视野开阔，湖光山色交相辉映，人文景观、自然景观丰富多彩。校园东可以远眺磨山，西可望见洪山宝塔，南面是古迹卓刀泉，北边为浩瀚的东湖。校园内有狮子山、笔架山、小龟山、扁扁山、侧船山、廖家山、团山、火石山等十几座大小山丘，地面海拔20~118米，占地面积3000余亩，有着极佳的人文和自然景观。另外，还充分考虑到大学自身发展与武汉市长远发展的关系，校址选在伸出东湖中的半岛建校，距武昌城约7.5公里，远离城市喧闹，是安静清幽的校园佳境。东湖环绕着校园的东面和北面，既不妨碍武汉市城区东扩的发展规划，也不影响校园自身

的发展。此外，这里地价便宜，临湖通江，建材运输经济便利，而这些对于当时正遭受着饥饿、贫困、战乱的中国来说极为重要。

2）校园规划布局因山就势，尊重自然，组群变化有序，功能分区明确

校园中山多地少，如何在丘陵中塑造建筑群，体现中国传统建筑的精髓和灵魂？建筑设计师凯尔斯运用中国园林、寺庙的惯用布局手法，因山就势，在放射状的自由式总体布局的基础上，利用山体山势、地形地貌，精心布置建筑群：将大学标志性建筑图书馆布置在校园中心的狮子山顶，东、西两侧安排文、法学院，山南坡建学生宿舍，形成一个和谐的建筑群；理、工两个学院，因其附属建筑较多，自应形成各自独特的建筑群。这种建筑群落的布局，做到"轴线对称、主从有序"，使整个校园在自由的格局中又有严格规整的片断，丰富多彩的建筑群，构成了校园的轴线交汇网络。相互构成对位对景，扩大了环境空间层次。

在建筑规划布局中，建筑设计师凯尔斯根据武汉大学校园的地形地貌和现代高等教育的要求，将中国传统建筑文化和西方古典建筑文明进行有机融合，从校园功能分区到依山就势的建筑布局以及与周边环境协调等方面，无一不显示出凯尔斯等人对建筑文化的深刻理解和实事求是的科学精神。

3）在建筑设计思想上，巧妙融合东西方建筑艺术精髓

武汉大学建筑群运用西方的建筑技术，采用大跨度钢架结构、混凝土框架结构、三铰拱、共享空间、玻璃中庭等新材料、新技术、新形式，它们在当时西方建筑界尚处于探索阶段。而凯尔斯及其助手们，在武汉大学建筑的设计当中，创造性地成功运用了这些先进科学技术手段及设计思想。武汉大学历史建筑的科技含量不仅体现在新奇、宏伟和坚固的建筑形体上，在其内部的设备设施方面也有体现。图书馆、理学院、工学院及教授别墅均安装了采暖设备，理学院大楼配置了幻灯、电影放映设备，尤其是电化教学设施堪称国内首创。在建筑形式上，将西方现代主义的建筑思想融入中国传统建筑艺术，创造出宏伟高大、具有中国传统建筑神韵的殿堂般建筑群。如图书馆是知识的宝库，是代表大学主体的重要建筑，凯尔斯在图书馆主楼第一层采用厚重的水泥台基和西式双立柱托起中式歇山顶。第二层塔楼则用八棱形墙体承托巨大的钢梁，用钢梁支起八角歇山顶。加之东有文学院、西有法学院左右护持，使得图书馆如同宫殿楼阁，宏伟而典雅。布达拉宫式的学生宿舍建筑群，以顺应山势为特征，借助学生宿舍的116级台阶的仰视效果，使主体建筑得以升高。同时凯尔斯独具匠心，将学生宿舍三个罗马券拱形大门的上部增加一层亭楼，并做成中国传统的歇山顶。斗栱飞檐，琉璃翡翠，宛若三座飘逸凌空的楼阁。三个罗马券拱形大门既突出了三个入口的导向性，又使四栋建筑连为一体，避免呆板，与周围的建筑呼应、相得益彰。

4）采用书院式的景观设计，建筑与校园景观完美结合

在20世纪30年代，东湖周边全是荒山秃岭，乱石丛生，树木很少。在校园建筑规划时设计者们就提出了规划校园的指导思想和措施：一是营造大片风景林，使校园建筑群的宏观体量与整个大绿化的环境相协调，构成校园整体景观效果；二是根据单体建筑的地理位置，结合地形、地质、地貌，因地制宜，创造出不同的绿化环境空间，使单体建筑的个性特点更加丰富和突出；三是利用树木、植被的季相特征、观赏特性、文化内涵形成四季变化、寓教于乐的特色观赏景观。营造出具有特殊文化内涵的樱园、梅园、桂园、枫园各自独特的环境体系。同时，在校园景观塑造方面，运用了中国传统园林艺术中的借景手法，借用其周边的人文和自然风景资源特别丰富。比如东湖、磨山、洪山宝塔、卓刀泉等，都是校园"外借"、"远借"的景色。校园内狮子山上的图书馆、理学院与对面的工学院，三者之间构成"互借"、"近借"之景。利用"借景"构建武汉大学校园建筑，不仅没有破坏这一带的自然风景，反而为这里的自然景观带来勃勃生机，充分体现出建筑设计师尊重自然、使建筑与自然相融合的设计理念。也正是因为这些丰富的景观元素，使独具特色的武汉大学校园成为驰名中外的"花园式"、"宫殿式"的高等学府。

第二节　荆楚近代建筑特点

一、总体特色

（一）建筑功能类型丰富、风格多样

湖北省地处荆楚大地腹部，近代以来经历了武汉、宜昌、沙市开埠，辛亥革命、抗日战争等历史事件，在中国近代历史进程中扮演了重要的角色。因此也遗留了大量的近代建筑遗产，类型丰富，风格多样。

1840年鸦片战争以来，汉口成为重要的通商口岸之一，在沿江大道一侧，领事馆、宾馆、金融洋行、娱乐建筑迅速建立起来。建筑风格大多源于欧美等国家的古典建筑样式，庄重典雅，讲究比例。与此同时，在教会等势力的影响下，为传播其教会思想，为宗教建筑、学校建筑等建筑类型的出现创造了良好的条件，其中武昌昙华林片主要集中了天主堂、崇真堂、文华学院等建筑，因此类建筑大都具有较强的文化属性，经过地域文化的融合之后，最终呈现出一种中西融合的折中主义风格类型。

19世纪中后期，在列强的坚船利炮的打击之下，张之洞在汉阳创办近代工业，汉阳铁厂、汉阳兵工厂等一批近代工业建筑代表了当时工业技术的最高水平，为当今汉阳的重工业发展奠定了良好的基础。

（二）建筑与山水、历史有机结合，形成湖北的城市特色

荆楚近代建筑，大都结合当地的自然环境与人文环境，进行有机融合，创造出了富有特色的荆楚建筑。如租界区沿江大道近代建筑群、蛇山地区历史建筑群、武汉大学近代建筑群都与武汉的山水以及历史形成有机整体，突出体现了湖北的城市特色。

二、风格特点

（一）适应地域气候与自然环境的设计

湖北省地形地貌复杂多样，西、北、东三面环山，中间低平，向南敞开。境内水资源相当丰富，河流众多。长江从川鄂边境巴东县鳊鱼溪河口入境，自西向东，流贯全省26个县市，至黄梅滨江出境，境内流长1061公里。汉水自西北陕鄂边境进入郧西县，斜向西南，流经13个县市，至武汉进入长江，流长878公里。除汉水外，较大的支流还有沮水、漳水、清江、东荆河、陆水、溾水、倒水、举水、巴水、浠水、富水等。

湖北省地处江汉平原，夏季闷热、冬季湿冷，具有典型的夏热冬冷气候特点，其中武汉是该类气候的代表城市。因武汉地处北纬30度，夏季正午太阳高度可达38℃，又地处内陆、距海洋远，地形如盆地，故集热容易散热难，河湖多，故夜晚水汽多，加上城市热岛效应和伏旱时副高压控制，十分闷热。初夏从每年的5月中旬开始，梅雨季节雨量集中，暑期进入盛夏，气温普遍高于37℃，极端最高气温44.5℃。10月之后进入初秋，气温会逐渐下降。从12月底到来年2月是冬季，平均气温在一般在1~3℃，有寒潮或雨雪时也常在0℃以下。

湖北地域建筑在多年的形成演变中，为适应地方气候与自然环境采用了各种设计策略。这些设计策略在近代不仅运用于大量的居住建筑，还被广泛运用于办公、文教、宗教、商业、工业等新型建筑中，具有明显的荆楚地域风格。

1. 外廊、挑檐

外廊、挑檐在主体空间外部营造出有遮挡的室内外过渡空间，能够应对湖北梅雨季节的短时大雨量和夏季强烈的阳光照射，获取更多的活动空间。这一策略不仅在湖北自发性的建筑中应用广泛，外来西方建筑、工业建筑等新型建筑也采用了这一建筑形式。

俄商李凡诺夫住宅，1902年建成，3层砖木结构，位于武汉市江岸区洞庭街60号，是俄国茶商李凡诺夫1863年在汉口开设顺丰砖茶厂时的寓所，现为别克·乔治酒吧，武汉市一级优秀历史建筑。建筑具有典型的俄式民居特色，屋顶高低错落，二层外走廊，三层封闭式阳台，既具有俄罗斯严寒地区的建筑特点，又能适应武汉夏季的炎热气候。（图8-2-1）

翟雅各健身所，1921年建成，2层砖混结构，现为湖北省中医学院体育馆。翟雅各健身所屋顶形似中国古代宋式屋顶，二层重檐铺绿色琉璃瓦，出檐深远，檐下空间对建筑开门开窗，起到了挡雨遮阳的效果。（图8-2-2）

沙市打包厂厂房，1928年建成，4层钢筋混凝土结构，现为批发仓库。厂房一侧向外出挑外廊，对室内空间起到遮阳、挡雨的作用，同时也增加了半室内半室外的活动空间。（图8-2-3）

荆州天主堂，1906年建成，比利时传教士黄赞臣设计，2层砖石结构。教堂面阔16米，进深36米，属于巴西利卡式。大门两侧建有钟楼，入口处有三开间外柱廊，为教众提供有遮挡的入口空间。（图8-2-4）

2. 上下双层窗和地面架空层

湖北地区湖泊水域众多，空气湿度大，通风防潮对改善室内环境具有重要的作用。采用上下层窗和地面架空层，能加强空气对流，改善室内空气湿度过大的问题。

中共五大会址纪念馆，是建于1918年的学宫式清末民初建筑，双面外廊，教室采用上下层推拉窗的构造，并在靠近地面处开有气窗，能顺应主导风向，调节室内气流进出方向和高度，加强空气对流。（图8-2-5）

天主教鄂东牧区主教公署是典型的古典主义形式建筑，西方三段式立面，左右对称，庄重肃穆，简洁大方。入口突出，墙身线脚分明，一层外廊采用券拱形式，底有架空层，架空层开窗防潮隔湿。（图8-2-6）

图8-2-1 俄商李凡诺夫住宅（来源：《湖北近代建筑》）

图8-2-2 翟雅各健身所（来源：《湖北近代建筑》）

图8-2-3 沙市打包厂（来源：《湖北近代建筑》）

巴公房子由俄国贵族巴诺夫投资兴建，为汉口最早出现的多层公寓，是一座具有俄罗斯风格的文艺复兴式建筑，1964年在黎黄陂路侧加层扩建。公寓临近三路交汇的中部，平面为锐角三角形，中部为三角形天井，相当于一个内院。平面单元式布局，各单元分别设置出入口，单元分户明确，户内皆有卧室、起居室、阳台、卫生间、厨房，布局十分紧凑。勒脚条石砌筑，架空层较高，开气窗防潮。（图8-2-7）

图8-2-6 天主教鄂东代牧区主教公署（来源：《湖北近代建筑》）

图8-2-4 荆州天主教堂（来源：《湖北近代建筑》）

图8-2-5 中共五大会址纪念馆（来源：《湖北近代建筑》）

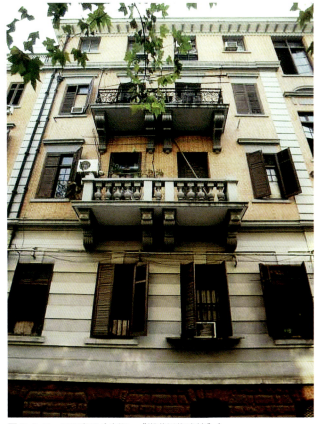

图8-2-7 巴公房子（来源：《湖北近代建筑》）

江汉村，1937年建成，卢镛标建筑事务所樊文玉工程师设计，明巽建筑公司、李丽记、康生记营造厂施工，2～3层砖混结构，现为居民住宅。江汉村共有9栋房屋，巷口采用牌坊式，红砖清水墙，立面大大简化，属于现代风格建筑。建筑一层室内相对标高较高，下设架空防潮层，开气窗对流。（图8-2-8）

（二）中西合璧的近代荆楚建筑形式

随着汉口、宜昌、沙市相继开埠，西方建筑开始进入湖北，近代建筑的荆楚风格受到了西方建筑文化的影响，反映了中国建筑从近代走向现代的转折。在吸收西方建筑风格的基础上，湖北近代建筑进行变异、融合，开创了中西合璧的近代荆楚建筑形式。

1. 洋风初入时期的中西混杂建筑形式

以1840年鸦片战争为标志，中国步入了半封建、半殖民地的近代社会，中国近代建筑的历史进程也以此为开端，被动地在西方建筑文化的冲击、激发与推动之下展开了。其间，一方面是中国传统建筑文化的延续，一方面是西方外来建筑文化的传播，这两种建筑活动的互相作用（碰撞、交叉和融合），构成了中国近代建筑史的主线。从样式研究的角度来看，一般把从19世纪60年代到20世纪20年代看作中国近代建筑史中的"洋风"（折中主义，Eclecticism）时期。在此历史时期，以模仿或照搬西洋建筑为特征的潮流居于主导地位。

洋风初入时期，湖北中小城市的西洋建筑由于施工人员及施工技术多来自当地，因而出现了中西混杂的建筑样式，

图8-2-8 江汉村（来源：《湖北近代建筑》）

图8-2-9 沙市同震银楼（来源：《湖北近代建筑》）

通常建筑主体采用西方建筑外形，屋顶、门窗、细部装饰等则沿用传统民居手法。

沙市同震银楼为1885年宁波商人童澄海投资兴建，建筑占地1600平方米，建筑面积828平方米，为沙市较早的巴洛克风格圆拱顶建筑。正立面使用浙江奉化产的梅玉石砌筑，赭红色砂浆抹面，窗、门、阳台边缘均饰浮雕花带，花饰刻工精细，多为宫灯式造型。内部原为木屋架结构，高2层，双坡屋盖上置有玻璃天棚，U形回廊为封闭式，有镂花直棂式推窗，三方围护体均为灌斗墙。（图8-2-9）

宜昌英国海军俱乐部建于1920年，建筑2层，下设半地下室。建筑主体部分为现代样式，外墙面浅褐色水泥拉毛粉饰，门窗线条简洁，但屋顶采用了中国传统官式建筑的歇山顶，且红瓦屋面上开有民居中常见的气窗。（图8-2-10）

建于1901年的刘仲文公馆，2层砖木混合结构，是辛亥革命九角十八星军旗诞生地。建筑混杂了多种中西建筑样式，坐南朝北，庭院式布局，分前天井与后天井，中式院门及两厢构成马蹄形平面布局，与西式主体建筑围合成前天井。前门门厅立柱为柯林斯柱式，两侧有西式八角楼房。后门门厅及厢房与正房构成后天井。主体建筑屋顶为四面坡，两厢顶层为阳台，有铸铁楼梯供登临。

建于1930年代的徐源泉别墅，主入口采用西洋古典柱式支撑的门斗，入口两侧有半八角形平面的房间，同时室内设天斗亮瓦，结合了西式风格与江汉平原传统民居样式。（图8-2-11）

2. 借鉴中国固有形式

20世纪20～30年代对于中国建筑来说，是一个风云激荡的时代。一方面在世界大潮中，中国建筑仍在持续向现代主义过渡，但另一方面，所谓的"中国固有之形式"，却也在中国大地上掀起了一股民族主义浪潮，尤其是在大型公共建筑中，基本上成了主流。应该说，北伐后的国民党大业初定，大力推崇民族形式建筑具有某种必然性，这一点在中国近现代史上是一条规律：无论是北洋政府、国民党政府还是中共政府，无论他们在意识形态上有多么遥远的差距，民族主义在他们建政之初都是一杆必然高举的大旗。即便是在20世纪30年代抗战迫近的局势下，以及50年代末经济出现困难、已经开始反浪费运动的背景中，民族形式都不约而同地被当政者青睐。究其原因，乃在于宫殿式的民族形式，可以充分凸显恢宏之气象，又富于强烈的民族主义宣示意味，这是新政权定鼎之初最迫切想要表达的。"中国固有之形式"便是其在建筑领域的表现。

图8-2-10　宜昌英国海军俱乐部（来源：《湖北近代建筑》）

图8-2-11　徐源泉别墅外立面（来源：《湖北近代建筑》）

湖北省图书馆是民族主义浪潮下，湖北建筑借鉴中国固有形式的代表作。1936年建成，缪恩钊、沈中清设计，袁瑞泰营造厂施工，建筑地上2层，地下1层，钢筋混凝土结构，采用中国古典建筑样式，对称布局，中部三开间凸出为主楼，前廊有4根通贯2层的朱红顶檐圆柱，外墙假麻石饰面，两翼开窗较小。顶层为歇山式的飞檐绿色琉璃瓦屋顶，下施斗栱。（图8-2-12）

另一方面，殖民初期，跟随外国势力强势进入中国的近代宗教，借帝国主义势力打压中国民众，引起了当地人的很大不满，激发起旷日持久的民教之争。为缓和民教矛盾，外来宗教施行中国化的转变，通过创办教会学校、教会医院、育婴堂等慈善机构，争取中国教众，并在建筑样式上借鉴中国固有形式，以期获得中国民众的认同。

武汉基督教救世堂，就是借鉴中国固有形式的案例，建成于1931年，由英国传教士范克林设计，2层砖木结构。教堂建筑体形娇小玲珑，为突出建筑的基督教定义，在二层正中开一圆窗，用白色的耶稣十字窗棂划分。建筑的平面布局、二楼凸出阳台、内部木结构交叉尖券、扶壁柱以及入口大门等均是典型西式做法。但为了实现西洋宗教中国地方化的转变，建筑顶层借鉴了中国固有形式飞檐翘角的大屋顶，与中国传统的佛教寺庙相似。（图8-2-13）

3. 形成中西合璧的建筑风格

通过对两种中国传统建筑形式和西方古典及现代等不同风格的取舍和融合，20世纪30年代，中外建筑师积极探索，在湖北创作了一批中西合璧风格的建筑，形成了近代荆楚建筑风格的主要特征。

武汉大学珞珈山近代建筑，是荆楚近代中西合璧建筑风格的典型代表。武汉大学前身为创办于1893年的自强学堂（后改为方言学堂、武昌高师、武昌师范大学、武昌大学、武昌中山大学），原校址在武昌东厂口。1928年改名为国立武汉大学，迁珞珈山建新校舍，李四光任建筑设备委员会委员长。1929年3月破土，1935年多数项目建成，耗资300多万银元，是武汉地区最大的一组近代教育建筑。

图8-2-12　湖北省图书馆（来源：《湖北近代建筑》）

图8-2-13　武汉基督教救世堂（来源：《湖北近代建筑》）

武汉大学珞珈山校园（图8-2-14）濒临东湖西南岸，占地约200公顷，建筑面积约70000平方米，主要建筑项目有文、法、理、工四个学院和体育馆、饭厅、学生宿舍、教职工住宅等。校园规划依山就势，巧于因借。教学中心区为两大建筑组团，三面环山布置。第一组团以图书馆为主体，在北山丘陵地带的狮子山，坐南朝北，图书馆居山顶中央突出；东、西两翼为文学院、法学院，相对矗立；南面学生宿舍抱坡而建。第二组团以运动场为中心，大礼堂为主体，两

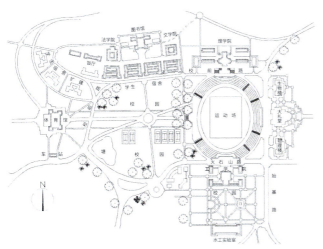

图 8-2-14 武汉大学近代校园中心区规划总平面图（来源：武汉大学）

图 8-2-16 文华学院法学院（来源：《湖北近代建筑》）

图 8-2-15 武汉大学工学院（来源：中信设计院）

边理学院、工学院南北对峙、遥相呼应。

武汉大学近代建筑，包括工学院、理学院、图书馆、学生斋舍、宋卿体育馆等，相继于 1930～1935 年建成，由美国建筑师凯尔斯（F.H.Kales）设计，汉协盛、袁瑞泰、永茂隆等营造厂及上海六公司施工，实现了现代功能、结构及施工技术，与中、外古典建筑形式相结合。

武汉大学工学院，建成于 1934 年，5 层钢混结构，主体建筑为矩形平面，内环廊，中庭 5 层通高，上覆玻璃采光天棚；主入口设在二层，通过数十级台阶进入；底层为展厅，有通道直接进出；屋顶为重檐庑殿式，上覆青绿色琉璃瓦；外廊汉白玉栏杆雕有龙、鳄鱼形图案；主楼前建有两穹顶观察台。四栋裙楼面向主体对称布局，均为矩形平面，双面内廊，单檐歇山上覆青绿色琉璃瓦。（图 8-2-15）

除武汉大学近代建筑以外，1871～1921 年建成的文华学院早期建筑，也是中西合璧建筑形式的优秀代表。

文华学院法学院建成于 1915 年，2 层砖木结构，现为湖北省中医学院教学楼，由翟雅各任校长期间修建。建筑为矩形平面，居中设入口，不对称布局。底层开半圆拱门窗，二层做"L"形木柱木廊，砖木组合栏杆，砖墩上双柱支撑上部檐口额枋，额做上下枋，两枋之间用传统木雕花格装饰。二层正面局部做短外廊，体现不对称构图，形成虚实对比突出正面入口，较早地体现了西方现代主义建筑的风格特征。露台式做法反映出殖民式建筑的样式，但细部又掺杂着中国传统装饰。（图 8-2-16）

文华学院翟雅各健身所，1921 年建成，2 层砖混结构，现为湖北省中医学院体育馆。翟雅各健身所为纪念文华大学的首任校长——英国人翟雅各（James Jackson）而建，典型的中西合璧式建筑风格。建筑按现代体育馆功能设计，

图 8-2-17　翟雅各健身所（来源：《湖北近代建筑》）

图 8-2-18　大智门火车站（来源：《湖北近代建筑》）

一层为体育器材及辅助用房，二层为比赛大厅，两侧突出耳房为楼梯间。清水红砖外墙，正立面一层开平窗，并设3个拱门直通操场，底层墙面略显封闭，显得基座稳固，二层做九开间柱廊，增强墙面的虚实对比和通透感。柱廊的明间与次间的处理、柱的栏杆、额枋和雀替做法均采用中国传统建筑的做法。屋顶形似中国古代宋式屋顶，二层重檐铺绿色琉璃瓦，并利用两檐之间的高差开设高侧窗来补充大厅的采光。在1920年以前中国尚未有独立开业的建筑师的情况下，这座建筑融合现代体育馆功能、西方建筑结构技术与中国传统建筑形式于一体，在当时尚属少见。（图8-2-17）

（三）事件性建筑形成的集体记忆

作为中国近代工业、近代教育与近代军事的中心，湖北在中国近代史上具有特殊的地位。许多重要的建筑记载了近代史上的重大事件，如京汉铁路标志性建筑大智门火车站、辛亥革命旧址湖北省咨议局"红楼"、汉口海关江汉关大楼、中共五大会址纪念馆等，印证了从清末、民初到民国、抗战的百年历史时期中，荆楚之地在我国近代史上的重要地位，成为荆楚近代文化的集体记忆。

1. 大智门火车站——京汉铁路

大智门火车站是京汉铁路通车的标志性建筑。1903年建成，法国工程师萨杜和普多曼设计，广帮营造厂施工，2层砖木混合结构，坐落于武汉京汉路特1号，现为大智门火车站纪念馆，全国重点文物保护单位。1896～1905年京汉铁路竣工，是中国人自己修筑的第一条正规铁路，同期修建的大智门火车站是京汉线上现存最早的火车站之一。火车站建筑面积约1006平方米，平面略呈长方形，正面临街，前后自左至右五段对称布局，中央为候车大厅，两侧为附属用房。整座站房外观古朴雅致，立面呈"山"字形，中部大厅前后墙设大型半圆拱窗，大厅四角配有高耸的哥特式尖塔。建筑采用木屋架，钢筋混凝土楼板。大厅和两端顶为覆斗式屋面，绿色铁皮瓦与站房檐部绿色古瓶式墙栏对应。（图8-2-18）

2. 湖北省咨议局"红楼"——辛亥革命

清朝政府设立的湖北咨议局大楼，原是清政府为"君主立宪"而兴建，1910年（清宣统二年）建成，日本建筑师福井房一设计，2层砖木结构。位于湖北省武汉市武昌阅马场，西邻黄鹤楼，北倚蛇山。旧址占地面积18000多平方米，建筑面积近10000平方米。因旧址红墙红瓦,武汉人称之为红楼。主楼采用西方行政大厦和会堂的设计手法,是湖北早期的省级近代办公建筑。平面呈"山"字形,面宽73米,进深48米,前部办公楼,居中设主入口,突出门廊,两边设回车道。后部正中凸出为会议大厅,讲台设北端,132个席座以讲台为中心线呈扇形,按地面陡坡排列,抗日战争时期被炸毁。台基花岗石砌筑,中部红砖清水外墙,双坡红瓦屋面,正中矗立圭形钟楼(原为穹顶)。

武昌红楼是辛亥革命的象征。1911年(农历辛亥年)10月10日,在孙中山民主革命思想的旗帜下集结起来的湖北革命党人,蓄势既久,为天下先,勇敢地打响了辛亥革命的"第一枪",并一举光复武昌。次日在此组建"中华民国"军政府鄂军都督府,推举湖北新军协统黎元洪为都督,宣告废除清朝宣统年号,建立"中华民国"。在1911年10月到1912年元月间,起着代行"中央政府"职权的作用。随即,辛亥革命领袖之一黄兴赶赴武昌,出任革命军战时总司令,领导了英勇悲壮的抗击南下清军的阳夏保卫战。武昌起义赢得全国响应,260余年的清朝统治顿时瓦解,2000多年的封建帝制随之终结。武昌因此被誉为"首义之区",红楼则被尊崇为"民国之门"。(图8-2-19)

3. 江汉关大楼——汉口海关

海关是一个主权国家在边界上执行进出国境的法令、监督货运、征收关税和查禁走私等职责的行政机关。1861年汉口开埠前,清政府在武汉三镇仅设有内陆关卡,汉口开埠后,内陆关卡一并撤销,建立以汉关为基础的江汉关。江汉关大楼是汉口海关的象征,建筑师巧妙地利用了突出江面的地段,使其成为汉口的重要景观。

江汉关大楼位于英租界河街(今沿江大道)与太平街(今江汉路)交汇处上首,位置显要。大楼充分考虑地形的因素,矗立在河街拐角处,东面和北面既可俯瞰江面活动,又作为江汉路与江面的对景出现,丰富了城市空间。大楼平面呈三合院式布局,主楼4层,另有半地下室,钢筋混凝土结构,筏式基础。正面入口设28级台阶,对洪水水位作了充分考虑。外墙用湖南花岗石叠砌,楼东、西、北三面墙均带花岗石柱廊,饰以变形的科林斯柱头,北面的8根大柱直径1.5米。主立面三段式构图,以钟楼为中心对称构图。东西立面处理兼顾江面景观与江汉路的对景。钟楼高4层,总高度46.3米。内设钢梯直至顶层,第三层外墙四面嵌有直径3米的钟面,拥有7个不同音阶的大钟,电控报时,按刻奏乐,钟声清亮。墙面、山花、窗楣与入口半圆形券门的处理是文艺复兴式风格。

上海著名的英商斯蒂华达生·斯贝司建筑工程公司的建筑工程师辛浦生为大楼设计了图纸。大楼施工由汉口英商景明洋行工程部门负责监理。大楼主体工程由魏清记营造厂承建,土方工程由汉口地皮大王刘歆生开设的刘歆记填土公司承包,于1924年1月21日竣工。1949年新中国成立后,江汉关改名为武汉关。这幢大楼经历了80年的洗礼,依然显示出无穷的魅力。如今国家已将其列为优秀历史建筑,成为武汉的标志性建筑。(图8-2-20)

4. 中共五大会址纪念馆——中共五大

中共五大会址纪念馆是依托中共五大开幕式旧址暨陈潭秋革命活动旧址(1956年公布为湖北省文物保护单位)建立的纪念性博物馆,位于武昌都府堤的中华路小学谭秋

图8-2-19 湖北省咨议局"红楼"(来源:《湖北近代建筑》)

图 8-2-20　江汉关大楼（来源：《湖北近代建筑》）

图 8-2-21　中共五大会址纪念馆（来源：《湖北近代建筑》）

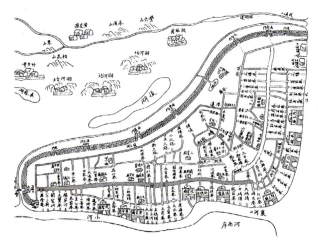

图 8-2-22　1868 年汉口城池街巷（来源：《荆楚建筑风格研究》）

校区，该校占地 11.7 亩，始建于 1918 年，前身是国立武昌高等师范学校附小。1927 年 4 月 27 日至 5 月 9 日，中国共产党在武汉召开了第五次全国代表大会，开幕式就在这里举行，这是我们党唯一的一次在武汉召开的全国代表大会，是武汉人民的骄傲，也是武汉人民极为宝贵的精神财富。（图 8-2-21）

（四）反映市民文化的城市肌理与空间格局

湖北省地处江汉平原，鱼米之乡，农产品资源丰富。京汉铁路和粤汉铁路通车后，武汉成为近代华中最大水陆交通枢纽。近代工商业和水运、铁路等运输业的发展，给荆楚之地带来富有生机的信息、商业和码头文化，从而形成了荆楚之地独特的市民文化。荆楚市民文化以敢为人先、包容开放、落地生根为特征，汉口是荆楚市民文化的代表性城市，里分是荆楚市民文化的代表性空间。

1. 汉口——荆楚市民文化的代表性城市

美国历史学家罗威廉指出，"汉口以其优越的地理位置与封建社会晚期势不可当的商业力量相结合，形成并维持着一个卓越的商业都会，一个代表着在接受欧洲文化模式之前、中国本土城市化所达到的最高水平的城市。"

汉口"五百年前一荒洲，五百年后楼外楼"，它因其独特地理位置聚集了强大的商业力量，衍生出看似粗鄙却鬼魅迷人的市井生活。罗威廉观察到，"19 世纪中叶太平军和清军作战、辛亥革命的冲击。即使在比较安定的岁月里，汉口也受到白莲教、欧洲入侵者和捻军起义者的威胁。这里还频繁受到洪水与火灾的猛烈袭击。"正是这种恶劣的人文与自然环境，造就了汉口"引人注目的第一特征就是极度的世俗化，其最典型的表现则是穷奢极欲，相互攀比以夸豪斗富"，而同时"一般认为，坚忍不拔和实用主义是汉口人的又一特性……与商业冒险这一倾向紧密相连的是，当面对生活中的不幸以及生命与财富面临危险时，汉口人相当平静地接受之"（罗威廉）。汉口的市井生活成为城

市血液的一部分，无论是生活习惯、方言，还是本地人对文化的一种共识，都透着汉味。（图8-2-22）

汉口市民文化的发达，首先在于汉口并非是由国家精心设计而创建出来的，而是地方自组织的结果，体现了敢为人先的创新精神。长期的官治阙如导致"汉口逃脱严厉的官僚控制"，究其原因，和汉口最初的孤岛格局导致的交通不便有关。这种状况维持良久，甚至到汉口开埠以后，汉口日常事务的处理依旧遭遇"中隔汉水，遇有要事，奔驰不遑"的窘境。汉口的街道突破传统的"方正居中"的轴线格局，不是经过规划的整整齐齐的方格子行政城市，它的自然布局显得不整齐、不规则。主要有4条平行于汉水、长江的"街"：正街、夹街、后街和堤街（堤上街），"正街与堤街独长"。垂直于汉水、长江的"巷"非常多，基本上汉口的街道形成"鱼刺形"空间特征，正街主脊东西展开加诸密集的南北巷道如鱼刺般密集，表现出城市独特的统一性格。

开埠通商带动了汉口外贸和内贸的发展，产生了聚集效应，改变了沿河的生产生活方式，打破了传统城市的封闭式结构，大物流的格局于是开创。汉口中心从沿河走向沿江，昔日起迄于汉水的中心正街，风光不再。汉口闹市中心从正街和长堤街、黄陂街等旧市区向租界方向推移，影响了整个汉口城区的走向，牵动着城市空间，向与租界平行的方向发展。

汉口的市民文化，体现了对外来文化的包容开放、兼收并蓄以及外来文化的落地生根。汉口，由于它对劳动力的不断增长的需要和它所产生的吸引力，自然吸引着农民离开土地进入城市，一部分农民在城市里定居下来。除了农民之外，汉口因水而兴招徕大量外来客商，到19世纪，外来户约增至总户口的80%~90%，而堪称汉阳本籍的住户则不过10%~20%。落叶归根、衣锦还乡的观念逐渐在社会变迁中慢慢淡薄。罗威廉也考证了旅居汉口的商人，虽然有浓重的家乡情怀，甚至到了令人费解的程度，但是随着其在汉口商业的拓展，他们逐渐对汉口以及汉口人的身份予以认同。

外来客商旅居他乡，同操一家方言，虽素昧平生，他乡际遇也自有一见如故的情谊。所以同籍在汉商户过从甚密，同乡会便自发形成并蔚然成风，同乡会的功能主要是祭拜神祇，以增强背井离乡、客居在外商人的凝聚力，"或联同乡之情，或叙同乡之谊"，更能保护旅居商人免遭本地人的欺侮，慰藉孤苦无助之心，同心协力抵御商业风险。汉口区弹丸之地，形成数以百计的同乡会馆，带来不同建筑风格之间的交融。（图8-2-23）

同时，汉口开埠后，租界与华界两个世界因比较而生差异，西方的城市建设、街道管理、公共设施、建筑园林以及生活方式、价值观念、审美情趣等给予华界强悍的冲击，发挥强烈的示范效应，推动汉口城市建设亦步亦趋。

2. 里分——荆楚市民文化的代表性空间

开埠之前，湖北重要的建筑基本形制是数进院子组成的中轴对称式的狭长布局，坐北朝南，可由前街直抵后街。建筑物有平房，也有楼房，围合成院落。开埠十年，人口暴增，导致土地和房源的愈发紧张，上海的房地产开发商来汉投资，建造了汉口第一批里弄住宅，成为汉口里分住宅的起源。由于其建造周期短，造价低，住宅布局尽可能地利用土地，提高土地利用率，每个单元住宅平面及空间组织紧凑，统一施工建设，对房地产商极为有利，这种住宅形式得到迅速发展。在成片建造时，总体规划大多横向呈"工"字或呈"丰"字形，排列整齐，里分出口多，便于人流疏散。联排式的单元平面连接方式，使昂贵的城市用地得到高效率的运用；改良

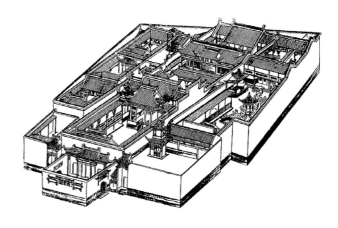

图8-2-23 汉口山陕会馆（来源：《荆楚建筑风格研究》）

的合院式平面布局满足中式生活方式,里分建筑的平面布局可谓是适应经济规律和生活模式的居住方式。"横平竖直"的街道加诸新式里分住宅和带有西方文化符号的建筑在潜移默化中形成一种与先进的价值目标相关联的文化,在辛亥革命之后的汉口城市重建中臻于高峰。

汉口里分虽然受到上海里弄的影响,但两者在布局方式上有明显不同。上海里弄采用了英国联排住宅的布局方式,是封闭的"大门对后门"模式,且巷道宽窄相同,(图8-2-24),而武汉里分建筑"大门对大门,后门对后门,主巷宽次巷窄",加强了邻里之间的交往,主街次巷层次分明的布局方式符合武汉人喜交往的性格特点,利于邻里融洽,也易于形成亦商亦居的城市空间,适于武汉市井的生活需求。里分内天井阴凉,适应武汉夏季闷热、冬季湿冷的气候特点,反映了汉口市民与自然环境共存、落地生根的生存需求。汉口里分依建设用地情况,呈现出布局灵活、类型多样丰富的特点,可分为行列式、周边式、组团式、沿街式、自由式等方式。(图8-2-25)

三、构造特色

湖北地处南北交界地带,自古便享有"九省通衢"的美名。在这块水陆交通发达,南北过客川流不息的土地上,其近代建筑也因受到多方面影响而逐渐发展,形成兼收并蓄的自身构造与装饰特色,建筑类型中以民居建筑表现最为突出。

(一)天斗

天斗主要是湖北地区民居建筑适应当地气候特征的一种构造做法,在天井上建有类似于屋顶的顶盖称为天斗,多设在进与进之间,起通风采光作用。天斗上装有亮瓦,光线通过屋面两坡的亮瓦射进室内,然后在室内空间中折射,使室内更加明亮。四周安装有铁管,可顺屋檐向下排雨水,其地面略高或中间铺砖,四边设有阴沟排水。有的天斗在与原有屋面之间安装有竖向的木板推拉门,冬季可将其关上御寒。

图8-2-24 上海静安别墅里弄(来源:《荆楚建筑风格研究》)

图8-2-25 武汉坤厚里(来源:《荆楚建筑风格研究》)

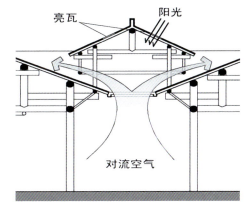

图 8-2-26　天斗构造示意图（来源：《荆楚建筑风格研究》）

图 8-2-27　徐源泉故居天斗（来源：《荆楚建筑风格研究》）

夏季则开启通风，改善了室内的微气候。在空间感受上，此处空间的突然加高，给人以豁然开朗之感。天斗的这种建筑构造较好地解决了大进深建筑的通风和采光问题，相比天井而言，天斗增加了对雨雪等恶劣气候条件的抵御能力。（图8-2-26，图8-2-27）

（二）四井口

结构特点是前后两栋正房，中间由左右各一栋厢房相连，形成以天井为中心，四面建房的院落。院是北方地区特有的院落形式，天井常见于南方的民居建筑，而湖北居于南北之间，如丹江口地区属于过渡性气候，南方的天井不利于通风，北方的院不利于排水。于是便出现了结合南北方院和井的形式，产生了四井口式的院落，院落中间较室内地坪低，院内铺设砖或青石板。夏季的雨水可以直接排到中间，从而形成"四水归堂"之说，在中国传统文化中，水主财运，四水归堂亦有聚财之意。

第三节　荆楚近代建筑对当代建筑创作的启示

一、将地域适应性设计策略运用于居住及公共建筑

建筑的地域性是指建筑与其所在地区的自然环境和社会环境之间的特定关联与反馈所表现出来的在一定时间和空间范围内相对稳定的共同建筑特征。地域适应性包含了特定地区与时间范围内的单体建筑的经验和方法，并将其上升为地区建筑模式，包括气候适应性、场地适应性以及材料适应性等几方面内容，在传统民居建筑中具有较为广泛的应用。

湖北近代建筑将传承至地方民居的地域适应性设计策略，不仅延续到近代别墅、公馆等独立住宅中，还广泛应用于新型集合居住建筑，如公寓、里分建筑中，使地域适应性设计为更广大的居民提供更为舒适的居住环境。

此外，湖北近代建筑还将地域适应性设计策略开创性地应用于近代出现的办公建筑、商业建筑及工业建筑等新建筑类型中，不仅有效地改善了公共建筑的室内物理环境，还为在公共建筑中表现地域性风格特征提供了可行的方向和可供借鉴的案例。

案例解析——以第十届园博会张公阁方案设计创作为例

张公阁是园博园的地标性建筑，需要同时体现出园博会理念和张公文化。"中学为体，西学为用"是张之洞的文化精神。设计形制以传统的古典建筑为基石，引入现代理念和科学技术手段，既能显示出历史文化的传承，又能展现出时代特征。建筑造型设计抓住武汉荆楚大地的气质，以极具工业感的深色钢材为骨架，打造出抽象简化的楼阁形态，完全采用新的结构体系和构造方式，创造一个新颖、庄重、典雅的园博园标志形象。其中在顶层吸收湖北近代民居中的天斗构造手法，采用屋顶采光，在展览之时，一方面使得从天斗之上进入的光线更加柔和，另一方面增加观众对于展品的敬重之感。在园博会结束之后，这里亦可作为婚礼等娱乐活动场所，新人或演讲嘉宾站在中间，使得场所的特质更加突出。

阁体除了整体的钢架体系外，围护结构都采用了安全高强的玻璃，使用上强调通透、明净与园区环境相融合，在整体的围护体系上，屋顶运用现代科学技术，设置整体的智能化百叶调节功能，可以有效控制室内光环境，达到舒适、怡人、现代的效果。与此同时，屋面材料可结合太阳能技术（如硅晶板等），体现出生态节能的特点。由于采用了钢结构与玻璃围护相结合的结构体系，形成了装配化生产，可行性强，由此可以大大缩短项目的施工周期，有利于园博园项目提前完工。

合理利用附加空间也是本案的一大特点：在抽象传统造型的基础上形成的檐下空间，成了室内空间的植物栖息园，让人们在游览过程中犹如置身于绿色的海洋，清新、浪漫、雅致、不一样的体验，也应和了园博园"绿色联系你我"的主题。

建筑外观分为基座及阁体两部分，基座高 7.5 米，可满足一般布展要求；阁体部分高度从檐口到基座 39 米，五层，除顶层观光空间外，其余均作错层挑空处理，一定程度上有拔风的效果，既丰富了展时的阁内空间形态，也为将来展后利用提供了附加空间。（图 8-3-1～图 8-3-4）

图 8-3-1 张公阁整体形象（来源：中信建筑设计研究总院）

图 8-3-2 天斗元素在张公阁中的运用（来源：中信建筑设计研究总院）

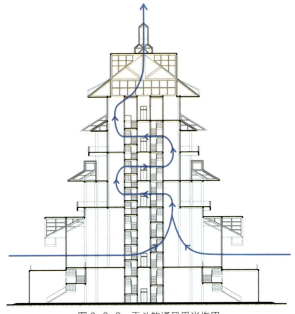

图 8-3-3 天斗的通风采光作用

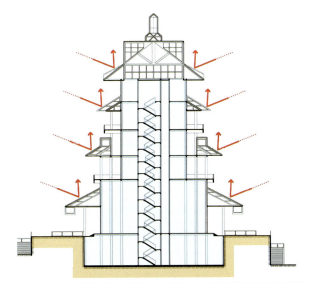

图 8-3-4 外挑檐的室外遮阳作用（来源：中信建筑设计研究总院）

二、在当代建筑创作中探索新的中西合璧荆楚建筑风格

近代建筑从中西混杂、模仿中国固有形式，到创作出成熟的中西合璧建筑形式，经历了一个艰辛而漫长的过程，一批优秀的中外建筑师为此做出了巨大的贡献，在探索中西合璧的建筑创作方面，取得了丰硕的成果。

湖北的近代历史，使湖北近代建筑受到了西方外来文化的影响。湖北当代建筑的走向也由此更为开放包容，尤其是改革开放三十多年以来，湖北建筑受到了诸多西方建筑流派，如现代主义、构成主义、结构主义等的强烈冲击，面临着地域特色丧失、传统文脉断裂的危机。如何在吸收西方优秀建筑文化的同时，弘扬中国传统建筑文化精髓，展现地方建筑特色，是当代建筑师面临的挑战。沿着近代优秀的中西合璧建筑风格的道路，探索新的中西合璧荆楚建筑风格，是近代荆楚建筑和建筑大师留给我们的启示。

案例解析——孝感市民之家的荆风楚韵

工业革命以来，现代主义席卷全球，近期更是出现了许多奇奇怪怪的建筑。当代建筑师肩负着弘扬优秀传统文化，传播高尚审美情操的文化使命的重要责任。本方案的主创建筑师从荆楚文化的四大美学意境——庄重与浪漫、恢弘与灵秀、绚丽与沉静、自然与精美出发，对文化意境和建筑形式进行再创造，用现代材料来表达对传统文化的敬意，这种再创作不是对传统建筑的简单模仿和还原。孝感市民之家无论在建筑造型、室内空间，还是结构造型上，虽然采用现代建筑语汇，但是创作思路上力求通过建筑的美学意境入手，更多地赋予它荆楚精神，从而塑造出具有融合中西文化特色的新时代荆楚建筑。

孝感市民之家项目位于孝感市行政中心用地北侧。市民之家东西196米，南北进深60米，地上4层，地下1层。使用功能为：行政审批中心、公共资源交易中心、公积金管理中心。

现代建筑要借鉴荆楚风格，不仅是外在特征的借鉴，而是要运用现代材料满足现代功能，从意境、形式、色彩各方面统一考虑。而楚国高台建筑最能集中体现建筑的特点和工艺水平，在中国建筑史上占有重要地位。楚人的建筑意境强调整体、大块面的感觉。楚建筑中的台筑，常常以整个宇宙空间为背景，楚人往往采用大而整体的块面，使建筑与自然环境更好地融为一体。当人们登台远眺，一种辽阔的宇宙意识顿时在胸中奔涌，这正是老子"大象无形"的苍穹意识。

孝感市民之家以高台阔檐的建筑意向为创作原点。建筑造型采用简洁的三段式构图，底层为实体梯形，上部叠加两个虚面的矩形体块，整体造型仿佛高台之上的宫阙剪影。立面中轴对称，大实大虚，高台深檐，恢弘灵秀，符合荆楚建筑的特点。在功能布局上，根据三大不同的功能和空间特点，对应于造型上的三大体块，分别将行政审批中心布置在底层梯形体块内，将公积金管理中心布置在中间较小的矩形体块内，将公共资源交易中心布置在顶层出挑的矩形体块内。建筑造型很好地契合了使用功能的要求。（图8-3-5）

三、在地标性建筑中找寻荆楚之地的集体记忆

集体记忆是一个具有自己特定文化内聚性和同一性的群体对自己过去的记忆。这种群体可以是一个宗教集团、一个地域文化共同体，也可以是一个民族或是一个国家。这种记忆可是分散的、零碎的、口头的，也可以是集中的、官方的、文字的。集体记忆，对于组织来说，能够起到一个让组织成员心理上有归属感的作用。

湖北的重要事件性建筑已经成为荆楚之地的集体记忆，给生于斯长于斯的湖北人留下了难以磨灭的心理印记。心理学理论认为"关系及记忆"，要想维系一个群体之间的关系，需要不断强化成员的共同记忆，留存更多的共同记忆事件。根据这一理论，近代湖北具有历史纪念意义的重大事件性建筑，也应该成为当代地标性建筑创作中值得找寻和强化的集体记忆。

案例解析——辛亥革命博物馆新馆及首义南轴线创作构思

辛亥革命是中国历史上具有深远影响和特殊政治意义的事件。辛亥革命博物馆（新馆）方案依其特有的历史、地理环境，进行了独特的设计构思：以展现首义精神为主线，强调纪念氛围的营造，塑造庄严肃穆的空间形象。

规划构思：采用传统的中轴线手法增加事件性建筑的纪念性，以时间轴为主，为避免其单调性，辅以折线形态的事件轴，两轴相互穿插，使轴线空间丰富饱满。时间轴是直线，参观者追随时间线索回忆的步伐是单向且无法停止的，时间的推进是不以人的意志为转移的，正可谓"逝者如斯夫"。从建筑心理学的角度上来讲，直线的时间轴也是人们难以停留的空间；"事件轴"是折线，正好弥补了时间轴不可停留的空间缺陷，可以提供来驻足思考的空间。博物馆既是"时间轴"的起点，又是"事件轴"上的一个重要节点，增强了两条轴线的联系。两条轴线在博物馆新馆处相交汇，不仅保留了"时间轴"的纪念意义，更赋予"事件轴"以空间意义，从而实现形式与空间的结合，完成博物馆纪念功能的外化拓展。另一方面，从整个城市和景观视线等方面着手分析判断，基地周边拥有首义文化园、蛇山、黄鹤楼等著名的自然与人文景观。为此方案保留了基地与蛇山、黄鹤楼两个重要景点的景观视廊的联系，形成了"轴线—黄鹤楼"、"轴线—蛇山炮台"两条景观视廊，使得人与景观保持良好的视觉联系。同时景观视廊与开敞空间的组织有助于加强城市主要节点与最佳观赏点的有机联系，为城市空间赋予层次感和特色感。两条景观视廊与首义中轴线相交，自然使得建筑平面轮廓形成了一个正三角形构图，与旧馆遥相呼应。（图8-3-6，图8-3-7）

建筑构思：辛亥革命博物馆新馆是历史主题鲜明的纪念

图8-3-5 孝感市民之家用现代的逻辑演绎楚建筑的庄重与灵秀
（来源：中信建筑设计研究总院）

馆，建筑主题的表达首先是"主题鲜明、立意高远"。建筑设计将"勇立潮头、敢为人先、求新求变"为核心的首义精神作为构思重点，强调整体环境和氛围的创造。为此，建筑造型期望将现代手法与首义精神融为一体，塑造出刚毅、挺拔的视觉效果。建筑外墙采用粗糙的表面肌理，利用自然雕琢、风化的纹理，创造出整个建筑"破土而出、浑然天成"的艺术效果。缓坡台基与三角形形体之间不是直接连接，而是采用玻璃作为过渡，造成视觉上的冲击感，象征着冲破封建束缚，敢为人先的首义精神。同时"V"字形的形体削弱了三角形的体量，缓坡台基减少了建筑物的高度感，使建筑体量和高度与红楼、蛇山及周边建筑相协调，营造出肃穆、凝重的纪念风格。在建筑空间表达上，运用叙事的手法，通过建筑语言向公众讲述辛亥革命这一特定历史事件的发生、发展、高潮和结束。为此，方案设计了一条从喧嚣到宁静再到思考的心理体验。观众从地下5.4米进入序厅，整个入口序厅被覆于缓坡之下，刻意塑造出一种暗示革命前的黑暗统治及腥风血雨的气氛；当观众向上进入2层，可以感受革命呈现螺旋上升的艰辛历程；2层展厅结合室外展场，将自然光引入室内，达到柳暗花明又一村的空间感悟；3楼为博物馆最高处，南侧的露台视野开阔，观众可以眺望整个南广场和紫阳湖，体验革命高潮的动人景象。

图8-3-6 规划构思（来源：中信建筑设计研究总院）

图8-3-7 整体鸟瞰图（来源：中信建筑设计研究总院）

四、在城市设计、社区规划与设计中延续富有生机和活力的空间肌理

城市设计不是孤立的，而是整体环境中的一个片段，是塑造场所连续性的重要组成部分，它完善了建筑群、街道、街块、邻里、街区、廊道和自然环境。城市的发展是继承性的再创造，新设计的场所必须成为城市历史的组成部分。

湖北的重要近代历史地段、历史文化街区主要包括江汉路及中山大道片、青岛路片、"八七"会址片、一元路片、昙华林片、首义片、农讲所片、珞珈山片。经过保护性规划设计，这里目前仍然是武汉市人文气息最为浓厚的具有生命力的城市空间。除此之外，在省内还有相当一部分并未纳入历史地段和历史文化街区保护名单的近代城市风貌区，在今天的大中城市和村镇中仍然具有旺盛的生机和活力，不仅应该在新的城市设计中加以保护利用，而且还能为当代城市设计提供借鉴。

另一方面，为改善人居环境，提高城乡居民的居住条件，居住区的快速增长和优化设计，也是湖北地区面临的重要现实问题。当前居住区设计一般采用简单构图的布局形式，包括行列式、周边式、点群式、围合式等，往往导致形式单调、个体无可识别性、组团缺乏安全感、缺乏邻里之间的交往空间、社区无归属感等问题。分析、借鉴近代里分建筑的空间布局，有助于当代居住区的规划和设计，在满足现代生活方式的同时，适应荆楚市民文化需求和湖北自然环境与气候特点。

案例解析——第十届园博会东部服务建筑（汉口小镇）

第十届中国（武汉）国际园林博览会是由国家建设部和湖北省城乡建设厅主办，是武汉市近年来举办的重要的国际性盛会。选址位于武汉市城乡结合部，原为金口垃圾场区域，总面积231公顷。选址位于城市废弃垃圾场，变废为宝，实现生态修复，造福城市是本届园博会最大的亮点。园博园主要建筑由三大主体建筑和东西部服务区组成，主体建筑包括国际园林艺术中心、长江文明馆、园林材料展示馆，两大服务区为东部服务区、西部服务区，汉口小镇即为东部服务区。

为充分彰显武汉园博会主题，举办一次充满武汉地域特色的博览会，通过对成都宽窄巷子等著名历史文化街区进行调研，并综合展会后各项设施可持续开发利用，规划者认为该地块可打造成为一座极具老汉口风情的文化旅游区。延续老汉口的城市肌理与城市记忆，通过亲切的街区尺度找回老汉口的活力。

汉口小镇的设计理念在于唤起老汉口的"码头记忆"、该旅游景区以汉口文化旅游为主题，以传播和消费"绿色休闲文化、创意文化"为特色，通过真实复原清末民初汉口街市、汉皋民间建筑形态，展现老汉口的生活方式，举办各种特色活动和节事等方式，营造一个轻松、惬意、休闲的汉口历史文化氛围，力求吸引老汉口人来此找寻汉口记忆，新武汉人了解老汉口风貌，最终打造成为一个武汉市乃至全省重点文化旅游项目，形成新的历史文化沉淀。

方案创作首先为项目做详细的分析和定位——清末民初老汉口最具代表性的历史街区再现，主要基于两点考虑：其一，与现有的武汉天地、楚河汉界形成差异化对比；其二，原老汉口的历史街区被城市化进程吞噬殆尽，借园博会之机，还原那些街巷作为商埠重镇的老汉口的回忆。方案构思以老汉口为代表性的传统街区：汉正街、大夹街、长堤街、花楼街片区为原型，将这片从硚口到交通路这段长宽好几公里的区域浓缩在园博园东入口400米长、100～150米宽的范围内。

于是汉口小镇这张网被一座码头、三座会馆、五个广场，三街一片区的点线关系编制起来。外立面以老汉口原型原样为主要依据，注重街道的空间序列关系。跟地铁7号线对接的地方做了隐喻"龙王庙码头"的旱码头。穿插了汉正街片区名巷——淮盐巷、折扣巷等，将街道的建筑形态定位为民间、官式两种。官式在"山陕会馆、万寿宫、广东会馆"三馆的重点部位予以体现，以展现会馆建筑的特色符号为主。民间建筑以还原街巷风貌及湖北地方建筑风格为主，建筑形态强调聚落性、街巷的整体协调性。

汉口小镇最后被确定为17个单体，总建筑面积40000平方米，单体建筑两层为主，局部三层。立面采用小尺度混搭式样，受控于街道起承转合的空间节奏与比例，总体立面风格由南到北以中式到西式过渡，以次入口广场为分界线，三街巷以中式为主，花楼街片区为西式。中西文化在次入口广场交汇，戏楼与钟楼也在这里相聚，不经意间产生一种时空的错觉。项目整体布置上，最南侧为入口售票、展示用房，与小镇老街主入口山陕会馆相望，之间为东入口广场。考虑到是园博盛会及其形态功能，把这栋服务建筑与入口遮阳棚在空间和造型上统一考虑，采用连续、折线起伏的立面形式将其做成空间多变的现代建筑群形象，材质上与老街对应，营造出与"老汉口"隔江相望的"渔家氛围"。（图8-3-8）

图8-3-8　汉口小镇鸟瞰图（来源：中信建筑设计研究总院）

第四节　湖北近代建筑的价值与保护

一、价值与意义

湖北近代建筑是中国近代中西文化交融的结果，是中国近代科学技术与艺术的结晶，反映了湖北近代历史上政治、经济、文化的发展变化，具有历史、文化、城市与建筑等诸多意义。

作为一种社会现象，湖北近代建筑印刻着湖北近代社会形态的形成和发展过程，是研究湖北近代史的实物资料。同时，湖北作为中国近代史上商埠比较集中的地区，湖北近代建筑也是研究中国近代史的重要实物，它目睹了中国近代历史上军事、工业、商业等各方面的发展，见证了中国近代文明的形成。

湖北具有优秀的传统文化，在近代又融合西方文化思想，形成了一种折中混合的社会文化，成为中国近代文化中心之一。作为社会文化与历史的结晶，湖北近代建筑延续了中国传统文化的精华，同时汲取世界的优秀文化遗产，整体而又集中地体现出湖北社会生产力、时代精神、民族传统、地域特性以及社会价值的具体取向，是湖北近代文化的最好见证。与近代社会和近代城市发展密切相关的湖北近代建筑，是东西方文化以及中国广泛的地域文化交融的场所，亲历过湖北城市发展的脉络，综合反映了湖北乃至中国的城市演变历程。留存至今的湖北近代建筑，是影响现代城市形态的重要因素，对今天城市建设与特色营造有着重要的价值。

建筑作为最基本的人类活动，最能体现当时的技术成就与艺术水平，反映出技术的发展阶段及艺术发展规律。湖北近代建筑是湖北近代科学技术与建筑艺术发展的必然结果，是研究湖北近代建筑史的实物资料，也是研究中国近代建筑史的实物资料。湖北近代建筑反映出的近代建筑技术与艺术发展成就，为当今的建筑师提供了可借鉴的资料。这些有益的艺术思维和艺术技能，成为建筑艺术不断发展的阶梯。

二、保护与利用

湖北近代建筑保护工作开展较早，已建立多级的历史建筑保护体系。依据其历史、艺术和科学价值，受保护的近代建筑分别为：全国重点文物保护单位8处，包括武汉起义军政府旧址、八七会议会址、武汉国民政府旧址、武昌农民运动讲习所旧址、江汉关大楼、大智门火车站候车厅、武汉大学早期建筑、詹天佑故居；省级文物保护单位13处，包括中华全国总工会暨湖北省总工会旧址、汉口汇丰银行大楼等；市县级文物保护单位40余处；此外，还有武汉市优秀历史建筑102处，荆州市《荆州市城市紫线规划管制》历史建筑7处等。这些历史文化遗产总是处于不断的生长和发展之中，历史文化遗产的保护理念百余年来也是处于动态演变之中：在保护对象上，从"纪念碑"式的文物转向历史街区、城市文脉的保护；在保护范围上，从历史遗迹本身扩大到遗迹周边所处的环境；在保护深度上，由过去注重物质实体形态演进扩大到对自然环境、历史环境、人文环境的综合性保护。整体保护体系则采取点（文物保护单位和保留历史优秀建筑）、片（文物保护单位和保留历史优秀建筑较集中的地段）、面（传统风貌突出的区域和风景名胜区）相结合的方法。近年来《武汉市一元片区保护规划》、《武昌昙华林历史街区保护和利用控制规划》等历史片区的保护规划相继出台。湖北其他地区，如荆州市、宜昌市也以原租界区为基础，编制了相应的历史风貌区保护规划。随着历史遗产保护理论的日趋成熟，基于动态的保护与更新理念适时提出，认为历史文化遗产是一个动态循环的过程。

基于以上背景，湖北省在历史文化遗产保护规划中，建立了从宏观层面的总体规划，到中观层面的专项规划，再到微观层面的街区保护规划的三级保护体系，始终将动态保护的理念贯穿其中。

（一）宏观层面：动态更新历史文化名城保护总体规划

历史文化名城保护总体规划是从城市整体保护出发，建立总体保护框架体系，对反映历史文化特色的文物古迹、历史建筑、街巷空间、历史构筑物、古树名木、原始自然景观及其他历史遗存等历史要素，以及武汉传统历史文化及其物质载体等内容进行整体保护。通过结合国家出台的《历史文化名城保护规划规范》，动态编制历史文化名城总体规划。与此同时，动态更新历史文化名城总体规划的内容，主要包括保护的层次框架和具体对象（文保单位、街区层面的历史地段、风景名胜区等）。

（二）中观层面：不断完善各专项规划的编制

紫线是历史文化遗产保护的法定依据，在2006版总规指导下，武汉市分别于2008年和2009年编制完成了《武汉市城市紫线专项规划（主城区）》和《武汉市都市发展区紫线专项规划》，划定了武汉市主城区和都市发展区范围内的5片历史文化街区、5片历史地段、150处市级以上文物保护单位、60处区级文物保护单位、43处不可移动文物的保护范围和建设控制地带，124处市级优秀历史建筑保护范围。

2011年，武汉市组织编制完成《武汉市工业遗产保护规划》，通过现场调研确定主城区现存工业遗存95处。在此基础上，确定武汉工业遗产的评定标准，推荐了27处工业遗产名单，并建议对27处工业遗产分为一级、二级、三级进行保护，然后制定工业遗产保护图则，研究工业遗产保护与利用模式。

工业遗产是历史文化保护的新类别，武汉是中国近现代工业的发祥地之一，其工业类型丰富，包含重工业、轻工业、军事工业、造船工业、交通运输业等，囊括了大多数的工业种类。从历史分期来看，武汉近代工业遗产主要分为两个时期：汉口开埠，近代工业萌芽时期（1840~1910年）；民国资本主义工业快速发展时期（1911~1948年）。武汉自开埠以来，外来资本的入侵带来汉口租界范围内工业的快速发展，并以租界为中心一直向外发展，外国工厂（砖茶、面粉、蛋品、卷烟等农产品业，电灯公司等电力工业）、银行、洋行得到快速发展。张之洞在武昌建设的湖北布纱丝麻四局形成武汉近代第一个棉纺织业中心。在汉阳创造的"十里工业长廊"带动汉阳的发展以及奠定武汉冶金、机械制造、纺织三大工业支柱的基础，最典型的是湖北枪炮厂。1911年伴随民国政府的成立，民族资本主义工业得到快速发展，"1911年前后，武汉地区有各类现代工厂约150家。其中官办企业20多家，民营企业120多家，至1936年，武汉共有民营企业516家。"汉口不仅是华中土产贸易的聚散点，而且还是一个重要的工业中心，申新四纺织、武汉火柴厂、五丰面粉厂就是这一时期民营企业的典型代表。

工业遗产保护与利用——以武汉市龟北路片区为例

凯文·林奇说："一个不能改变的环境会招致自身的毁灭。我们偏好一个以宝贵的遗产为背景并逐步改变的世界。在这个世界，人们能追随历史的痕迹而留下个人的印记。"现代社会高速发展，城市在形态结构等各个方面要求更加适应21世纪的需要，而这些需要又与过去200年来工业社会进程所遗留下来的物质、环境、经济结构大相径庭。因此，在全球范围内对"宝贵遗产"的"逐步改变"势在必行。项目地块位于武汉市汉阳区龟山北部和汉江南部，面积约90公顷。这个地区之所以特殊是因为：首先，这块狭长的地块位于武汉的中心地区，北面面临长江第一大支流——汉江，南面是著名的龟山；其次，这一地区见证过我国现代工业的发展，是我国现代工业的发祥地。1890年张之洞利用大冶的铁矿和萍乡的煤在此相续开办了整个亚洲地区最大的冶金企业——汉阳铁厂和汉阳兵工厂。现在"龟北"地区依然保留着当年很多的历史遗迹（例如汉阳铁厂的界碑）；另外，随着武汉经济结构的调整，地块内的几个大型工业企业相续减产，而政府也要求改造这一地区，因而这些企业厂房的再利用就成了设计需要关注的一大问题。为此在工业遗产片区保护与利用的策略上采用以下方法：

1. 自上而下：结合"自下而上"的调查、研究和规划方法

在我国，重大项目的推行往往采取政府主导，"自上而下"的运作模式，小到城市广场的建设，大到奥运会，世博

会等国家重大工程的组织几乎都是如此。然而这种单向运作难免存在弊端，常常会造成建设结果脱离大多数市民所需；工程求新求异导致铺张浪费和政府资金流失；各种场馆在重大活动结束后无法有效利用和维护等诸多问题。而另外一种"自下而上"的规划方式，是一种自发的市场行为，是由规划的利益相关方决定的开发。这种开发模式有一定的盲目性和投机性，甚至会造成很多不合法的开发出现，典型的例子是纽约SOHO区。在调研阶段，通过问卷和走访的方式认真调查了区域内的企业和社区，整合为几万字的调研报告；在规划阶段，大到主要道路的布局，大型设施的布置，小到单体建筑的改造，对场地内厂房都进行了认真细致的测量。这些资料正是后期方案的重要基础；另外一方面，"龟山北"地区的城市设计也必须依赖前期方案，并按照相关部门的要求进行设计。例如为了达标，武汉政府对规划道路和建筑高度进行了仔细研究。其次考虑到未来"西月湖"和琴台大剧院周围地区的开发，设计也加强了东西两个月湖的联系和可达性等。正是通过详细的调查和分析（自下），同时结合当地政府及前期规划的要求（自上），改造方案才能在两种规划方式中平衡。

2. 多功能混合

在城市历史地区中，除购物和办公外，居住功能特别有助于创造一个"活跃的中心"。居住在历史地区的人们的日常生活更有利于增加这些地区的活力，使原本萧条的街道和建筑活跃起来。居民的搬入需要对原地区基础设施进行更新，进一步带来的是对街道物质环境的改造，这样的改造有利于城市逐渐地满足现代社会的需要。所以在设计改造中，强调了社区的建设，希望通过为居民提供丰富的设施和良好的环境来创造一个"和谐而有活力的"社区环境。在政府注资保护的基础上，应当让这样一块90公顷的地块"自给自足"，即振兴该地区的经济。

3. 发掘工业遗产潜力

"龟北"地区地块内4个大型工业企业搬迁后将给地块留下很多的工业厂房。有些厂房很有特点，有的尺度很大（例如武汉市一棉集团的一个占地大于1公顷的厂房），有的建筑风格和布局富于特色（例如武汉特种汽车制造厂的几排厂房），有点类似纽约的SOHO区。在调查过程中意外地发现以前的一个厂房已经被一家广告公司改造，老板说："我们打算做些尝试，而且这儿的房租也不贵。"规划小组和建筑小组对区域内的厂房改造也进行了深入的研究。最后，我们保留东月湖边的一系列厂房，并引入曼彻斯特的旅游开发理念，结合建筑改造把这一地区开发为工业博物馆区。而周围保留的一部分厂房改造为艺术家工作室，配套建设一定的服务设施。对几个大型厂房，在保留建筑结构的基础上改造，使之成为大型的商业、娱乐场地，在其中配置电影院、咖啡馆、购物中心等。这样的改造极大地提升了整个地块的服务能力。

（三）微观层面：重点编制历史文化风貌区保护规划

街区层面的历史文化风貌区是城市记忆保持最完整、最丰富的地区，它集中展现了一个城市社会的风俗习惯及地方文化个性，并以其自身的活力起着传承社会文化的作用，既体现着传统文化的价值，也构建今天人们生活的重要背景。如一元路历史文化街区自开埠以来就是汉口的中心地区，并与原租界区的建筑、街道等物质文化共同形成独特的城市风格。为此武汉市2013年正式出台了《武汉市历史文化风貌街区及优秀历史建筑保护条例》，作为历史文化风貌街区和优秀历史建筑保护的法定依据。在这些规划编制中，动态保护成为街区保护的核心理念。

以汉口一元路历史文化风貌区为例说明动态保护理念在街区中的应用。

一元路片历史文化街区北邻三阳路，东至沿江大道，西至中山大道，至车站路。该区域属原汉口法、德租界，包括风格各异、富有特色的传统里分、公寓和公共建筑，街道尺度宜人，历史人文荟萃，集中反映了汉口原租界区近代居住和公共活动的形态特征。既是传统的老汉口居住地带，也是市级行政办公集聚区。为此，武汉市从区域层面，先后于2002年和2008年分别编制了《汉口一元路片旧城风貌保护规划》、《汉口原租界风貌区保护规划》。其中后者从项目操作实施层面，进行了统筹策划，整体依托汉口租界风貌区现有良好的资源，整合区域功能，形成"四核心带动四片层的发展，并以三廊道串联四片层"，实现整个区域的优化。一元路历史街区在保护历史遗存的基础上，因地制宜，动态更新利用方式，采用差异化特色定位，使其适应当前城市发展功能的需求。具体做法如下：

1. 一元路片是原法租界文化荟萃地，将其打造为武汉市法国文化展示区

位于沿江大道的英、俄、德、法、日五个租界区是武汉市历史保护最为集中的区域。其中，法租界居住人口最多，饭店、戏院、电影院等娱乐产业集中，道路格局自由浪漫，建筑风格多为新古典主义和折中主义。规划将修复德明饭店，整合平安里街区，形成历史特色酒店，兴建法国文化展示中心。

2. 汉口原租界风貌区文娱商业集聚，将其打造为汉口历史文化娱乐集聚地

一元路片区舞厅、剧院、戏院、茶园集聚在此，规划将保留修复中央大戏院；整合八大家、首善里，打造蔡锷路配套文化街区，对现有餐饮产业进行提档升级。

3. 将片区打造为里分生活的体验地

片区范围集中了不同时期不同类型的里分建筑，通过保护里分空间格局的完整性、政治建筑环境，再现历史风貌、完善配套设置，提升居住品质等途径提升里分在现代生活中的吸引力。

第九章　湖北现代地域建筑创作方法与实践

　　荆楚现代建筑应该是和当下人们的生活方式结合得最为密切的建筑形式，反映了荆楚各个地区的气候、地理、风俗、审美趣味的高度融合性。应深入体会和分析湖北传统建筑的布局、空间、构造、体型、轮廓和装饰之美，以某种现代设计手法更新一种传统形式，就有可能实现传统建筑在形式上的创新，并保持设计的纯度和形式感的力度。将其中具有生命力的部分抽取出来，结合现代生活的要求、现代的材料和构造要求，进行新的建筑创造，为建筑物营造既有现代感又有传统审美趣味的艺术氛围是荆楚现代建筑设计的重要方向。

第一节　湖北地域建筑创作历史回眸

湖北现代建筑的空间范围是湖北省境内。时间范围应从西方现代建筑传入开始，但以省会武汉解放，尤其是改革开放以来的建筑业绩为重点。湖北现代建筑的创作设计主体并不限于本省，也包括省外，甚至国外的建筑师。因此，只要是在本时段、本地区营造的建筑，都可视为湖北现代建筑。其中，有代表性的部分优秀建筑为本书所收录。

湖北现代建筑具有中国现代建筑的一般特征和经历。由于地理条件、文化传统、经济基础以及国家宏观战略的区域性布局，湖北现代建筑也取得了富于地方特色的辉煌成就。追溯这一时期的建筑发展史，在激情创作、不断前进的现代化道路上，湖北的广大建筑工程技术工作者从一开始就走上了一条自力更生、不断探索的曲折之路。

一、自发延续：20世纪50年代前期

自卢镛标1930年开设卢镛标建筑设计所开始，华人建筑师纷纷在汉口开设事务所，1948年《汉口市建筑师开业登记清册》中，华人建筑师有29人。这一时期的武汉建筑除了建筑形式、构造做法向现代建筑转化、从业建筑师本地化之外，建筑技术、建筑制度和建筑教育也不同程度地表现出现代性。

新中国成立的前三年，正处于国民经济恢复时期。为医治战争创伤，当时，全省建设的主要任务是发展工农业生产，安置城乡居民生活，从建筑、设施上为新生政权提供保障。

二、民族形式的主观追求：20世纪50年代

从1953年开始（1953～1957年），我国依据前苏联模式实行发展国民经济的第一个五年计划。"一五"项目主要由前苏联援建，从而兴起了中国现代建筑发展历程中的一个向国外学习的高潮。湖北、武汉位于中国腹地，自然成为了国家"一五"时期的重点建设地区。借助观摩、学习前苏联所创造并加以总结的有关城市规划、住宅建设、工业建筑方面的设计规程与管理方法，湖北以至全国在新展开的建造活动中，开始摆脱以中国传统手工艺为主流的营造方式和经验的历史桎梏，向国际化、现代化迈出了重要的第一步。中国建筑学会第一次全国代表大会号召：建筑设计不仅要学习前苏联先进的技术和经验，还要学习前苏联把社会主义"内容"与民族"形式"结合起来的设计思想；同时提出，以"民族的特色，社会主义的内容"作为今后建筑设计的指导思想。主流以垂直三段（基座、墙身、大屋顶）、水平五段（中段为主体，两旁为两个侧翼和两个连接部分）、大屋顶为形式特征，追求建筑的传统性和纪念性这种加了大屋顶的"中国固有之形式"已经在社会上取得了一定的约定含义。这一时期对于民族形式的探索中还有一些效果还不错的建筑。这股民族传统形式风气在20世纪50年代中期形成，由于在经济上造成了较大的浪费而很快被制止了。

按照"社会主义的内容"规范的内涵，湖北建筑师依靠自己的创造性劳动，设计建成一批社会急需、在当时条件下质量较好的民用与工业建筑。这些建筑在营造技术和造型表现各方面，采取的基本上都是国际式现代风格，如中南建筑设计院办公楼、中南体育场、中南交际大楼等公共建筑。这一时期，建筑师们对中国古代建筑文化遗产，尤其是古代建筑的做法和形式，开始了深入、系统的调查研究，为创作具有自己民族传统的建筑风格进行了有益的探索。湖北当时设计的一些作品，既有借鉴中国古典园林、结合特殊水环境的游览建筑，如东湖风景区行吟阁、长天楼；也有运用古代建筑大屋顶、在装修上采取复古风格的教育建筑，如武汉体育学院、华中科技大学等高校校舍；还有以现代技术与传统形式相结合所创作出的具有民族风格的公共建筑，如交通学院、市委礼堂等。以模仿前苏联"社会主义内容、民族形式"风格为主的建筑物，在湖北最著名的是武汉展览馆（建筑已毁）（图9-1-1，图9-1-2）。它与北京、上海、广州同类作品并称四大仿苏式国家纪念性公共建筑。难能可贵的是，由湖北建筑师设计的武汉展览馆"取消了繁琐的装饰，与苏联

图 9-1-1　武汉展览馆

图 9-1-2　武汉展览馆室内中厅

建筑相比,已有了探新性质"。通过这一时期的创作实践,加深了湖北建筑师对中华大地尤其是湖北地区所蕴涵的博大精深的古代建筑文化的认识,积累了把传统与现代有机结合的设计经验。在全国设计施工工作会议上,第一次提出了新中国自己独立的建筑设计指导思想:"适用、经济、功能条件下注意美观"。湖北省在贯彻落实新建筑原则的同时,纠正工程设计中的片面节约倾向,完成了一些功能较为合理、造型简洁大方的建筑设计,如东湖高干招待所、同济医院住院部以及长江大桥艺术处理方案等。武汉剧院、武汉大学物理楼、湖北医学院门诊部等一些较好的设计也得以实现。其中武汉剧院典雅庄重,视听效果好,至今仍深受好评。这一阶段,湖北省除建成大批民用建筑外,还完成了一批中、小型新建或扩建工业厂房及其附属设施的设计,如汉口第一纱厂、武昌造船厂、华新水泥厂、中南电线厂等。20 世纪 50 年代中期以后,随着工业建筑设计任务类别、项目规模逐渐扩大,"一五"期间,国家重点投资的 156 项基本建设项目中,布点武汉的就有武钢、武重、武锅、武船及武汉长江大桥等七大项目。

三、政治性、地域性、现代性:20 世纪 60～70 年代

1959 年在全国"建筑造型艺术及创作方向问题"座谈会和"住宅标准及建筑艺术"座谈会上,又进一步明确提出"创造中国社会主义建筑新风格"的指导思想。这极大地鼓舞了全国的建筑工程技术人员,对繁荣建筑创作、提高设计水平起到了推动作用。这一时期,湖北省探索现代建筑新形式有了新的进展,出现了武汉电视大楼、武汉长话大楼、武汉铁路局大楼等一些较优秀的建筑作品。合理运用现有资源、关注地方环境特色,成为当时中国现代建筑新的切入点。湖北发展现代建筑,时间虽不长,却形成了注重提高技术质量、加强科学研究的好作风。

从现代主义的建筑设计理念出发,利用地方的特有条件,功能原则要求建筑设计首先考虑的应当是气候与物产。湖北素称"千湖之省",地处华中冬冷夏热的过渡性地区;武汉虽为"百水之城",却居长江"三大火炉"之首。特殊的地理、气候条件极大地决定着当地的建筑特色。汲取、发扬本土性建筑的环境策略也是湖北现代建筑营造的原则。和长江中下游过渡地区其他地方一样,湖北建筑需要解

决的头等大事就是探寻夏热冬冷特殊地区的建筑环境对策。今天，建筑节能和宜居环境的建筑观深入人心，而且已经是湖北建筑师自觉遵行的建筑设计准则。早在20世纪60年代，湖北的建筑师们就结合武汉地区的特点，设计出了一批带小厅的小面积住宅。这些新式的住宅，因在组织自然通风方面有所改进，而受到了普遍的欢迎。20世纪70年代，湖北省曾经集中组织力量进行城市与农村住宅调研设计工作。建筑专业技术人员展开有关屋面及地下室防水、南方建筑的通风隔热等研究试验。经过科学研究和技术论证，找到一些解决武汉地区住房闷热问题的技术措施，做出了结合地区气候特点、平面布置和自然通风比较合理、具有较好使用功能的地方特色建筑。成功的实例有湖北省计量局住宅、湖北柴油机厂住宅、农机部武汉办事处住宅及武胜路实验性住宅等。武汉市规划局办公大楼、鄂城墩西区综合楼、武汉市检察院办公楼等，这些建筑虽然功能比较单一，而且都有各自的类型特点和不同的使用对象与要求，但是由于地处湖北武汉，具备良好的热工环境创造，这势必成为设计特色的首选。因此，结合环境与功能，合理布局，提供良好的朝向与通风以及足够的视野，这些都保证了武汉市规划局等一批建筑，通过平面布局与空间设计，实现了功能通畅、建筑节能、环境最佳。

四、徘徊与重塑：20世纪80～90年代

自20世纪80年代以来的地域性建筑创作，经历了一个由表及内、由普遍模仿引用向各具个性发展的过程，但纯粹符号化的装饰性形式语言仍是目前创作的主要手段。20世纪80年代以来对地域性建筑创作的重视也引起了相关研究的展开。如何挖掘传统建筑文化所保留下来的有形遗产及其无形资产，也是现代建筑深入发展必然提出来的一个重要课题。20世纪七、八十年代，在全球范围出现的"寻根"热、旅游热，正逢中国改革开放的重要转折时期。市场经济发展的结果大大促进了旅游业的不断拓展。为了延续文化传统，也为了发展旅游事业，湖北地区和全国各地一样，也重建了一些古建筑，修造了一些仿古建筑。这些新建筑不一定都是沿用传统材料、传统工艺，在原地、依原样复建，也没有"修旧如旧"，而是参照史学、考古学、建筑学提供的荆楚建筑整体意象，加以仿造。它们虽用的旧形式，却换了新内容——现代材料、现代结构、现代尺度、现代功能——因而也可以归类为现代建筑。武昌蛇山黄鹤楼，原址环境在建长江大桥以后有了很大的改变，就地重修已无可能。新建的黄鹤楼以清代旧楼为原型进行了艺术再创造。其外貌并非"楚风"，只能算是"楚地"历史的象征。楼高50米，平面正方形，四面各加抱厦，形成12个折角；楼顶金黄琉璃、飞檐翘角。汉阳龟山晴川阁，坐落临江"禹功矶"，按清末形式复建，两层楼阁、重檐歇山、青瓦反宇、红柱环廊。虽外观更显古香古色，但与黄鹤楼一样，实际上都是体量巨大的现代楼塔式旅游建筑。它们既能满足大量游人登高揽胜的需要，又在现代化大都市高大、单调的建筑群包围的环境中，以突出的形象踞山临江、搭建视廊，成为全城的地标。东湖暂让西湖美，为了把武汉东湖打扮得比杭州西湖更美，几十年来，改造、建设持续不断。1986年，在东湖磨山兴建了"楚文化游览区"，总体规划中建设重点是风景区的主体建筑——"楚天台"。战国时期的楚国地处长江中游今湖北境内。楚国的建筑今已无存，但大量出土文物展示，楚文化无比精绝，尤其是建筑艺术宏伟精美，成为当时列国竞相仿造的对象。参照《楚辞》文字描述及出土文物形迹设计的楚天台，建于东湖边磨山主峰山顶侧25米处；后楼利用山形，双层云台为基座；顶部三层卷棚歇山屋面；前殿黑红色调，屋顶上装饰鹿角立鹤钢雕仿木结构。整个建筑踞山临水，控制四野，远望形胜宏伟，有如京师颐和园昆明湖与万寿山之间的佛香阁。近旁更筑有楚街市、楚城楼等一系列建筑，其细部处理，檐部、屋脊、门窗等都采用了出土文物中的装饰风格，使东湖公园变成一处很有"楚味"的现代建筑园林。

随着改革开放的深入发展，国家体制开始由计划经济向市场经济转轨，重要的民用建筑开始实行设计方案招标。国内其他地区及境外设计机构也纷纷到湖北开辟市场，空前壮大了湖北现代建筑的创作设计队伍。在建筑设计市场空前活

跃、竞争激烈的形势下，建筑师们为创作出更多符合时代要求的优秀作品而各显其能，一大批现代优秀建筑在湖北落成。如武汉天河机场候机楼、汉口火车站、东湖碧波宾馆、中南政法学院、中南民族学院、湖北省科教馆、汉口烟草大厦、鄂城墩联合大厦、孝感体育中心等。湖北省的整体建筑创作水平有了长足的进步。华中电力科技综合大楼、泰合广场、长江三峡工程开发总公司总部办公楼达到全国示范国家标准。

进入20世纪90年代，武汉先后建成了泰合广场、武汉广场、佳丽广场、武汉世界贸易大厦、武汉国际贸易中心等七八幢钢筋混凝土结构的超高层建筑。目前以钢结构为主的超高层建筑——武汉民生银行大厦也即将竣工。世纪之交，"城市化"已成为全球大趋势。为全力推进城市化进程，湖北省会武汉及其他各城市加快了城市建设步伐。继20世纪90年代中、后期建成武汉长江二桥、武汉汉江月湖桥、宜昌西陵长江大桥后，武汉白沙洲长江大桥、军山长江大桥、宜昌宜陵长江大桥、武汉汉江晴川桥及武汉市城市轻轨交通等一批重大交通工程相继在21世纪初建成；武汉外滩、黄石湖滨长廊、襄阳诸葛亮文化公园、荆州凤凰公园、潜江通宝绿化广场等一大批城市景观建设项目，也在新世纪来临前后陆续完成并投入使用。"建筑小城市，城市大建筑"反映了当代的建筑观。新的设计理念强调，建筑策划不能脱离城市规划，建筑设计应当兼顾城市设计。住宅及住区环境已成为城市建设中位置重要、规模巨大的建筑类型。国家近年来在湖北地区设立试点住区。建设部试点有武汉宝安花园、常青花园，全国小康科技住宅试点有黄石天方百花园、武汉锦湖小区和世纪家园等。历经几十年来的建设、发展，湖北地区的"现代建筑"今天已经蔚为大观。不断地实践、探索，不断地总结、提高，湖北现代建筑及时更新了早期"现代运动"或者"现代主义"的建筑观念，形成符合中国国情、具有地方特色的湖北"现代建筑"设计理念。

五、繁荣与创作：2000年以后

历经几十年来的建设、发展，湖北地区的"现代建筑"今天已经蔚为大观。不断地实践、探索，不断地总结、提高，湖北现代建筑及时更新了早期"现代运动"或者"现代主义"的建筑观念，形成了符合中国国情、具有地方特色的湖北"现代建筑"设计理念。目前已建成的如湖北艺术馆、琴台艺术文化中心、武汉新火车站等建筑，体现出武汉地域文化，尊重气候的地域建筑在近年来也逐渐受到重视，住宅建筑及公共建筑普遍注重对夏热冬冷气候的适应性设计。总体看来，地域建筑创作在广泛地展开，但发展还不完全，也不够深入，对于地域特征的表现还处于初步发展阶段。相信借助国家正在实施的"中部崛起"发展战略，湖北也和全国大多数省区一样，跨入了"当代建筑"的新阶段，并已经建立了良好的开端。

第二节 居住单体与居住建筑群体体现传统建筑文化风格特色

一、通过建筑肌理体现建筑特色

（一）在小区的规划上借鉴古村落的山水形式，将建筑与环境的肌理关系通过道路与山水体现出来

在一个城市的历史发展过程中，既要有标志性建筑和重要的公共建筑，布局在城市的重要节点上，同时也要有大量成片风貌统一的民居建筑及一般民俗民风的建筑，这些大量居住建筑要与城市特有的肌理及风貌相吻合。居住建筑在城市肌理中占有大量的背景，是城市特色的重要体现。其中，居住建筑与自然山水的结合尤为重要。

传统村落在选址营造过程中，从单体布局到群体组合，都极力与自然环境进行巧妙融合，这是我们进行现代居住区设计需要延续的精华。在《城市居住区规划设计规范》中，明确规定了现代居住区的规划设计应当遵守"符合城市总体规划的要求"；"综合考虑所在城市的性质、社会经济、气候、民族、习俗和传统风貌等特点和规划用地周围的环境条件，

图9-2-1 万科西半岛总平面图

图9-2-2 水墨清华别墅区鸟瞰图

充分利用规划用地内有保留价值的河湖水域、地形地物、植被、道路、建筑物与构筑物等,并将其纳入规划"。相关规范也已明确了居住区设计与自然环境的重要关系。

湖北被称为"千湖之省",星罗棋布的湖泊和交错的河流展现出水乡泽国的风光,这其间已布局或将布局各类现代居住区建筑。为传承传统建筑风格和元素,现代居住区设计在处理与山体水体的融合关系时,就可借鉴古村落的山水格局,采用现代规划设计方法,将建筑群、道路和山水环境进行统一规划设计,进而将建筑与环境的肌理关系通过道路与山水体现出来。

武汉万科四季花城是万科地产秉承深圳四季花城"欧洲小镇"的设计风格,结合武汉地区人居特点,致力于营造适合武汉人居住的低层、低密度生态社区。四季花城项目总用地面积2000余亩,其中东区占地410亩,建筑面积约24万平方米,规划总住户约2000户,8000人左右;西区约1500亩,地块位于东区地块的西北方向约4公里处,金湖边。湖区风景优美,空气清新,夏季温度比中心区低2.5～3.2℃。其中西半岛项目被水包围,为亲水设计提供了良好的基础。该项目的总体规划中,无论在建筑还是在象征意义上,水都具有关键性的作用。主入口处的中心水池以其尖锐的"鹤嘴"引导来人进入该小区,楔形的水面给人以广阔的视野,该水池的北面是沿湖步道花园,由此形成的湖滨区与四周的小高层住宅楼构成该项目范围内最有特色的景观,再加上沿湖的商店和餐馆以及景观设计的元素,形成有活力、有趣味的小区环境。(图9-2-1)

(二)控制单体建筑与环境的关系,并在屋顶形态上借鉴传统民居的亮瓦形式,达到模仿古村落肌理的效果

建筑与环境是相互延伸、相互渗透或相互补充的整体。建筑不但需要有一个完好的外观,而且还需要有一个优雅而美丽的环境来衬托。现代社会,人们高品质的生活方式与理想的生活状态来源于能够给人精神安慰和精神享受的外在环境,现代居住建筑更应该重视单体建筑与环境的关系。

传统村落除注重整体与自然环境的融合外,还特别注重单体民居与自然环境的协调呼应。如民居街巷的宽窄关系、正入口大门朝向的讲究、天斗亮瓦的设置等,均采用适应自然环境、因地制宜的处理手法以及适应生产生活、尺度宜人的原则。现代居住区规划中,特别是底层住宅的规划设计,应将"顺应自然、因地制宜"的传统建筑文化风格特色予以传承,注重单体建筑与环境的关系。

水墨清华别墅区位于武汉市二环线以内,整个小区三面临墨水湖,采用传统建筑赋予现代功能的方式,规划布置联排、独栋别墅,形成错落有致的建筑空间格局;景观环境营造曲径通幽、自由、精致、淡雅的园林景观,进而充分体现单体建筑与自然环境的融合;同时,在演绎传统建筑风格的特点上,

图 9-2-3　水墨清华别墅区局部鸟瞰图

图 9-2-4　万科红郡鸟瞰图

建筑屋顶在形态上借鉴传统民居的亮瓦形式，达到模仿古村落肌理的效果（图 9-2-2，图 9-2-3）。

赖特，作为现代建筑的建筑巨匠，极力主张"建筑应该是自然的，要成为自然的一部分"，他著名的浪漫主义"草原式"住宅，象征着住宅与美国西部一望无际的大草原相结合，以寻求世外桃源，向往大自然。万科红郡是武汉万科城市花园项目的三期工程，建筑风格选用赖特式建筑风格，强调院落进入生活的各个角落，推崇"有机建筑、自然生活"的居住理念，首先，排布上突破传统联排别墅的布局模式，仅 2 层设计，大大节约了交通空间，增加了居住的舒适度；其次，提倡"房包院"与"院包房"的有机建筑理念，每个主要房间（客厅、餐厅、卧室）均与自然发生关系，强调房子与光线结合，屋顶通过借鉴传统民居的亮瓦形式，把所有光线、院子全部搬进卧室。（图 9-2-4～图 9-2-6）

图 9-2-5　万科红郡局部鸟瞰图

（三）在建筑单体内穿插传统民居中的庭院及天井元素，模仿传统民居中的单体建筑的肌理

湖北传统民居建筑形式大体有天井院、庄园、吊脚楼、商宅、寨堡、石板屋、牌坊屋等，其中，天井院是湖北传统民居中最基本的空间组织方式。一组天井院就是一个居住单元，通常包括门屋、天井、面向天井的厅堂、厅堂两边的耳房、天井两侧的厢房以及联系这些房舍的廊道等要素。天井

图 9-2-6　万科红郡建筑鸟瞰图

图 9-2-7 恒大盘龙湾总平面图

图 9-2-8 恒大盘龙湾实景

图 9-2-9 崇阳县浪口温泉度假村实景

院式的居住方式依然满足现代居住建筑的功能需求，如庭院、天井等功能元素，在现代建筑中得到了大量的传承和应用，在建筑单体内穿插传统民居中的庭院及天井元素，模仿传统民居中的单体建筑的肌理。

恒大盘龙湾地处武汉市盘龙城经济开发区，比邻15000亩盘龙湖，属规划的盘龙新城第一圈层高档住区范围。盘龙城紧靠武汉中环线，隔府河与汉口相望，20分钟车程即可抵达汉口中心。区内河湖众多，自然景观优美，是武汉难得的风水宝地。盘龙湾占地870亩，是华中地区乃至全国超大型的中式纯别墅区，整个项目共分为竹苑、兰苑、桂苑、荷苑、梅苑五个组团进行开发。建筑形式为徽派风情的延续，粉墙、青瓦、马头墙、抱鼓石、砖木石雕、中式牌楼以及层楼叠院、高脊飞檐、曲径回廊，别墅采用"一户三院"的户型设计，即户户拥有前院、中庭、后花园，大大增加了与自然接触的活动空间。（图9-2-7，图9-2-8）

浪口温泉度假区位于崇阳县城北5公里，距京珠高速赤壁段20公里。度假区依山傍水，在洪下竹海之中，隽水河贯穿整个景区，加上充足的富含矿物质的天然温泉水，自然生态资源得天独厚，是一个交通便利而又远离都市喧嚣的世外桃源。会所内建有19栋温泉别墅和69间四季养生房、生态水景房、竹林禅意房等风格各异的客房。每栋别墅均带有私属庭院及温泉泡池，足不出户可享受汤泉之乐。度假区内的建筑采用传统的民居建筑形式，其间布局大小院落将度假区建筑进行组合，并与自然环境相融合，形成静谧宜人的度假环境。（图9-2-9）

二、通过应对自然气候特征体现建筑特色

（一）"天人合一"思想的传承

"天人合一"是中国传统哲学中的一个核心问题，即探讨人与天的问题，追求天、地、人合而为一的最高境界，进而形成了独特的中国"天人合一"文化。在社会发展的过程中，这种思想渗透到中国建筑营造中，中国传统民居更是将此思想延伸。中国传统民居是在中国特有的地理环境中产生的，作为传统建筑，民居建筑的聚落选址、格局、外观、形式和风格无不体现出对自然的认识和态度，是对自然环境的适应和协调，主要体现在因地制宜、就地取材、抗灾防灾、统一和谐、和中有变、保护环境等几个方面。这些都是"天人合一"思想的精髓，在现代居住区及单体居住建筑的规划、设计过程中，依旧需要得到传承。

现代居住区遵循顺应山势建造房屋，寻求更多的开敞、通风、绿化和湖水。湖北居住建筑在面对炎热气候时，采

用增加室内空间更多地向室外渗出的方式，使人在夏季能够接触到更多室外的空气，并在建筑中运用天井力争取得更好的自然通风和采光，从而使建筑更为舒适、空灵。

保安山水龙城位于黄陂区滠口盘龙大桥盘龙大道特八号，占地 2000 亩，居住区内有垂直近百米的甲宝山、露甲山和 1500 亩碧波荡漾的汤仁海，规划有山顶公园、生态谷公园、5 公里湖岸观景长廊、半岛运动公园、游泳池和水上高尔夫。建筑为中式风格的山地联排别墅、山地叠拼别墅，并配有仿古风情商业街。该项目将自然山水与居住环境融合，将用地内的山体、湖水最大限度地利用，部分建筑依山而建、粉墙黛瓦的建筑形式，传统的双坡屋面与自然环境协调融合，形成错落有致的山地居住环境，并丰富了城市天际线。建筑单体设计中，利用主导风向，设置各个居住空间的开窗方式，最大限度地引导自然风进入房间，力求实现"天人合一"的完美传承。（图 9-2-10，图 9-2-11）

万科圆方项目坐落于王家墩 CBD、金融街、新万达三大商圈这样的黄金地段，是城市精英阶层的集中区，占地面积 12022 平方米，总建筑面积 35876 平方米，比邻新华路和武汉 3.0 新中心交通枢纽，有数十公交线路、城市轻轨，内外通达。万科圆方区别于普通城心公寓的私属围合社区，以围合设计将城市喧嚣隔离在外，并拥有蒙德里安公园、对话广场和回家广场，以层层风景褪尽城市浮华，让回家的脚

图 9-2-10　保安山水龙城总平面图

图 9-2-11　保安山水龙城实景实景

图 9-2-12 万科圆方总平面图

图 9-2-13 万科圆方鸟瞰效果图

步诠释出对归家仪式的重视。由于项目用地有限,为适应当地气候环境,规划设计采用"U"形的平面布局方式,以争取较大的迎风面;并在立面设计的同时,局部开设导风口,避免过长的建筑立面导致局部风流增大,影响居住环境的舒适度,从而做到对自然气候的低冲击,使居住建筑更绿色、低碳和节能。(图9-2-12,图9-2-13)

(二)利用水域,在水中建造具有特色的凉亭及观景台

随着社会的发展,人们越来越向往那种与大自然和谐共存的人居环境,滨水居住区以其邻近水体、绿化优美等特点受到大众欢迎。湖北江汉平原地区是古云梦泽地,分布有大小湖泊和密布的水网,为人类的居住环境提供了先天独有的滨水资源,与人类天生具有的亲水性一拍即合。传统村落分布在水系周边的实例有许多。丰富的滨水空间能够创造怡人的室外休闲环境,提升人们的生活品质,象征着文明与灵性,渲染着生机与艺术的魅力,它的风韵、气势,能给人以美的享受,引起无限的遐想。居住区内的水景对于生态、景观、文化及娱乐等方面都有积极的作用。最常见的营造方式是利用水域,在水中建造具有特色的凉亭和观景台。

咸宁万豪温泉谷酒店位于美丽的温泉区月亮湾路段,净用地面积约为12.1公顷,总建筑面积约为12万平方米,主要建筑有美食城、四星级酒店和温泉主楼等功能建筑。该项目的室外温泉区为世界风情区,室内按东南亚风情打造,不受季节气候的影响;露天南洋风情区、养生区、秘境区、各式SPA等,高档的SPA汤屋、情趣十足的水上乐园等近百个温泉项目。该项目利用水域,结合项目特点,在水面中设置了大小不同、各有特色并满足功能使用需求的凉亭和观景台。(图9-2-14,图9-2-15)

(三)利用地形高差,创造适宜的景观来体现建筑特色

陆地表面和水底面都不是平的,它们起伏跌宕,有时形成高峻的山脉,有时形成幽深的峡谷,经常随河床、峡谷、地震断层而褶皱起伏。场地表面微妙的起伏变化对于建筑和

图9-2-14 咸宁万豪温泉谷酒店总平面图

图9-2-15 咸宁万豪温泉谷酒店实景

图9-2-16 楚天瑶池温泉效果图

图9-2-17 龙佑赤壁温泉度假村实景

景观的营造是极其重要的。我国幅员辽阔,山地多、人多,为解决用地少,居住需求大的矛盾,传统民居建筑早已适应依山而建的营造方式,在山地坡段上修建,并在形体、景观、交通等方面体现适应地形高差的特点。不同的山地环境形成不同特点的建筑形态,还可拥有不可复制的景观效果和生态系统。特别是传统村落,依山而建,利用现有丰富的地形地貌,设置建筑和室外环境,进而创造适宜的景观来体现单体民居的特色。这一营造方式,在现代居住建筑中,也能得到极致的发挥。

楚天瑶池温泉坐落在素有鄂南明珠之称的咸宁市城区,淦水河畔,是"华中第一泉"的沸潭牌坊所在地。瑶池温泉度假村以原生态、园林式露天温泉为最大特色,拥有十大类40多个功能各异的特色温泉池,具有美容理疗、保健养生等多种功效,同时将博大精深的佛教文化和丰富的温泉旅游资源相结合,成为华中地区的首创。项目中的建筑依山而建,景观水系遵循山地特质,形成层层叠叠的台地景观,衬托出休闲居住建筑的特色,建筑与山水环境浑然天成,和谐统一。(图9-2-16)

众所周知,建筑师在进行方案构思之初,都应从分析基地环境入手,这其中最为重要的影响因子就是地形。依山就势是取得"天人合一"的重要手段,建筑应与自然环境的气候、地形、土壤、植被等密切相关,也应与地区的历史传统、地域文化息息相关。因此,优秀的建筑需要与特定的环境相协调,包含着自然环境和人文环境。传统建筑或村落传承了这一精髓。

作为居住建筑的主体,建筑不仅仅是一门技术,更是一门艺术。建筑设计千百年来不变的理念便是源于自然,生于自然,无论是中国的传统建筑设计,还是国外像流水别墅这样的"方山之宅"都是如此。而现代居住小区中,为了塑造建筑良好的外部环境,应考虑居住小区与原有的地势,进行地形的重新塑造设计,并结合地形,选择合适的建筑形式,与地形相融合。同时,在特色建筑的基础上,利用山地环境,创造出特色景观,营造更为怡人的居住环境。

龙佑赤壁温泉度假区位于湖北省赤壁市境内,距市中心5公里,东与著名风景区陆水湖毗邻。龙佑赤壁温泉度假区是集酒店、温泉中心、别墅群为一体的大型旅游度假区,主要建筑凸显汉唐风格,格调新颖,恬静幽雅,中西合璧,情景交融。景区内风光绮丽,万木葱茏、茂林修竹、金桂婆娑,八陇湖水潋滟,五洪山灵秀挺拔,四十多处多功能各异,极具特色的温泉池依山傍水散布在山间林下,一步一景,错落

图9-2-18 梁子岛梦天湖生态山庄实景

有致、形态各异、迥然有序，自然园林式的景观温泉区，整体设计保持天然风貌，温泉从石洞中涌出，蜿蜒流淌在湖畔山间，置身于温泉池中，感受温泉带来气泡汩汩从身下冒出，俯瞰青山翠谷的绵延山峦，在瀑布溅起的雾气和温泉氤氲的水气中，享受瀑布、青山、蓝天，便有了"人间天堂"的感觉，可以让你暂时忘却纷纷尘世，享有一份远离城市喧嚣，亲近大自然的悠闲惬意，在泡温泉时享受风景，在自然中放松心情，感受到"偷得浮生半日闲"的意境。该项目结合山势，形成台地空间，并选择错层、跃层等建筑形式，满足居住功能，减少土方量；同时，利用台地形成大型跌水景观，创造自然山水环境。（图9-2-17）

（四）利用天然的水域条件，创造适宜的景观，并加入吊桥和栈桥等元素，体现滨水建筑的特色

水是生命的基础，是人类文明发展摇篮。现今世界上有约70%的人口傍水而居，并营造了数以亿万计的滨水建筑，构成了现代人类社会独特的聚居风景线。在滨水地区，由于水陆下垫面的不同，对太阳辐射的吸收与反射程度也不同，从而在两者上部出现空气环流，产生我们通常在滨水区域都能感觉到的凉爽、清新、湿润的"水陆风"（根据不同位置又称"海陆风"、"河谷风"等）。水陆风是滨水城市区别于其他城市最为明显的一个气候优势，特别是在夏季或在低纬度地区，滨水城市都是避暑胜地。同时，滨水区域是地球上最易发生变化的地区之一，滨水建筑特别是临水而建和深入水中的建筑，对滨水区域的地貌环境有相当的影响，对地貌进行一定的改造。

在现代居住区的规划设计中，利用现有水域或建造人工水域景观，已成为居住区中的一大亮点。传统村落周边一般都会有自然水塘，形成特有的田园水乡风光。如江浙地区大大小小的古镇或水镇，都是沿河道兴起的，成为旅游度假的景点。大型现代居住区也应充分利用水域条件，结合居住特点，创造适宜的景观；利用景观建造的方法，加入吊桥和栈桥等元素，拉近人与水的距离，增加趣味性，进而体现滨水建筑的特色。

梁子岛梦天湖生态山庄，坐落在湖北省鄂州市梁子湖中的梁子岛上，山庄占地150亩。梦天湖是我国十大名湖之一，是国家授予的AAA级风景区，也是武昌鱼的故乡，湖水清澈见底，岛上民风淳朴，风景绝佳。每年秋季举办的湖北省梁子湖捕鱼旅游节，吸引着国内外游人慕名而来，肥美的梁子湖蟹是餐桌上的一道绝佳的美味。山庄拥有270间，不同格调的客房，餐厅可同时容纳800人同时进餐。该四星级度假酒店，集会议、商务、美食、住宿、休闲、旅游、度假等为一体。山庄青青荷塘绿水池，尾尾游鱼清水光，山庄内的池塘种有各色品种的荷花。夏日来临，满池的荷花飘香，晚上临湖而坐，酌一两杯清茶，邀四五好友品味古人"将酒赊月色"的诗意。该项目利用规划设计天然水域，景观设计吊桥、滨水平台和滨水栈道等景观构筑物，丰富环境空间，衬托滨水建筑的独有特色（图9-2-18）。

（五）利用天然的温泉优势，建造温泉度假村

温泉度假村是集温泉洗浴、住宿、餐饮、会务、健身、温泉度假村、娱乐等多种功能于一体的综合性场所。湖北咸宁地区，拥有较好的地热资源，自古就具有天然的温泉资源。当地的居住区在规划设计中，均考虑到天然资源的充分利用，规划建造各类大小温泉度假村，增加地区吸引力，带来丰厚的经济收益。温泉度假村内每个居住空间的用水均采用温泉供水，做到资源的有效利用，达到建筑低碳节能的目标。

咸宁太乙国际温泉度假村位于咸宁市国家AAAA级旅游景点太乙洞旁，与市区外环线相距680多米。度假村依山傍

图9-2-19　咸宁太乙国际温泉度假村实景

水，楠竹及桂花树等植被茂盛，200余亩天然湖面置于园区之内，加上充足的富含矿物质的天然温泉水，自然生态资源得天独厚，是一个交通便利而又远离都市喧嚣的世外桃源，是集SPA（水疗）、溶洞观光、商务会议、温泉休闲、道教旅游于一体的大型多功能度假村。度假村充满浓郁的东南亚异国风情，环境清新、格调优雅，设有72个露天温泉泡池，数十种特色温泉。投资规模大、规格档次高、配套设施完善，享有"华中首家国家AAAA景区森林式露天温泉"的美称（图9-2-19）。

三、通过材料和建造方式体现建筑特色

（一）现代材料的应用

建筑承载并见证了人类文明的发展，它既满足了人们对物质生活方面的需要，也满足了人们在精神层面上的需求，尤其是在发展迅速的今天。建筑本身最实质的内容就是建造材料。现代建筑材料是建立在传统建筑材料基础上，经过技术的革新和新材质的运用所产生的新一代建筑材料。现代建筑材料品种繁多，但大体上分为结构型和装饰型。在带有传统风格的建筑中，为了保持传统风格在建筑中所占的比重，一般采用"局部使用现代建筑材料"的情况。但是最常见的方式，是传统建筑中的主体结构全部采用现代的结构材料，即"砖瓦木梁"的结构被"钢筋混凝土"所取代，采用现代材料来弥补和替换传统材料的不足，改善建筑物的层高和跨度。

如惠水山庄方案设计，用钢筋混凝土来替代传统的砖墙形式，同样是框架结构，淘汰了传统的木构架而利用钢筋混

图9-2-20　惠水山庄鸟瞰图

图9-2-21　惠水山庄透视图

凝土，使得同样的外观下，现代建筑较传统建筑更加坚固有耐性。（图9-2-20，图9-2-21）

（二）通过对木构件的借鉴和利用以及建筑结构方式的模仿体现建筑特色

我国有着几千年辉煌的木构建筑文化史，从河姆渡保存的干阑式建筑遗址就可以看出，早在6000多年前，木构技术已有相当高的水平；到了3500年前，我国就基本形成了用榫卯连接梁柱的框架结构体系，至唐代趋于成熟。木材作为我国传统建筑文化载体的材料因素，在文化的实践和研究方面具有不可忽视的重要地位。传统建筑采用木材建造，体现出特有的材质、质感和色彩，木构件的建造方式也形成独有的建造形式，如吊脚楼的建筑形式。（图9-2-22）

神农天怡假日大酒店按四星级标准设计建造，地处神农架国际滑雪场，周边环境优美，酒店设施很是完善。环

图9-2-22 传统吊脚楼建筑

图9-2-23 神农天怡假日大酒店实景

图9-2-24 万科润园总平面图

图9-2-25 万科润园实景

境幽雅，建筑风格别致，为神农架林区标志性建筑之一。酒店建筑在延续传统建筑文化特色元素的同时，通过对木构件的借鉴和利用以及建筑结构方式的模仿，体现建筑特色。（图9-2-23）

（三）通过对传统砖材料的利用以及建筑结构方式的模仿，来体现建筑特色。

材料是构成建筑的主要元素之一，不同的材料有不同的属性；材料随着时代的变化而变化，在自然属性上又增加了社会属性。传统材料是建筑的活化石，它记录了一部建筑史，有与生俱来的文脉认同感、记忆、影响和心理暗示。

砖作为传统材料的典型代表，在现代居住建筑中依然可以得到充分的利用，利用传统的砖、瓦，采用现代技术，进行现代建筑的建造，进而体现传统建筑的风貌和特点，赋予建筑一定的时代气息。

武汉万科润园居住小区位于武汉市武昌区，紧邻长江二桥，地处徐东商圈核心，交通便利，区位条件优越。地块前身为成立于1958年的新中国第一家生产精密通信仪表的工厂——邮电部武汉通信仪表厂（对外通称517厂）。该厂因发展需要外迁后，原用地性质由工业用地调整为居住用地，并由武汉万科公司竞得该地块的使用权。万科公司在充分尊重地块历史的基础上，将该项目定位为低层院落式住宅为主的高端社区，采用现代设计手法，最大限度地保留和利用原有工业遗存，实现工业遗产与经济设计发展的平衡互动与和谐共存。该项目的建筑规划中最大限度地保留了原生植被，包括这座老院的历史脉络与气息，采用沉稳怀旧的红砖建造底层住宅，并高低错落地置身于精心保留的林木间。景观设计也是充分利用原来厂区的一些

图9-2-26 传统马头墙

图9-2-27 银湖水印桃源实景

材料，比如像瓦、砖、廊架以及一些构件，也被相应加以妥善利用，这其中运用最多的是砖。砖房子的厚重，使人不能一眼看透，走过时有一种亲近感，并传递出一种有年代的沉积、厚重和稳重。（图9-2-24，图9-2-25）

四、通过点缀性的符号特征体现建筑特色

（一）利用马头墙符号，在现代建筑中体现传统风味。

传统民居建筑在长期的使用建造过程中，形成了独特的建筑符号形式，如马头墙形式（图9-2-26），它作为传统的建筑元素，在中国建筑史上具有独特的审美价值和实用价值。在古代聚居的村落中，高高的马头墙起到隔断火源的作用。

图9-2-28 传统马头墙

在现代城市建设中，它成了特定地方的景点，而且改善了城市容貌。在居住建筑的造型设计中，利用马头墙符号进行外形设计，可以在现代建筑中体现传统意味。

银湖水印桃源是由武汉金阳房地产开发有限公司和武汉桥建集团联合开发的"桃源"品牌系列第二代产品，其作为南湖都市桃源的姊妹篇，在设计理念上是一脉相承的。"桃源"一词来源于晋代文人陶渊明的《桃花源记》，寄托了人们对于、幸福生活的向往。水印桃源在建筑风格上采用中国明清时期的民居建筑风格，力求将中国传统文化熔铸于现代建筑之中，为现代都市人打造一片可以修身养性的人文居所。在整体规划的布局上，该项目由四栋花园洋房、十栋多层、十二栋小高层和三栋高层组成。各类高、中、低层次住宅相对集中，在整体上又有穿插、高低、疏密，错落有致地组合在一起，营造出一个既有私密性，同时又具有共享性的组合空间。在风景优美的金银湖自然生态保护区创造出一个环境幽雅、人际和谐、人文内涵丰富的理想居住空间。（图9-2-27）

（二）马头墙元素在高层住宅中的运用

马头墙元素（图9-2-28）在现代低层居住建筑中应用较广。为满足土地利用的集约性，现代居住建筑以高层建筑最为常见，马头墙的元素在高层住宅中也得到了运用和体现。

南湖都市桃源位于武昌南湖花园城内，总建筑面积约88000平方米，住宅面积约78000平方米，绿化率32%，

图 9-2-29　南湖都市桃源实景

拥有停车位 220 个，由 11 栋多层与 6 栋小高层组合而成。贯彻生态原则、文化原则与效益原则，力求塑造一个具有优雅环境、丰富文化内涵、经济效益显著和人性鲜明的花园式经典高尚居住空间，建筑造型采用传统建筑风格，大量运用坡屋顶、白色马头墙等传统符号，彰显传统建筑特色。（图9-2-29）

（三）运用坡屋顶的符号来增加建筑的传统风味

无论是南方还是北方，传统民居建筑的屋顶形式以坡屋面为主，只是存在坡度大小的差别。传统村落中，坡屋面建筑高低错落，形成一道道美丽的天际线。现代居住建筑在外形设计上，多采用坡屋顶的符号来增加建筑的传统韵味，更好地体现传统建筑文化的特色元素。（图9-2-30，图9-2-31）

图 9-2-30　武汉地区民宅鸟瞰图

（四）多样点缀性符号的运用

现代商业建筑群，将传统建筑符号极致应用，如第十届中国（武汉）国际园林博览会东部服务区（汉口小镇）项目中，采用三角美山墙形成多变折线，利用建筑群体营造灵动儒雅、动静自然两相宜的感觉；整个场地设计结合地铁出口，在主入口处以大坡台阶处理，打造气势恢宏的迎宾感（图9-2-31）；并在景观小品的设置中，设计传统老牌坊，精美巧构，再现老场景。（图9-2-32）

图 9-2-31　武汉地区民宅透视图

图 9-2-32　汉口小镇牌坊入口

五、案例分析

项目名称：水墨清华

项目地点：湖北武汉

项目简介：本项目位于江城三镇中极富文化积淀的汉阳墨水湖西岸，周边配套设施完善，毗邻武汉动物园，城市交通便捷。整个规划格局从传统文化入手，结合基地特点，先抑后扬，逐步向自然环境展开，随景观自然偏转形成丰富的空间变化，布局采用中式院落与街坊的形式，使人漫步其中犹如穿越历史，回归文化。民居中的特色符号是容易被忽视的一面，如大门的门钉、窗户的镂花等，设计方利用现代建筑材料，运用声音、颜色、尺度的感官差异，对其明快处理，如将九钉改成两钉，将窗花简单分隔，使建筑的每处细节都体现出对民居的尊重。（图9-2-33）

水墨清华一期为临湖中式别墅，高贵蕴于内敛。在三面临湖的岛居上，别墅错落有致；通幽曲径中，有自由、精致、淡雅的苏州园林和30米环湖湿地公园。项目旨在打造健康的、生态的、宜居的生活社区。（图9-2-34，图9-2-35）

建筑形象是用现代手法与材料对传统建筑的直接模仿，布局采用中式院落与街坊的形式，在现代化的建筑设计中继承和发扬传统文化与符号。

图9-2-34　实景鸟瞰图

图9-2-33　实景鸟瞰图

图9-2-35　设计透视图与实景图

第三节　公共建筑体现传统建筑文化风格特色

一、通过建筑肌理体现建筑特色

建筑肌理作为城市空间结构的基本单元，同时也是城市空间组织者的最底端要素。湖北公共建筑传统文化的元素符号在现代建筑中的肌理化表达设计手段保证了纯粹的现代建筑语言，元素符号抽象为建筑肌理后，占据了建筑表皮大部分的面积，在视觉体验上，文化元素的表现力较为强烈，因此，这种通过建筑表皮肌理来体现传统建筑风格特征的设计手法在湖北现代建筑案例中被广泛运用。湖北地区的现代建筑创作中，传统民间装饰元素、丰富的地区民族图饰、本土人文思想元素和传统材料等，都成为建筑表皮肌理的设计来源。

如钟祥市博物馆暨明代帝王文化博物馆主次馆的总体布局对应汉字"明"，同时其与博物馆的功能流线相契合，设计借鉴传统建筑元素，在序厅的设计中采用了具有中国传统建筑藻井意象的字形天窗。

湖北建筑肌理不仅指可见的建筑事实，还包含一种"建构"，长期的集体建构，反映了社会成员对某种生活模式的认同，形式上由建筑本体之间组合而成的空间关系，包括构成、形式和尺度等，不同的组合方式呈现出不同的肌理组织，如欧式建筑已融入汉口城市肌理，汉口里分建筑布局肌理已成为老汉口民居文化的代表等。

二、通过应对自然气候特征体现建筑特色

湖北素称"千湖之省"，为华中夏热冬冷的过渡性地区；武汉虽为"百水之城"，却居长江"三大火炉"之首。特殊的地理、气候条件极大地决定着当地的建筑特色。汲取、发扬本土性建筑的环境策略也是湖北现代建筑营造的原则。

和长江中下游过渡性地区其他地方一样，湖北建筑需要解决的头等大事就是探寻夏热冬冷特殊地区的建筑环境对策。以武汉为例，应抓住二江穿越、湖水众多的特征，做足临水、亲水的文章还应抓住武汉地区夏季炎热的特征，在建筑与城市空间中，寻求更多的开敞、通风与绿化。具体的可以关注：①象征水的建筑符号的运用，如曲线、曲面、波纹、抽象鱼形、贝壳形、水珠形等，当然，也不应排除一些具象图形的运用；②象征水、绿化的色彩的运用，如蓝色系、绿色系的精心运用；③绿化的引入，可将绿化引入建筑的屋顶、阳台、窗台、墙面、中空、室内、广场、开敞的底层空间等，在现代楚地形成一种别具特色的绿色建筑文化；④向外开敞的空间，炎热的气候要求增加室内空间更多地向室外渗出，使人在夏季能够接触到更多室外的空气，也要求建筑能有更好的自然通风条件，这就使建筑能够更加开放。

三、通过变异空间体现建筑特色

变异空间设计多用于博物馆和纪念馆，是现代建筑特有的空间，功能性强，设计时需要大空间，除此之外，此类建筑具有一定的历史文化底蕴，从建筑的外观来看，需要大气磅礴的气势，所以与传统建筑相结合时大多需要选择大气的建筑式样。

飞机场、火车站和汽车站也是现代建筑特有的空间，与传统建筑的空间功能有所不同，设计时需要考虑的因素很多，所以不能一味地套用传统的建筑模式。从建筑的外观来看，或灵秀飘逸，或稳重大方。变异空间的运用丰富了这类公共建筑空间。

四、通过材料和建造方式体现建筑特色

荆楚派现代公共建筑在材料和建造特点的传承与创新上，一方面要挖掘地方性传统建筑材料如石材、砌块、木材、竹材等，以及砌筑、装配方式在现代建筑中的运用；另一方面应探索地方传统构造技术，如天斗、穿斗、挑檐、撑拱等在现代公共建筑中的应用。积极采用传统建筑技术和地方材料，沿用地方适应性生态节能技术，如天井院、挑檐、架空防潮层、上下层窗等，在改善气候条件的同时体现荆楚风格。

五、通过点缀性的符号特征体现建筑特色

现代建筑设计中，我们在应用传统建筑元素时应灵活巧妙。在当代建筑造型设计中体现传统与现代的结合，可以直接运用传统建筑符号，清晰地表达建筑的所指，体现建筑造型的传统意味。在建筑造型的处理中，用现代的建筑材料和结构技术来模仿传统建筑的形式，如荆楚建筑的高台、大坡式屋顶、宽屋檐、翻翘高扬的翼角、江南图腾凤鸟和水乡物产鱼藻为主的装饰纹样等。结合环境，巧妙地运用一种或多种符号，点缀设计，以象征历史传统，且严格地遵守传统的做法和比例，这也是中国建筑师在探索传统与现代相结合的过程中最先选择采用的手法之一。在设计中可以把荆楚建筑符号进行抽象提炼后应用到建筑的重要部位，如建筑的屋顶、檐部、窗口、入口和楼梯间等处，并真实地反映现代的建筑材料和技术，这种手法抽象而现代，既突出了建筑的时代特征又体现了荆楚文化的核心。

荆楚建筑的细部装饰是荆楚风格的重要表现手段，既具有外部的装饰性，又具有结构的功能性。可运用雕刻和彩绘作为装饰细部，展现湖北特有的民族风俗、历史文化，塑造生动的艺术形象。

古楚文化，时隔久远。建筑师根据遗存片段，从中抽象出某些符号，如黑、红、黄三色的组合色彩、底层架空、线型硬朗的大屋顶、曲弧下垂的屋面檐口、翻翘高扬的翼角、江南图腾凤鸟和水乡物产鱼藻为主的装饰纹样等，结合环境，巧妙地运用一种或多种符号，点缀设计，以象征历史传统。

在现代建筑中，石雕、砖雕可用于室内外墙面装饰；玉雕主要运用于室内礼仪性空间或其他重要空间的墙面挂饰；木雕则主要用于门窗、栏杆等处；彩绘可用于室内顶棚、墙面、梁、柱等重点部位的装饰，亦可用于外立面主入口、门窗、外露梁柱及线脚的装饰。

汉口的武汉博物馆，造型方正的主体馆楼处于中轴线，建筑体量高大而略显封闭；粗大裸露的角梁，四出搭支，汇于一点；上部覆盖蓝色方锥形屋面，檐内开梯形顶窗；建筑主体前方左右两侧的副楼，用了同样色调的蓝屋顶，样式则与古代的盝顶相似。

湖北省博物馆新馆总平面由三组建筑组合而成，纵深轴线、两进院落；虽是现代功能的建筑，然而群体布局及单体造型均模仿古代荆楚制式与风格；展室采用巨大的覆斗形大屋顶，高大的内部空间十分利于展品的展示与收藏。

湖北省档案馆是一座高层建筑，紧邻东湖，上部作了简化的传统建筑屋顶处理，采用金黄琉璃挂檐板；建筑外貌与风景区的山水环境格调取得协调。运用传统手法、摘取历史符号，以增加建筑空间和造型的人文气息，是当今现代建筑非常值得探讨的创作之路。

六、实例分析

（一）黄鹤楼

黄鹤楼，国家5A级景点，享有"天下江山第一楼"、"天下绝景"之称。与晴川阁、古琴台并称武汉三大名胜。黄鹤楼，位于中国湖北省武汉市长江南岸武昌蛇山峰岭之上，始建于三国时代吴黄武二年（公元223年），距今已有1780多年的历史。唐时名声始盛，这主要得之于诗人崔颢"昔人已乘黄鹤去，此地空余黄鹤楼"的诗句。黄鹤楼坐落仕海拔高度61.7米的蛇山顶，楼高5层，总高度51.4米，建筑面积3219平方米。黄鹤楼内部由72根圆柱支撑，外部有60个翘角向外伸展，屋面用10多万块黄色琉璃瓦覆盖构建而成，充分体现了古代汉族劳动人民的聪明智慧和高超的建筑技艺。黄鹤楼楼外铸铜黄鹤造型、胜像宝塔、牌坊、轩廊、亭阁等一批辅助建筑，将主楼烘托得更加壮丽。主楼周围还建有白云阁、象宝塔、碑廊、山门等建筑。整个建筑具有独特的民族风格，散发出汉族传统文化的精神、气质、神韵。

而今的黄鹤楼比古代的黄鹤楼高了许多。按记载，古楼"凡三层，计高9丈2尺，加铜顶7尺，共成九九之数"，今楼则多了两层，共5层，加5米高的葫芦形宝顶，共高51.4米，比古楼高出将近20米。古楼底层"各宽15米"，今楼底层则是各宽30米。为什么要建得比古楼高呢？只要

看一看蛇山四周的建筑，现代比古代高了多少，就可以知道新黄鹤楼必须比古黄鹤楼建得更高，才能得到古代登楼时的审美效果。原址环境在建长江大桥以后有了很大的改变，就地重修已无可能。新建的黄鹤楼以清代旧楼为原型进行了艺术再创造。其外貌并非"楚风"，只能算是"楚地"历史的象征。楼高50米，平面正方形，四面各加抱厦，形成12个折角；楼顶金黄琉璃、飞檐翘角。1985年落成的黄鹤楼比旧楼更壮观。这是因为飞架大江的长江大桥就横在它的面前，而隔江相望的则是这24层的晴川饭店。这一组建筑，交相辉映，使江城武汉大为增色。黄鹤楼的建筑特色，是各层大小屋顶，交错重叠，翘角飞举，仿佛是展翅欲飞的鹤翼。楼层内外绘有仙鹤为主体，云纹、花草、龙凤为陪衬的图案。古时，黄鹤楼为布列有序、构思精妙的建筑群，环楼建有亭、轩、廊、坊。而今，在黄鹤楼四周也建有铜雕、牌坊、喇嘛庙等，如众星拱月般，拱卫着主楼。从正面来看，整个风景的设计是呈阶梯式的，给人一种承上启下、层次分明的感觉。

黄鹤楼的建筑特色，是各层大小屋顶交错重叠，翘角飞举，仿佛是展翅欲飞的鹤翼。楼层内外绘有仙鹤为主体，云纹、花草、龙凤为陪衬的图案。黄鹤楼所在的蛇山一带辟为黄鹤楼公园，种植了许多花草树木，还有一些牌坊、轩、亭、廊等建筑。有一个诗碑廊，收藏着许多刻有历代著名诗人作品的石碑，蛇山一带的古代景点都将陆续修复。黄鹤楼将成为位于中国心脏地带的中心城市——武汉的一个标志。

图9-3-1 黄鹤楼（来源：中信建筑设计研究总院）

（二）辛亥革命博物馆

辛亥革命博物馆是一个历史主题鲜明、反映辛亥革命全过程的历史纪念馆。这种历史事件型博物馆与一般城市博物馆不同之处在于，建筑主题的表达首先是"主题鲜明、立意高远"、"激发人们对纪念主题的情绪感知，引发观众情感上的共鸣"。建筑设计以"勇立潮头、敢为人先、求新求变"为核心的首义精神为构思重点，"大象无形，大音希声"，强调整体环境和氛围的创造。博物馆建筑造型融现代手法与首义精神为一体，体现出荆楚内在精神，采用具有雕塑感的造型，塑造出刚毅、挺拔的视觉效果。建筑外墙采用粗糙的表面肌理，利用自然雕琢、风化的纹理，创造出整个建筑"破土而出、浑然天成"的艺术效果。缓坡台基与三角形形体之间不是直接连接，而是采用玻璃作为过渡，造成视觉上的冲击感，象征着冲破封建束缚、敢为人先的首义精神。建筑将首层置于缓坡之下，既不影响建筑的功能和使用，又创造出高台、空灵的建筑形象；二层的室外展场和景观通道确保了首义文化区南北轴线的延伸与通透。同时"V"字形的形体削弱了三角形的体量，缓坡台基减少了建筑物的高度感，使建筑体量、高度与红楼、蛇山及周边建筑相协调，营造出肃穆、凝重的纪念风格。

楚文化：建筑外墙采用红色，基座采用黑色，"红"与"黑"两色的对比，不仅与辛亥革命博物馆所表达的"革命"与"黑暗"相对应，也体现了楚国建筑"红"与"黑"的基调。红色的主基调与红楼的色彩协调统一。缓坡台阶的黑色使红色更为突出，红、黑两色相互映衬，既使楚文化浪漫奔放的艺术特征得到完美表达，又展现了现代建筑的简洁大气。

首义精神：辛亥革命博物馆的外形设计融合了中国传统建筑特色和现代手法，个性鲜明。几何形向上升腾的外墙含有"破土而出"的意象，颂扬了敢为人先的首义精神；三角形的建筑母题，赋予建筑向上、进取的意味，寓意武昌首义胜利和武汉腾飞。

历史感：建筑采用具有雕塑感的造型，塑造出刚毅、挺拔的视觉效果。石质外墙以肃穆凝重的红色为主色调，古朴厚重，与周边蛇山、红楼及武昌老城区景观协调共存。其自然雕琢、风化的纹理，营造出凝重的历史纪念风格，准确表达其设计诉求。

图9-3-2　辛亥革命博物馆（来源：中信建筑设计研究总院）

（三）湖北省博物馆三期

湖北省博物馆位于风景秀丽的东湖之滨，周边荟萃了湖北省艺术馆、湖北省社会科学院、湖北日报社等一系列文化设施，人文气息浓郁。用地北邻武汉大道、老东湖路，西南临东湖水面，东抵至东路，用地规模约为127.5亩。2010年5月，湖北省博物馆决定以国际征集的方式征集湖北省博物馆总体规划和建筑设计方案。经多轮专家评审和方案优化，武汉市建筑设计院提交的设计方案最终胜出，确认为中选方案。

本次总体规划和建筑设计方案设计完成后，省博物馆的总建筑面积约为100000平方米，其中：拟保留原有建筑物的建筑面积42000平方米；拟规划建设项目的建筑面积约58000平方米（主要包括文物展览大楼约34000平方米、文物保护中心和研究中心大楼10000平方米、控制中心大楼和设备楼约4000平方米、旅游团队接待中心约6000平方米等）。

总体规划展现了"文物公园"的核心思想：方案立足于打造文物公园的核心思想，充分整合一、二、三期建筑及周边环境资源，因地制宜，将湖北省博物馆整体规划为仪式、

图9-3-3　湖北省博物馆三期透视效果图（来源：中信建筑设计研究总院）

图9-3-4 湖北省博物馆三期鸟瞰效果图（来源 中信建筑设计研究总院）

图9-3-5 省博物馆三期室内设计（来源：中信建筑设计研究总院）

展陈、休闲为一体的场所。本次总体规划采用"一轴三区"的模式，将整个湖滨半岛状的地块打造成功能齐全、环境优美的文物公园。总体布局延续现有的中轴对称的传统格局，北区利用一、二期已形成的面向社会观众的主入口广场及"品"字形空间围合的开阔场地，形成适合举行各种纪念活动的仪式空间；中区以博物馆建筑为主体，形成集展览、陈设、娱乐、教育于一体的展陈空间；南区借景东湖与扩建馆舍，打造绿色生态的休闲公园。

功能设计体现了有无相生的空间观：博物馆的室内空间的塑造是设计的重点所在。方案采取"藏"的手法，集建筑空间、展品布置、教育休闲为一体，整个建筑藏入自然环境之中。新馆功能构架、造型体现南动北静的原则。两区之间形成景观丰富的中庭空间，正中心设有双螺旋的坡道作为新馆的主要交通联系纽带，结合绿色生态理念，种植攀藤植物在空间网架上，四季更替，色彩各异。

建筑造型体现了以大为美的审美观：方案采取"透"的手法，力求塑造和谐生动的建筑造型。南侧缓坡上掀起一条波浪形条带形成醒目的入口空间。南北两区的建筑采用"和而不同"的原则，造型各异又相互和谐，体现楚文化符号的金属穿孔板外墙再现了青铜器的神韵，建筑形象大气、简洁、完整，透出浓浓的楚韵。

总之，一个优秀的建筑必须尊重城市的肌理与空间，必须尊重人们的使用与感受，必须尊重文化的彰显和持续。本方案设计立足于"植根于楚，寓意于博，凝神于藏，蕴型于钟"，即"楚博藏钟"的核心构思，在处理项目复杂的设计矛盾中寻找完善的解答，展现了湖北省博物馆新馆"湖畔藏楚韵、编钟鸣盛世"的深远意境。

（四）武昌火车站

武昌火车站正是运用了楚地建筑中的中轴对称、高台、宽屋檐、大坡式屋顶等独特的建筑形式，来传承楚地的历史文化精髓。武昌站的形象设计从楚城和楚台入手，结合现代铁路站房的空间特点，将站房与高架平台设计成叠台形，用超常尺度表现主要入口，同时拔高中间部分的高度，体现出一种崇高感和恢弘之美，继而运用连续的竖向墙面和开窗的交替反复体现交通建筑的韵律感，隐喻出"楚文化"的惊世作品——编钟的造型；屋顶设计考虑南方建筑深出檐、轻盈的特点，将坡屋面充分伸展、拔高，体现出一种空灵之美；入口雨篷充分吸收汉阙的设计理念，具有鲜明的人文地域特征和强烈的视觉冲击力，进而提高了建筑本身的可识别性。

（五）武汉火车站

湖北是荆楚文化的发源地，传说中的凤凰以及充满丰富含义的九头鸟，在荆楚文化传说中都是富于活力、精力充沛并满怀进取心的象征，整个建筑从远处看仿佛一只振翅欲飞的巨鸟。从空中看武汉站，富有张力的大跨度结构，体现了

图9-3-6 武昌火车站（来源：中信建筑设计研究总院）

现代科技的进步，隐喻高速列车的速度感，设计的着眼点是对当地民俗与神话的一种现代诠释，同时也极力体现一种时代科技精神。

构思与意向："黄鹤一去不复返，白云千载空悠悠。"唐朝诗人崔颢的诗使得"白云黄鹤"成为武汉的代名词，荆楚故乡颇富仙气的千年黄鹤感叹新时代家乡翻天覆地的变化，翩然而归，千年鹤归是方案的造型立意。

立面水波状的屋顶寓意"千湖之省"的省会江城武汉，建筑中部突出的大厅屋顶象征着地处华中的湖北武汉"中部崛起"，反映出武汉蒸蒸日上的经济发展趋势。造型上九片重檐屋顶，同心排列，象征着楚地武汉"九省通衢"的重要地理位置，同时突出了武汉作为我国铁路的客运中心，辐射四周的重要交通地位。武汉站上部钢结构采用了钢管拱、网壳、桁架、树枝状单元结构等新型结构形式，形同展翅的鸟翼，建筑结构的仿生态学设计既满足了建筑外部造型和内部空间的需要，又真实展现了结构受力的逻辑美学，节约了大量的装饰材料，同时也呼应了建筑的文化意蕴。

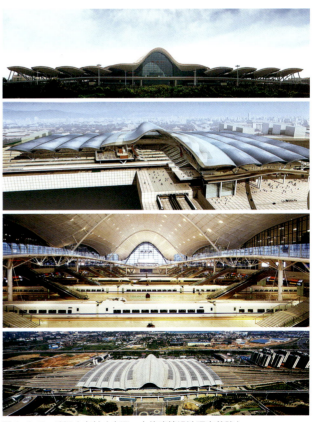

图9-3-7 武汉火车站（来源：中信建筑设计研究总院）

（六）孝感市民之家

湖北孝感"市民之家"项目的设计依据楚文化"兼收并蓄"的开放特征，立足于南北之间、中西之间、古今之间，在彼此的对比、碰撞和融合中进行重构，寻求新的组合方式并融合荆楚建筑的美学特征和浪漫意境，建设个性鲜明、独具魅力的现代荆楚地域主义建筑。

项目方案设计将楚建筑的"高台基"转化为首层建筑；将楚建筑的"深出檐"转化为挑出的建筑体块；将湖北民居的"天井"转化为两个宽敞明亮的中庭。运用现代的材料和结构形式，体现当代荆楚人民的浪漫和潇洒，展示出荆楚建筑在新时代的进步与发展。建筑设计提取了楚建筑中"高台"、"宽檐"的意向，用现代的手法诠释：底层两个石材的"基座"、中部通透纯净的玻璃、顶部两层悬挑的"大屋盖"，符合中国传统建筑的"三段式"特性，以化整为零的方式减弱了大体量建筑对环境的影响。建筑命名为市民之家，是希望市民在这里感受到家一般的舒适、便利、温馨。如何让市民产生家的感受，是设计构思的重点，中国传统的家都是内向型的空间，以庭院作为家的核心，所有空间都围绕庭院布置，因此我们将庭院引入，建筑平面以围合的方式形成两个宽敞明亮的中庭，它像传统建筑民居中的天井一般具有强烈的内聚力，成为家的象征。它是市民共享的客厅，是交流、休憩、参观、展示的重要场所。同时调节了微气候，形成自然的采光、通风。

图9-3-8　孝感市民之家（来源：中信建筑设计研究总院）

图 9-3-9　湖北省图书馆新馆实景（来源：中信建筑设计研究总院）

图 9-3-10　湖北省图书馆新馆鸟瞰实景（来源：中信建筑设计研究总院）

图 9-3-11　湖北省图书馆新馆中厅实景（来源：中信建筑设计研究总院）

（七）湖北省图书馆（新馆）

湖北省图书馆新馆坐落在江城武汉的沙湖之滨，总建筑面积约为 10 万平方米，藏书超过 1000 万册，日均接待能力超过 8000 人次。选址地块深约 190 米，宽 370 余米，呈矩形，总用地面积 6.72 公顷。基地北面是沙湖，南面是城市干道公正路，西面是风景秀美的沙湖公园。

方案构思从新馆构思立意的过程就是地域文化的提炼过程，也就是对代表楚文化的意向不断探寻、比较、选择的过程，方案构思从新馆所处位置的沙湖水联想到行云流水的流畅，再引申到白云黄鹤的飘逸，并结合百年老馆"楚天智海"的人文气息，三者相得益彰，共同构成了"楚天鹤舞，智海翔云"的主题立意。建筑希望以单纯的形式来抽象表达写意，不拘泥于用简单的符号来表达，而是从精神和哲学层面来表达。

整个造型以水平线条出发，由直线弯成曲线，曲线均匀排列形成曲面，不同的曲面凹凸进退构成体块之间的穿插组合，最终形成了方案的外部造型。从形似到神似的演变，已不再拘泥于白云黄鹤的具体象征，也不刻意追求行云流水的意向表达。从追求形似向追求神似演变，追求似与不似之间的神似，以形体的完整、表皮的抽象、意境的深远凸显了新时期大型公共建筑的设计趋势。

（八）武汉市民之家

武汉市民之家主要功能突出"城市客厅、办事大厅、展示大厅"三大功能，提供行政服务、展示城市未来、接受人民监督，推行"一楼式办公、一窗式收费、一站式服务"的运行机制，为建设国家中心城市和复兴大武汉服务。"市民之家"建筑造型为两个"L"形体块相互交叠，形成"手牵手"的体态，象征市民与政府的沟通互助；多维度的建筑立面造型以及第五立面的精心推敲，营造出全方位多角度的城市标志建筑景观；红色建筑表皮形象犹如蓄势待发的红色凤凰，展示了楚文化的红色，体现了日益蓬勃的城市活力；方整的建筑轮廓呈现中国方印的形象，凸显城市厚重的文化底蕴。同时，"市民之家"的设计充分采用了在上海世博会展示的先进节能环保技术，大楼处处彰显"两型"元素。

（九）楚天台

东湖楚天台是武汉市东湖磨山楚文化游览区的标志性建筑，按史书记载的章华台之"层台累榭，三休乃至"的形式仿建。层阶巨殿，高台矗立，依山傍水，屹立于磨山第二主峰上，可与江南三大名楼媲美。东湖楚天台建筑面积2260平方米，出土的楚国大批文物复制品荟萃于台内，再现了楚园艺术的楚风、楚韵、楚味。参照《楚辞》文字描述及出土文物形迹设计的楚天台，建于东湖边磨山主峰山顶侧25米处；后楼利用山形，双层云台为基座；顶部三层卷棚歇山屋面；前殿黑红色调，屋顶上装饰鹿角立鹤钢雕仿木结构。整个建筑踞山临水，控制四野，远望形胜宏伟，有如京师颐和园昆明湖与万寿山之间的佛香阁。近旁更筑有楚街市、楚城楼等一系列建筑，其细部处理，檐部、屋脊、门窗等都采用了出土文物中的装饰纹样与风格，使东湖公园变成一处很有"荆楚味"的现代建筑园林。

（十）湖北文化出版城

湖北文化出版城设计灵感来源于楚文化中音乐及青铜文化的最高成就代表——编钟。主体建筑利用原有双塔形成具有编钟意象的整体造型，孔洞状的方窗形似编钟上的凸起。双塔头部之两翼呈翅状展开，取意楚文化中"凤"的意象，充满力量与浪漫之感。而双塔的玻璃幕墙，宛如两条飞龙冲天而起，动感十足。

（十一）钟祥市博物馆暨明代帝王文化博物馆

明代帝王文化博物馆位于湖北省钟祥市，它既是市博物馆，又是以明代嘉靖皇帝及明代帝王文化为主题的展馆，北邻世界文化遗产明显陵，西接莫愁湖，周围山丘起伏，水面开阔，绿树成荫。博物馆分为主馆和次馆，两馆之间及围绕主馆的敞廊是供游人穿越漫步的公共开放空间和室外展陈空间，主次馆的总体布局对应汉字"明"，同时其与博物馆的功能流线相契合。

图9-3-12　武汉市民之家（来源：中信建筑设计研究总院）

图9-3-13　楚天台（来源：中南建筑设计院）

设计结合自然，重点不在设计，也不在自然本身，而是两者的结合。本设计正是体现了一种与自然共存的、"景观建筑"的理念。所谓"景观"包含了自然和人文两个方面，并融入了设计者对建筑地域性的理解：对当地传统文化的尊重及对周边自然环境的应答。对应于两种景观，博物馆设置了一主一次、亦庄亦谐的轴线和动线。以主馆为主体的轴线，表达的是历史与传统主题，体现了基于精神和秩序的纪念性；以主次馆之间和环绕整个园墙的空间为主体的动线和路径，表达的是山水和自然主题，体现了基于历史性的现实体验。

博物馆建筑为了表达帝王主题，设计借鉴传统建筑元素，在序厅的设计中采用了具有中国传统建筑藻井意象的字形天窗。园门采用宽4米、高7米的中璇式铜门，其上部位镂空汉字、下部刻龙纹式样。

建筑场地临山面水，设计者将周围自然环境视为"大园林"，将博物馆视为"小园林"，设计借鉴园林中辞赋点景的传统，将汉字作为建筑语汇，与窗、门等元素结合，如主、次馆之间连廊上"锺聚"和"祥瑞"两组刻字景窗，通过远近组合形成"锺聚祥瑞"（明嘉靖皇帝所赐）的题名，点明"钟祥"地名的由来。此外，建筑将中国传统园林中廊、墙、桥、门窗、匾额等语汇简化、重组，结合叠石理水，在博物馆空间中形成园林气息，呈现园中有馆、馆中有园

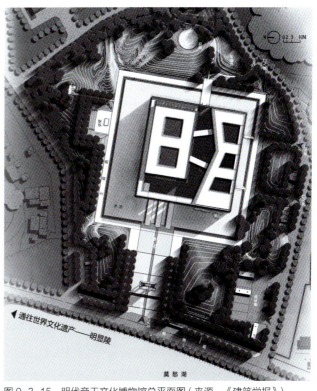

图 9-3-15　明代帝王文化博物馆总平面图（来源：《建筑学报》）

图 9-3-16　明代帝王文化博物馆实景 1（来源：中信建筑设计研究总院）

图 9-3-14　湖北省文化出版城（来源：中南建筑设计院）

图 9-3-17　明代帝王文化博物馆实景 2（来源：中信建筑设计研究总院）

图9-3-18　明代帝王文化博物馆实景3（来源：中信建筑设计研究总院）

图9-3-19　神农架机场航站楼实景1（来源：中信建筑设计研究总院）

图9-3-20　神农架机场航站楼实景2（来源：中信建筑设计研究总院）

图9-3-21　神农架机场航站楼实景3（来源：中信建筑设计研究总院）

图9-3-22　神农架机场航站楼实景4（图片来源：中信建筑设计研究总院）

的空间意象。

与历史和传统的对话固然重要，但建筑毕竟是生长于"此时此地"的自然环境之中。因此，博物馆的整体气质是一种与自然交融共生的、景观的建筑，是山水之间的"园中之园"。

（十二）神农架机场航站楼

1. 设计定位及立意

神农架机场定位于旅游机场，将着力打造生态、轻松、能够反映地域特征的旅游机场航站楼。

图9-3-23 神农架机场航站楼实景（五）（来源：中信建筑设计研究总院）

本案立意为"架木为屋"，师法自然，通过以三角折板的屋面组合来模拟群山之态，天际线丰富；同时，又以"架木为屋"的独特文化视角，诠释神农架独一无二的地域特征，对周边自然景观，也是一种协调和保护。

设计采取"化整为零"的手法，随机起伏的屋面，破除了整体大屋面可能带来的单调，同时也充满"野趣"，轻松愉快的建筑形象符合旅游机场的设计定位。

设计生态概念突出，玻璃幕墙和钢架形成强烈对比，使建筑形象稳重而又不失自然，有机地融入了青山绿水之间。建筑屋面材料采用仿木纹铝锰镁合金板，更进一步诠释了"架木为屋"的设计概念。浓缩了地区特殊人文特色的造型设计，迎合旅游者轻松、愉快、好奇的心理特征，将使该建筑成为林区又一道亮丽的风景。

2. 生态理念的延续性

神农架林区以丰富、原始的自然景观闻名于世，有两个方面的课题我们必须研究：一是前面所说的绿色与节能；二是建筑与周边自然环境的关系。该航站楼的设计在充分分析规划中既有的环境状况的基础上，积极寻求与周边建筑物以及自然景观的"对话"，造型设计在体现现代机场航站楼基本特征的同时，着力寻找建筑物的地域特征，打造能够代表神农架地区特殊人文、自然特色的建筑作品。

3. 室内装修及细部设计

室内装修设计延续了建筑设计的理念与风格，与建筑设计浑然一体，形成独具特色的高山生态旅游机场。航站楼的中心地带别具一格的生态园林式候机区，为旅客提供了休闲舒适的候机空间。在装饰细部上，航站楼内部精心选择了具有生态气息的当地石材与木材作为装饰面材，森林般的柱子点缀其中，浓厚的神农架旅游风景区气息洋溢其中。

图 9-3-24　湖北剧院方案草图（来源：中信建筑设计研究总院）

（十三）湖北剧院

独特的历史文化环境：新湖北剧场位于武汉市武昌阅马场，基地范围东对武珞路，南到彭刘杨路，西至体育街，北至九头鸟房地产开发公司用地边界。位于独特的历史文化环境中，周围有龟山电视塔、武汉长江大桥、蛇山黄鹤楼、白云阁、革命红楼、辛亥革命博物馆、红楼绿化广场和彭刘杨路的繁华商业区。从时间上构成了"古代—近代—现代"的历史文化脉络，从空间上构成了"水、陆、空"三维立体网络。

图 9-3-25　湖北剧院实景（来源：中信建筑设计研究总院）

方案构思过程，经过了三轮不断深化的草图。第一轮草图屋顶采用出挑很大的飞檐，使之具有中国传统建筑的韵味；剧场外立面采用玻璃与金属杆件，以取得现代感和通透感，并减少建筑物的体量感，减轻对道路形成的压迫感。第二轮草图，底层架空后退。形成室内集散广场，以利人流疏散；正立面的玻璃向下倾斜，与道路关系更吻合。第三轮草图，在第二轮草图的基础上，将靠武珞路的玻璃幕墙变成弧线，与道路关系更加吻合；底层架空层高增加，形成空间更开敞的半室外广场；同时结合剧场舞台后部较高的特点，形成向上的斜弧线形屋面，使得建筑物有了一个完整的第五立面。至此，一个独特、新颖、富有创意的以"黄鹤、鼓琴、歇山"为主题的设计方案问世了。

黄鹤：建筑物的侧立面像一只挺立的黄鹤，并与蛇山的黄鹤楼相呼应，体现了建筑的地域特征，同时也赋予了建筑物强烈的动感。

鼓琴：建筑物的主体平面外形似一面大鼓，斜屋顶的悬索象征着琴弦，寓意鼓琴合奏，体现了建筑的功能特征。

歇山：巧妙结合剧场的单坡立面，使主立面形成中国古代建筑歇山式屋顶的轮廓，使其具有浓厚的中国传统建筑的韵味。

主体建筑造型为柱式，托起具有古建筑特点的大挑檐式屋顶，形象轻巧、富有动感，外墙由壁立的直面与流畅的弧面刻画出鲜明的建筑轮廓。两翼由水平的横线条构成，与主体建筑相辅相成。总之整个建筑造型表现出强烈的时代感、地域感，并以现代的建筑语言表现出传统建筑的精髓。

湖北剧院以"黄鹤·鼓琴·歇山"的理念完成建筑对传统意境的表达。侧立面抽象出黄鹤挺立的姿态，呼应蛇山黄鹤楼，象征文艺事业的展翅飞翔；建筑主体形态似一面大鼓，屋顶的悬索形式如同竖着的琴弦，寓意鼓琴合奏；屋顶巧妙结合剧场结构的单坡主立面，形成歇山的轮廓，具有浓厚的中国传统建筑之韵味。

图 9-3-26 恩施火车站（来源：《荆楚建筑风格研究大赛作品集》）

（十四）恩施火车站

在恩施站的建筑形态设计中，设计了两坡屋顶，将荆楚民居中山墙语义转换成里面面朝入口广场，下方使用荆楚民居建筑入口披檐手法局部穿插坡屋顶强化入口，组合成类似"抱厦"的屋顶形式，构成错落有致的建筑形式。造型大量采用了穿斗山墙的木构造型，屋檐的飞檐翘角、木构梁的冒头、屋架檩条外露，均体现了鄂西干阑建筑的特点；中央候车大厅采用两坡屋顶，将山墙面朝向入口广场，局部穿插坡屋顶披檐，构成错落有致的斜坡屋顶形式；在中央入口处将具有土家族吊脚楼特征的厢房屋顶上的半歇山作为一种造型元素融入站房坡屋顶，加强了站房入口的地域识别性。

（十五）第十届中国国际园林博览会园区建设工程——张公阁设计方案

第十届中国国际园林博览会园区建设工程——张公阁设计方案，规划于园区核心荆山之上，坐拥园区最好的景观位置，对于第十届园博会来说，张公阁是武汉的一张名片，能够传承武汉特色并展现其古今发展之魅力。张公阁以创新之阁、文化之阁、绿色之阁、科技之阁的创作理念来具体表现该届园博会的精神，体现地域文化特色和绿色建筑科学技术的合理运用。

图 9-3-27 张公阁概念设计方案（来源：中信建筑设计研究总院）

第四节 群体建筑体现传统建筑文化风格特色

一、通过建筑肌理体现建筑特色

湖北村镇的选址，山区村镇多位于交通隘口，或主要交通线一侧的山麓与凹地，布局形式以线形为主；河岸型村镇多位于河口、河堤或河流的淤积地，往往采用线面结合的布局；平原型村镇多利用平原岗地，尽量靠近湖塘水体，布局形式以组团式为主，空间结构相对自由。总体而言，传统湖北村镇体现出一种置身于山水之间的自由随意的风貌特色。

（一）平原型村镇的风貌特点

平原聚落一般街巷平直，多呈"一"字形或"十"字形布局，有的大型聚落街巷呈鱼骨状或网络状展开。尽管平原村落格局受地貌制约因素较少，但考虑到集约使用土地、选址不占良田、利用自然丘岗地形、尽量靠近水源等因素，平原地区的传统村镇风貌呈现出以下特点：

1. 农田包围村庄，集中式布局

农田围绕村镇，过境道路从村庄边界穿过。内部道路呈不规则网状布局，街巷关系更为丰富。建筑布局为院落式，平面规整，朝向基本统一。村镇集中布局，集约土地，留出良田。交通网络清晰，具有早期原生态的规划意识萌芽。

2. 建筑均面向街道，形成带状格局

通过建筑的局部进退、马头墙形式变化、门面装饰变化打破规整式城镇空间的单调感，构成丰富的街巷景观。

3. 通过建筑进深、高低组合变化，使村落空间呈现错落有致的立体组合

如大屋李村是位于阳新太子镇旁父子山脚下的一座不大的村落。大屋李村的民居建筑群古朴厚重，高高的马头墙掩映着参天大树。纵向延伸的四进天井院落分别向东西两翼开设门洞，延展出去形成村落的鱼骨状巷道骨架；巷道两旁民宅或以单栋建筑或以合院形式进行组合，错落有致，构成一定规模的村落。

4. 在建筑之间植入高大乔木，打破屋面和墙体的单调，赋予居住环境良好的生态性。

武汉黄陂区中部大余湾背靠木兰山脉的西峰山，东临滠水河，因村民大多属余氏家族，故名大余湾。

民居外墙均用大块方正的石条砌成，石面上凿有细致入微的滴水线。屋前檐额上多绘有明清时期的彩画。大余湾人砌筑的宅院，在形式和格局、用材与技术上，体现出极为完整的绿色生态安居构想："前面墙围水，后面山围墙，大院套小院，小院围各房，全村百来户，穿插二一巷，家家皆相通，

图 9-4-1 阳新大屋李村民宅
（来源：《"荆楚派"村镇风貌规划与民居建筑风格设计导则》）

图 9-4-2 黄陂大余湾民居建筑之间植入高大树木
（来源：《"荆楚派"村镇风貌规划与民居建筑风格设计导则》）

户户隔门房，方块石板路，滴水线石墙，室内多雕刻，门前画檐廊。"同时，大余湾的整体布局更加强调选址的合理性，顺应"风水"。村中"左边青龙游，右边白虎守，前面双龟朝北斗，后面金线钓葫芦，中间流水太极图"的民谣形象地表现了其风水布局的特点。

5. 引结合天然水岸的自由式线形布局

石头板村位处麻城山区的一个小型宗族聚落，山水田园，得天独厚。村中有三座公屋，按当地人的叫法分别为"老堂"、"高新屋"和"低新屋"建筑都含蓄地侧身，让入口与溪流的夹角空间形成惬意的前庭。老堂东侧组团多坐南朝北，只有外缘新建的建筑坐北朝南，充分体现出聚落的向心感。河溪南岸的组团以南岸老宅为依托发展出一片新村。因三面环抱的地形限制，村落主要呈现出以公屋为中心的向心型格局。现状道路也顺应建筑和溪水走势，形成了以广场——公屋为中心，向村落边缘发散的枝杈状巷道系统。

（二）山地和丘陵型村镇的风貌特点

1. 结合自然丘岗的自由式村落布局

依山就势，村落为不规则组团分布，道路呈枝状布置，建筑朝向不一，自由组合，建筑组团与农田相结合，便于耕种。

2. 位于山脚的村落自由型布局

山脚用地条件较为宽裕，村落集中度较高，但户数较少；建筑组合形式较为规整，建筑中部为院落式组合。

3. 位于山坡的村落台阶状布局

村落依山就势，建筑布局受地形影响，沿等高线呈台阶状逐层向上布局。建筑朝向不一，组合形式较为自由，以半围合空间为主。

4. 位于山脊的村落布局

该布局具有特定防御功能。龙王尖山寨又名永安寨或永安寨城堡，坐落于武汉市黄陂区李集镇东北和长轩岭镇西的交界处。龙王尖堡寨倚山踞岭，气势磅礴。围城的山寨周长12.5千米。山寨按九曲八卦阵建造，共有四大寨门，多座烽火台，其中一座置龙王庙峰巅，一座置西寨门。这种城堡式山寨，易守难攻。寨内有粮有水，生活资料齐全，即便遭受围攻，也可坚守待援。

5. 位于山腰的村落错落型布局

鱼木寨位于湖北省恩施土家族苗族自治州利川市谋道乡大兴管理区，南面距大兴场集镇3.5公里，东南距利川市60公里，西北距重庆市万州港50公里。险要的地形、封闭的自然环境，使得鱼木寨虽饱受外界战争变革的风雨，却没有

图9-4-3 麻城石头板村鸟瞰
（来源：《"荆楚派"村镇风貌规划与民居建筑风格设计导则》）

图9-4-4 黄陂龙王尖山寨遗址
（来源：《"荆楚派"村镇风貌规划与民居建筑风格设计导则》）

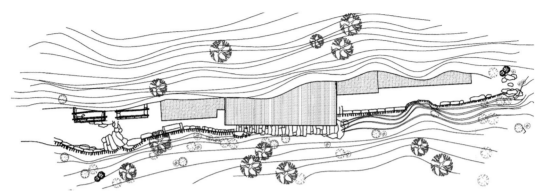

图9-4-5　恩施鱼木寨总平面（来源：《"荆楚派"村镇风貌规划与民居建筑风格设计导则》）

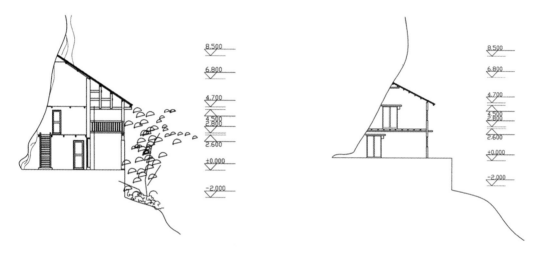

图9-4-6　恩施鱼木寨剖面图（来源：《"荆楚派"村镇风貌规划与民居建筑风格设计导则》）

受到太多的干扰和影响，使鱼木寨保存了较为完整的民俗民风古建筑群。

6. 位于山顶的村落簇居型布局为防御外族入侵

较多村落布局为山顶簇居型，麻城的山寨最有名的属麻城顺河镇凤到山山寨，该寨因山而得名。山寨保存基本完好的是寨墙和上山巨岩石庙。该寨凭借凤凰山的天然险境，用于民防和回击进攻的捻军。

1）村落垂直等高线布局

鄂东南山地聚落，垂直等高线，顺坡而起。

2）山间河谷村落布局特点

（1）村落线状连续分布，局部组团形态，内部道路呈鱼骨状，建筑朝向随山势河流变化；农田集中且近水，以利耕种。

（2）村庄在低洼农田和周边山体之间布局，集中与分散结合，沿道路自然延伸。

（3）依山傍水，田园相间，体态自由，集散有致，院落布局。

（4）沿主要道路分布，大分散，小集中，主要公共服务设施集聚。

（三）滨水型村镇的风貌特点

1. 村落顺水岸方向延展，主要街道与岸线平行。
2. 村落沿水岸自由式布局。

村落沿水岸自由式布局，道路呈鱼骨状，街河平行，建

图9-4-7 麻城顺河镇凤到山山寨
(来源:《"荆楚派"村镇风貌规划与民居建筑风格设计导则》)

图9-4-8 罗家畈村
(来源:《"荆楚派"村镇风貌规划与民居建筑风格设计导则》)

图9-4-9 洪湖瞿家湾老街(来源:《"荆楚派"村镇风貌规划与民居建筑风格设计导则》)

筑布局顺应河流走向,部分地区建筑采用"背水式"布局。

3. 主要街道轴线与水岸线垂直。

4. 为防水患而筑围堰的村落,俗称"垸"。

罗家畈村位于罗田县东北部的九资河镇三省垴脚下,距九资河风景区8公里。新屋垸民居依山傍水而建。新屋垸选址于奔流不息的山溪的"讷位",整个村庄是"山围水,水围垸",房屋则是"垸围院,院围屋"。

5. 通过水上码头实现对外联系形成的自然村落,俗称"湾"。

瞿家湾镇位于湖北省洪湖市与监利县交界处,南临烟波浩渺的洪湖,北濒碧波荡漾的内荆河,东与沙口镇连接,西与监利县柳关相邻,境内沃野千里,地势平坦,气候温和,雨水充沛,适于农作物和多种植物生长,尤以水产品闻名遐迩。通过水上码头的便利交通,实现良好的对外联系,享有"鱼米之乡"的美誉。

二、通过应对自然气候特征体现建筑特色

建筑设计的功能原则要求建筑设计首先考虑的应当是气候与物产。湖北素称"千湖之省",属华中冬冷夏热的过渡性地区;武汉虽为"百水之城",却居长江"三大火炉"之首。特殊的地理、气候条件极大地决定着当地的建筑特色,发扬本土性建筑的环境策略也是湖北现代建筑营造的原则。

和长江中下游过渡性地区一样,湖北建筑需要解决的头等大事就是探寻夏热冬冷地区的建筑环境对策。今天,建筑节能和宜居环境的建筑观深入人心,是湖北建筑师自觉遵循的建筑设计准则。湖北地区冬夏两季的气候条件较为恶劣,而上百年的建筑文化使得传统街区建筑群体的设计与建造中蕴涵了朴素的生态思想和简单有效的节能措施。在从近代到当代的建筑活动中,这些生态思想和节能措施大部分传承了下来,以下将以武汉园林博览会汉口小镇建筑群落为例分析湖北建筑群体如何应对气候,以及采取哪些策略。

汉口小镇是第十届中国国际园林博览会园区建设工程——东部服务建筑(汉口小镇)设计项目(图9-4-10),由中信建筑设计研究总院设计,工程建设地点位于园博会园区东入口服务区,规划用地66800平方米,建筑面积45300平方米。该项目展示了清末民初汉口的历史文化,并按武汉市场消费习惯、园博会的旅游功能要求结合地块进行形态设计,可打造成具有老汉口风情的文化旅游景区。

项目整体布置以老汉口(上起硚口、下至江汉路、北为中山大道、南为汉水合围区域)为蓝本。东侧为地下空间悬空区域,寓意汉水;南至园区云梦湖,象征玉带河起点硚口;西侧为草坪;北侧为园区建筑中国院子。

项目内部在复原了武汉特色街区空间的同时,也注意运

图9-4-10 汉口小镇鸟瞰图(来源:中信建筑设计研究总院)

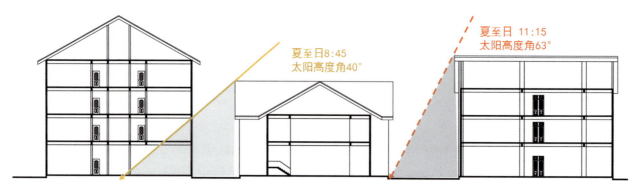

图9-4-11 汉口小镇花楼街地块街巷高宽比(来源:中信建筑设计研究总院)

用了从武汉传统街区中提炼出的节能设计思想与设计手段以适合武汉夏热冬冷的气候特点。

（一）街巷高宽比

汉口小镇在设计时尽量保证里分建筑的空间感受，严格控制了街巷空间的高宽比，建筑高度通常在 10～15 米左右，巷道空间则控制在 5～8 米宽度，这样的设计满足了夏季遮阳的效果。以花楼街地块为例，花楼街地块建筑高度为 12～15 米，巷道宽度为 5.8 米，街巷高宽比为 2：2.6，完全符合里分空间的形式。如图 9-4-11 所示，夏至日 8 点 45 分之前建筑的首层和二层都处于阴影中，能保持较低的温度，而 11 点 15 分之前和 12 点 45 分之后的巷道空间都能处于阴影中，有利于人们的室外活动。

（二）设置局部内院和开放中庭

整个汉口小镇在设计时，严格把握了里分建筑具有内院这一特征，在所有的单体建筑设计中均设置了内院，但考虑到整个项目的特点，对内院的形式进行了丰富，创造了四面围合庭院、半围合庭院、多重庭院、建筑立于庭院内等多重形式。

（三）根据主导风向设置巷道空间

武汉夏季主导风向为东南，汉口小镇在设计时，综合考虑场地特点和夏季风向，将主要的巷道均设置为南北方向，并在东边设计了数个较大开口以利于夏季引入自然风，改善微气候条件。

如图 9-4-13 所示，当达到武汉的夏季典型自然风（风向东南，高度为 10 米，风速为 2 米/秒）条件下，汉口小镇的风场模拟分布。图中显示，主巷道的风速均可达到 0.6～0.9 米/秒的区间内，是较为宜人的风环境，且建筑的主立面均与风向呈较小的夹角，可使建筑的前后面形成较好的风压差，也有利于加强建筑内部的自然通风。

图 9-4-12　汉口小镇内院与中庭设置示意（来源 中信建筑设计研究总院）

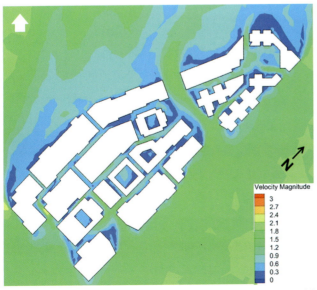

图 9-4-13　汉口小镇夏季自然通风模拟（来源：中信建筑设计研究总院）

三、通过变异空间体现建筑特色

对传统院落空间、传统建筑坡屋顶、楚高台建筑造型、传统建筑立面木构特征、楚建筑色彩等特征，不再是具象地模仿，而是将其构图、构件特征抽离变异出来，运用到新建筑中，使人们仍然能够从中清楚地看到湖北传统建筑的特征。

湖北省博物馆（新馆扩建）就是通过抽象变异表现荆楚历史建筑特征的手法来创作的。博物馆高台基、宽屋檐、大坡面屋顶的仿古建筑三足鼎立，构成一个硕大的"品"字，其总体布局高度体现了楚国建筑的中轴对称、"一台一殿"、"多台成组"、"多组成群"的高台建筑布局格式。整个建筑风格突出了楚国多层宽屋檐、大坡式屋顶等楚式建筑的特

图9-4-14 湖北省博物馆建筑群体（来源：中南建筑设计院）

图9-4-15 武汉国际博览中心（来源：中信建筑设计研究总院）

点。造型自然和谐，产生出层层跌落的美感，不由想起楚国"层台累榭"的建筑形式。

武汉国际博览中心是中西部最大、全国第三的展览场馆。建筑设计理念来源于荆楚之地独特的古文化代表作之一——编钟，但设计并未采取简单的具象设计，而是进行了空间变异。单体展馆线性连接，6个展馆依大小渐变趋势成一组。两组展馆建筑围合而成一大圆形广场，作为人流集散及室外广场。12个展馆代表12个音律，体现城市的文化底蕴，展馆超长的建筑尺度呼应长江恢宏的气势。整体建筑独特的造型，简洁大气的手法塑造出城市的标志性建筑，具有不可复制性。

四、通过材料和建造方式体现建筑特色

在湖北现代建筑设计创作时，应该有机地吸收"天人合一"的建筑观，它所展现的是"自然与精神的统一"，将环境与物质技术处理与运用完美地统一起来。现代建筑中的传统元素的应用并非单纯的仿古，而是应该深刻理解荆楚文化，将荆楚文化通过建筑中的传统元素表达出来。对待建筑传统，我们不能局限于形式层面，不应仅仅追求外在形式的继承，而应延展湖北建筑的优秀文化传统，将重点放在深层内涵的精神继承上。

现代建筑设计中，我们在应用传统建筑元素时应灵活巧妙。在当代建筑造型设计中体现传统与现代的结合，可以直接运用传统建筑符号，清晰地表达建筑的所指，传达建筑造型的传统意味。在具体处理中，用现代的建筑材料和结构技术来模仿传统建筑的形式，如荆楚建筑的高台、大坡式屋顶、宽屋檐、翻翘高扬的翼角、江南图腾凤鸟和水乡物产鱼藻为主的装饰纹样等。

（一）喜用木材

在建筑用材上，楚人喜用木材。木材给人以含蓄、深沉的天然之美，集轻巧、坚韧、易于加工为一身，恰恰与楚国人的文化性格相吻合，加之楚国境内木材资源丰富，因此木材成为楚地建筑的首选材料。

（二）干阑式建筑别有风情

干阑式建筑是楚国著名的建筑样式，其特点为一楼架空，二楼居住，以竹木结构为主。

干阑式建筑在楚国比较多见，如《招魂》："坐堂抉栏，临曲池些。"因为楚地水系发达，楚国出现了高台建筑与水上干阑的混合型建筑。

楚国干阑式建筑是楚国民间的主要建筑形式，注重与自然的高度协同，尊重自然，充分体现了"天人合一"的境界。

干阑式建筑在我国南方的土家族、苗族地区至今仍然沿用。

（三）层台累榭的建筑造型

高台建筑的形成还有赖于木结构技术的成熟。荆楚建筑中已经用到了"井干"、"穿斗"、"抬梁"三种木构架形式。穿斗构架立柱一般较高，前后檐采用挑梁结构，在今天

楚地的建筑仍然常见；抬梁构架一般用于规模较大、功能重要的建筑物；井干构架一般用于地下建筑或水井。从发掘的楚墓中，可以知道楚人已经创造了我国木结构的基本榫卯形式，各种木构架都以榫卯结构为基础，房屋结构中已经出现了简单的斗栱。金釭、青铜合页、门环铺首、抓钉、铅锡攀钉等金属构件的完善，使建筑的整体结构更加牢固，装修构造更为精细和严密。

五、案例分析

（一）汉街

武汉中央文化旅游区（汉街）是国家发改委立项的国家级重点项目，也是金融危机后"4.15"湖北省的重点工程，是国务院批准的武汉市"六湖连通水网治理工程"的首个工程。

设计以楚河为中轴，南岸为文化汉街，北岸为生态绿带。通过对武汉近代建筑形制的研究，运用传统与现代相结合的技术手段，再现大武汉民国时期的历史风貌和人文风情。

武汉历史建筑为汉街建筑群体中建筑风格的主要参考方向，沿楚河将建筑风格从传统逐渐过渡到现代，这样处理也可以很自然地解决掉如大型商业综合体与高层写字楼、住宅等与小尺度商业街区建筑风格与尺度之间的协调问题，也可以从这一系列的逐渐变化中体现出武汉不断传承、发展和创新的精神。在传统建筑造型中融入部分新时代特征的元素，在保持整体建筑风格的基础上，镶嵌入现代风格的玻璃体，可以使立面更富生动。而局部一些现代风格与民国风格的碰撞，可以凸显地块的活跃和张力。

建筑统一采用框架结构，而立面则用传统青砖与红砖进行搭配砌筑。经过现场实体砌筑对比，设计舍弃了用贴面砖来装饰的做法，而直接采用真砖来构成墙体，砌筑的砖块均从老房子拆迁处收集而来。

（二）吉庆街

吉庆街片区位于武汉市汉口大智街区域，汇聚武汉风味餐饮小吃、汉味民俗特色表演于一体，是展现武汉地方特色文化的一个重要舞台。本项目基地范围以吉庆街为中心，北至铭新街，东临大智路、西至黄石路，南临中山大道，用地面积8.39公顷。

新吉庆街定位于商业步行街，对街区内街道空间的要求高，采用内外街结合的形式，内街扩大形成庭院式的空间，适于在天气适宜时在户外摆设座椅营业，开展餐饮活动。街区内饭店等大规模餐饮业对大空间有要求，设计中将这部分活动置于二楼。虽然新吉庆街建筑在地块内呈环状围合，但二楼并未设置贯通的廊道。二、三层的垂直交通直抵户外，一楼以小间店铺为主。

建成后的新吉庆街立面采用汉口租界时期里分建筑传统的立面形式。风格上具有汉口当地的地域特点，顺应了吉庆街这一地域性民俗文化街的主题。建筑体块顺应地形化整为零。街区采用了内外街结合的街道结构，外街沿中山大道，

图9-4-16　楚河汉街（来源：中信建筑设计研究总院）

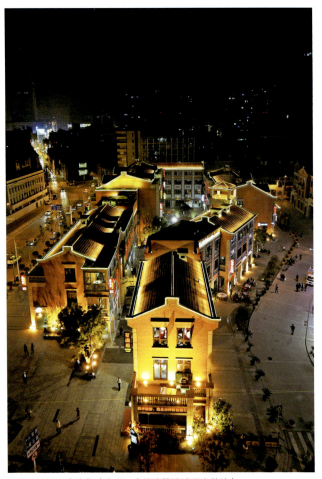

图 9-4-17 吉庆街（来源：中信建筑设计研究总院）

江汉二路，黄石路设铺面。内街有宽窄变化，西半段较宽敞的内街以承袭旧吉庆街沿街设摊点摆放桌椅营业的传统。中段结合北侧的豁口形成新吉庆街的广场空间。

在总体布局中引入风环境设计，利用武汉夏季东南向和南向的主导风向，留出"穿堂风"风道，延续老汉口建筑布局利用江河小环境和风向缓解夏季炎热气候的有效措施。

（三）昙华林

昙华林位于老武昌城的东北角，地处花园山北麓和螃蟹甲之间，随两山并行成东西走向。昔日此地多有小型庭院，并善植昙花，曾有昙花成林的典故，因古时"花"、"华"相通，故名"昙华林"。

昙华林正街是昙华林历史街区更新中实施最早且完成比较高的街道，其采用了下列更新策略：

1. 充分利用地型高差变化

改造设计在底界面上没有作太大的改变，顺应地型高差变化，保留了老武汉弯弯曲曲3～6米宽的石板路。同时维持现在街道立面高度和街道宽度1:1的比例，因为这样的尺度惬意而又不失亲切，人在街道中行走也有良好的视觉体验，既不压抑又不过于空荡。

2. 新旧界面的协调统一

昙华林的建筑保存了明清时代传统的建筑风格，同时受到西方文化的影响，在建筑中也带有些许西方建筑的韵味。它特有的建筑形式是武汉清末和民国初期典型居民形式的见证，是当年居民生活的城市发展轨迹的珍贵记忆。

改造实行立面保存，充分尊重建筑原样，保留并修复具有昙华林民居风格的细部，如粉墙黛瓦，木构框架，彩绘门楣等。对于部分新建的建筑界面，采用局部协调的更新策略。设计者将特色建筑的样式、色彩、细部构件等元素通过转化重新运用到新建的建筑界面中，从而统一整条街区的建筑风格与时代氛围。

3. 新旧界面的对比

昙华林正街中有许多历史建筑，如基督教崇真堂、翁守谦故居、刘公公馆等，在处理新建筑与老建筑的界面关系时，设计者采用了新旧界面对比的策略，以"对话"的方式来讲述具有历史感的现代手法与传统艺术。

（四）黎黄陂路博物馆

黎黄陂路所在地域于1897年划入汉口俄租界。1900年租界当局修筑此路。在1925年以前原名阿列色耶夫街、夷玛街，属汉口俄租界，从沿江大道（原河街）到中山大道（原亚历山大街）。交汇道路有洞庭街（原鄂哈街）、鄱阳街（原开泰街）、胜利街（原玛琳街）。

（五）武汉天地

"武汉天地"位于武汉市汉口中心城区永清地块，东临长江。"武汉天地"参照上海太平桥地区重建项目的发展模式，为集住宅、办公楼、酒店、零售、餐饮、娱乐等多功能设施的市中心综合发展项目。占地61万平方米，总建筑面积约150万平方米，总投资额约100亿元人民币。该项目的总体规划顾问为美国SOM公司，其中历史建筑重建项目的建筑设计师为"上海新天地"的总设计师本杰明·伍德。他将项目内的九幢历史建筑进行改造和修缮，设计融合传统建筑特色，并赋予新的生命力，提升其商业经营价值。

武汉天地商业区的规划方案采用土地混合使用模式，对历史建筑的再生使用是通过以历史建筑为主题的特色商业区建设，发挥历史文化的内在价值，创造独特的都市活动空间。

从街区空间格局设计来看，新的街区延续了传统小尺度内街式布局，在线性街道空间中设置了尺度不同的小广场，结合既有建筑要素组织空间焦点。既有建筑主要集中在街区北部，改造后形成一列南北向的建筑序列。街区内部，在前者南侧同样安排了一列南北向的新建筑，体量与历史环境一致，两列建筑构成街区内部的主要步行路线，与街区北部平行于这条街道的次要线路，组成步行环路。

从街区空间的连续立面要素来看，街道两旁外立面形态以既有历史要素为基础，新建主体部分在材料、形式和尺度上与之保持一致，维系传统街道的空间感受；局部采用新形式，新材料与历史要素形成对比，加强场所的历史时空感。

（六）花园道

"花园道"商业艺术区位于汉口金融街、城市主干道青年路与建设大道交叉口东北侧，紧邻武汉内环线，地理位置优越，由中南汽修厂改造而来。

"花园道"所在的前中南汽修厂大院，占地约2公顷，拥有8栋厂房和200多棵树，最初设计和施工中都对其作了最大限度的保留和尊重。花园道更新改造项目的总建筑面积为45亩，改建项目的一期用地29亩。武汉花园道分两个区，情景商业区和创意办公区。其中园区的商业面积规划为39亩，园区的办公面积规划为13.5亩，全部利用原有建筑装修改造建成。武汉花园道是在湖北省内第一个以发展本土创意产文化为主的创意产业园区。

武汉花园道原厂区内有许多旧厂房和厂里原有的植物，设计师将它们重新装扮作为新建筑中的旧元素保留下来，这种将旧建筑中的元素融入进新建筑中的设计手段，可以留住人们对曾经过往的无限回忆。原汽车修理厂的办公楼改为园区的办公区域，汽车修理厂的旧厂房则更新改造为商业街区，如今这里形成一个拥有自己专属的文化特色的创意产业园中心。从中南汽修厂到"花园道"的演变，是在保留建筑本体的基础上进行的，改造A区由3栋厂房构成，B区由两栋尺度较大的厂房构成，C区由两栋尺度较小的厂房和现有的保留最完整的5个车间组成，D区保留了原有的写字楼。临着青年路的原中南汽修厂的老厂门，现在改造成了简约而美观的花园道新大门。

（七）湖北中医药大学（原湖北中医学院）黄家湖校区

湖北中医药大学新校区坐落于武汉市南部的黄家湖武汉新大学园区内，是园区的启动项目。新校区由武汉市几所中医、中药类高等学校联合组建而成，规划总用地面积约108公顷，总建筑面积近40万平方米，计划容纳学生1.2万人，是一个功能完整，设施齐备的现代化大学。

学校设计既要布局科学、环境优美、功能先进，更要体现"中医药文化"这一特色文化内涵，成为融中国传统建筑风格与现代建筑艺术于一体的生态型山水园林大学。在设计过程中，借用"六体"来统领本设计：

脉——科学布局：充分合理地利用土地资源，结合地形地貌特点，尊重区域城市控制性规划，确定科学布局。一脉既定，满盘生机。

血——生态型：用地范围内饱含水系，一切生命起源于水，校园有了水，也就有了天人合一的和谐，水生自然。

筋——前瞻性：符合21世纪高等教育的发展趋势，适应网络化、远程化、国际化、复合型要求，从规划上留出院系拓展变化的空间。

图 9-4-18　湖北中医药大学（原湖北中医学院）黄家湖校区（来源：中信建筑设计研究总院）

肉——可持续发展：既要保证分期建设的完整性，又要预留一定的发展用地，保证学校健康、持续地生长，如同手掌大的婴孩茁壮成长为七尺血肉之躯。

骨——实用性：强调"以人为本"的设计理念，满足教学、科研、实验的要求，满足交流、活动、生活的要求，满足舒适、便捷、安全的要求。

气——个性化：规划的生命力在于其特色，中医药传统文化氛围、生态水系环境、古今合璧的建筑风格是本次总体规划的建筑内涵和场所精神的完美结合。情调优雅，气势不凡。

湖北是楚地的中心，楚文化历史悠久，蕴涵着独具特色的建筑文化。另外，湖北多雨、炎热的气候特点也形成本地域建筑对通风、遮阳效果的强调。在建筑设计中，我们运用局部底层架空、廊道相互串连、在不同高度处设置休息平台等多种方式，向外开敞、引导气流、降温除湿、改善环境；同时，使室内外空间相互连通，为师生提供了大量遮阳、避雨的灰空间，例如教学区建筑临水面方向的连廊及庭院中的廊道。教学建筑出檐深远，平坡结合，立面凹凸变化，并根据朝向设置遮阳板，既改善了建筑室内的物理环境，又创造了丰富的光影效果。校园内建筑多采用四坡屋顶，军用深蓝色波纹板，既体现了中医学院所特有的传统风格，古朴典雅，同时又糅合了现代元素，将空调室外机隔板、古铜色铝合金百叶等与立面造型有机结合，细节上体现出传统与时代风貌的统一。

（八）武汉科技大学

武汉科技大学前身为清末湖广总督张之洞 1898 年创办的湖北中等工艺学堂，至今已有百余年的历史。校园规划总用地面积 175 公顷，计划容纳全日制学生 3 万人。

校园基地呈梯形，南北平均宽度约 1.15 公里，东西向最宽处约 1.38 公里，最窄处约 1 公里。基地北侧与湖北中医学院新校区相接，南侧与待开发地块紧邻，西侧通过 100 米宽城市绿化带与 107 国道毗邻，东侧设有环湖路及绿化带，其外是拥有 6000 余亩广阔水面的黄家湖。

校园总体布局形成中心围合、面向湖景、东西两方向虚实交错、南北空间收放有序的格局。以一条西北平直、南向圆滑、东向开口的弧形轴线围合中心区，同时作为各功能区的联系轴线。重点规划设计了中心生态景观带、东西向和南北向的形象性规划主轴和 3 个标志性建筑物，并设置了一条呈 45°角布置的景观视线通廊，同时作为东北角和西南角两个最远端区域步行联系的纽带。

区域划分方面，以校园主干道将用地分成中心区域和周边区域两大部分，教学区居中，生活、后勤及体育运动区居于外侧起辅助作用，各功能区域间以山水自然生态景观为核心来组织和联系。

交通组织方面，建立明确的道路系统，由城市进入校区内部，道路等级依次划分为车型主干道、限制性车行道和人行步道。西侧临 107 国道，为学校的形象性出入口，同时是教学区的中心广场；北侧出入口安排事务性人流和参观人流；南侧为配合三期发展用地设联系性出入口。东侧为通向黄家湖的景观性出入口；体育中心设有可单独对外联系的广场。

绿化景观方面，"点、线、面"结合，构成全校范围内完整的绿化景观系统。中心区域依山傍水、林木繁茂、荷花攒动，再点缀以丰富的人文景点，是校园的绿化生态中心。周边教学区以环抱形面向湖面，将黄家湖的水面和绿化带纳入校内建筑的视野，增加了绿化的广度和厚度。以 4 个入口广场为媒介，形成生态走廊，将中心区的生态景观引入校园各个角落。特别是从体育馆至露天剧场间的景观通廊，更增加了绿化的广度和纵深感。各院系的内庭院、学生生活区的内部院落构成了绿化生态点，与中心绿化、生态走廊间相互联系。

设置通风遮阳设施，武汉地区夏季炎热，传统建筑通透、空灵，强调好的通风、遮阳效果。在建筑设计中，建筑的朝向方面按南偏西 9°的方向布置，在武汉地区，这种方式比正南北向有更为优越的日照、通风条件。采用底层架空、廊道互相串联、设置休息平台等多种方式，向外开敞，引导气流，降温除湿，改善环境；同时使室内外空间互相连通，为师生提供大量遮阳避雨的灰空间。建筑出挑深远，里面凹凸变化显著，大量设置遮阳板，即产生了丰富的光影效果，又通过这样改善了建筑室内的物理环境。

（九）新江汉大学

江汉大学新校区位于武汉市经济技术开发区三角湖以西，江大路以北，规划学生总人数 12000 人，教职工总人数 2400 人，总建筑面积 36.88 万平方米，规划总用地面积 108.4 公顷，是一所新型现代化综合大学。校园内主要设置行政中心、图书馆、理工类院系综合楼群、文科类院系综合楼群等其他教学楼群，配套宿舍、食堂、后勤服务中心、医疗服务中心、各类球场泳池等服务设施。

项目在规划上采取了如下构思：

功能分区：依山傍水，动静分离，疏密有致，交融渗透。

空间布局：理性与浪漫结合，衬托区域文化和学府氛围。

结构模式：体现多元生态环境，面向开放社会。

道路交通：流线分明，人车穿行互不干扰。

建筑布局：适度集中，节能省地，形成弹性组团丰富空间。

线性骨架：枝状生长，建设模式可持续发展。

功能分区利用起伏的自然地形和渗入水体的自然划分。本着依山就势、因地制宜、充分体现山水园林特色的原则，自然地区动静分明、渗透交融、互不干扰。以主教学区为中心，利用中部较平坦开阔的地段，靠山面水。由图书馆、文理科馆综合教学楼群形成一体两翼的校园中心广场。湖光水色、绿树红花的主广场中又暗含"书山有路勤为径，学海无涯苦作舟"的意境。主体广场以西保留约 8 公顷，高差较大、植被较好、视野开阔的自然山体，东侧留出了约 10 公顷的湖滨绿地，不仅为教学营造了良好的环境，同时也为今后的发展留出了一定的余地。主教学区南端地势较低，这里被规划为校园内部的主体水景之一。把开阔的三角形湖面引入校园，由博大引入精深，由奔放转入细致，隔水相望的山丘、自然流畅的小河，将教学、生活、行政、对外交流和后勤服务合理分隔。

规划布局将完美的理性与优雅的浪漫结合。新江汉大学地处武汉市经济技术开发区，规划布局结构采用理性与浪漫结合，以正南北十字轴和环湖弧线主路为基本结构，以行政楼为轴心，体现了现代校园严谨治学的精神风貌，围绕十字中心的弧线主路以及沿湖、沿山的自由路网布置，体现了现代教育的民主化进程以及环境的亲近感。大多数建筑和水体产生视觉和空间的交融，表达出人与建筑、建筑与环境、环境与人的交流与和谐。

功能空间具有社会开放性和环境多元性。学生生活区分南北布置，均设有对外专门出入口，体育活动中心区设在用地西北，内外兼顾，利于社会化管理。学术交流中心、行政楼、大礼堂围合成前区广场，形成外向型的交流空间与内向型的教学区核心广场，用南北主轴相联系，相映成趣。

清晰便捷的流线和合理的人车分流。对于有学生12000人的校园来说，各种流线的组织尤为重要。以住校生为主的综合大学，教学、生活、运动区之间的联系是学生活动的主线。规划以湖滨的人行通道和一条贯穿教学区、便于师生交流的半室内空间的步行道，将学生的大量活动组织在环路以内，大大减少了和主车行道之间的干扰。校园各入口具有较强的目的性，相应减少了闲散车辆在校内的通行，进一步减少了人车流线的交叉，实现人车分流。教学活动、体育活动、起居活动区域呈三角分布，减少了往返距离，避免了相互干扰，满足了流线的合理布局要求。

（十）武汉体育中心

本方案以圆弧形环路以及一条相切的南北向道路为总体布局的基本骨架，并利用高架平台将整个用地有机串联起来，体育场、体育馆、游泳馆沿弧形环路南北主轴向布置，各场馆既相互联系又自成一体。

总体布局通过整体自由的布置方式，在满足各场馆的功能要求及疏散要求的前提下，力求打破封闭、对称的布局模

图9-4-19 武汉体育中心（来源：中信建筑设计研究总院）

式，形成伸展自如、具有动感及个性的建筑组群。在手法上，通过平面上直线、曲线的有机结合以及轴线的穿插，加上水面、绿地、铺地的对比与过渡，采用小品、雕塑作为景点自然形成有机的规划架构；在空间上通过中心场馆前后、高低、内外的空间变化与交融，加之暴露的结构构件，通过高架平台的串联，一气呵成，给人以醒目充满力度的整体感，充分体现出体育建筑的震撼性与标志性。

我们不是过分强调每栋建筑本身的独立和突出，不是单纯研究建筑物独立的形态美，而是用这些相对独立的个体，来组成完整有序的群体，在统一的群体布置中又保持各自的个性，以此来形成"中心"的主要性格及形象特征。

在建筑个体的形象处理上，努力通过各种手法，使之既有强烈的时代感，同时又能体现出体育建筑的个性。同时着重于各建筑之间的整体布局，以建筑布置及相互配合而取胜；并通过色彩的变化、屋面的变化来突出建筑的个体形象。

从城市设计的角度来看，处理好环境—建筑—人的关系，处理好人与空间的关系，处理好人与空间在尺度上的平衡是至关重要的，整个中心大片的练习场地与建筑实体之间对比；主要建筑之间相互呼应、联系，使得人们无论是在318国道上，还是在场区内部的环路上，或是建筑群间的步行路上，都能获得不同的观感，留下各异的形象。

波涛滚滚的长江，形如巨龙，神如巨龙，奔腾在祖国大地；被世界称为"东方巨龙"的茫茫华夏。孕育着的龙文化和中国文明一样久远，龙象征着吉祥、阳刚与活力，引发了自古以来源源不断的奇思妙想。为反映地处长江中部的武汉市欣欣向荣的时代精神，"神龙腾飞"四字自然而然地成为体育中心规划方案的构思立意。

（十一）武汉国际博览中心

武汉国际博览中心项目是以会展为核心，旅游、地产及服务业并举的综合性项目。规划总用地面积为1.75平方公里，包括周边配套的经营性用地，总用地为4.22平方公里（合6339亩）。

展馆建筑呈环形，以圆形广场为中心，分为上下两层，展览展示功能集中在二层区域，总建筑面积45.7万平方米，其中展览净面积13万平方米，外环直径686米、内环直径406米、中心广场直径248米，建筑高度20.7米（檐口），总投资46亿4千万元。展馆建成后，是中西部面积最大、全国第三大的展览场馆。

设计理念：

①水中之城：环状的水系与四新区的自然水系连通，可成为武汉"四湖连通"的大规划中一组生动的细胞。同时，博览中心所呈现出的漂浮于水上的场景可成为独一无二的水中之城。

②功能复合体：为博览、文化、娱乐、商务、会议、旅游等不同的功能构建一个主体平台，使之如小生物圈般形成自我更新、自我发展的能力。

③开放性与公众性：博览中心内广场的开放一方面可使城市增加一片别具特色的聚集活动场所；另一方面，人流的引入也为推动博览中心地块及周边社区的发展创造最佳的人文环境。

④生态和可持续发展：利用水循环、太阳能光电板等多种节能技术为大型建筑物的运营创造清洁的动力和低能耗。

武汉国际博览中心展馆的造型设计以编钟、梅花及江水三大概念元素为设计着眼点，贴切而生动地演绎了武汉深厚而悠久的历史文化内涵。十二个巨大的展厅借鉴了编钟的形

图9-4-20 武汉国际博览中心（来源：中信建筑设计研究总院）

象，通过对称的环形阵列布局，创造出大气磅礴的体量。展馆围合的中心庭院采用了梅花形的轮廓，是对武汉市花形态的抽象表达。而整个建筑群屋顶连绵起伏的形态则体现了长江之水川流不息的隐喻。三大设计元素的紧密联系，使得国际博览中心成为一座集现代性、历史感和文化性于一身的具有国际水准的高品质建筑。

在规划上将展馆设置在7米平台以上，使展馆连绵起伏的形态面向长江完全展现，同时架空首层，用以设置机动车停车库及配套商业，这样既减少了投资，又利用外窗实现了自然进风。

（十二）湖北奥体中心训练基地

湖北省奥林匹克体育中心基地位于湖北规划科技新城中段，二妃山南部，新城规划交通、信息、发展的主轴上，周边主要交通由高新二路、光谷三路、高新三路（原武黄公路）与城市快速路三环线连接。

1）建筑形式

结合总体规划园林化布局的特点，将大尺度的建筑拆散，既可以减小大尺度建筑造成的压迫感，形成更为宜人的尺度，又可以形成数个内庭院，让建筑内部的小景观和整体规划的大景观融为一体。训练厅朝向景观的面都尽量开敞通透，最大限度地利用场地内的景观资源，使运动员以良好的心态投入到训练中。

建筑造型以方形为主，规划中注重创造出丰富的空间关系。外立面色彩以黄、白、灰为主，朴素大方。

训练厅屋顶局部开天窗，以确保白天尽量采用自然照明进行训练，节约能源。

2）色彩与选材

建筑外观以白色为主要基调，创造出青山、绿水、白墙的画面效果，并于局部采用黄色仿木质墙面、石材、木材，使建筑呈现出自然质朴的气质，并与透明玻璃、白色墙面形成自然与现代的良好对话。

3）单体设计

整个建筑形态由矩形的训练场地和半围合"L"形的辅助用房组成，建筑造型采用现代、简洁的构成方式，通过体块穿插、色彩对比，形成立面的主要风格，同时与游泳、跳水及现代五项训练中心相呼应。在功能分区上，将乒乓球训练中心独立布置在首层，羽毛球馆布置在二层，乒乓球训练场长于羽毛球训练场的部分形成二层室外平台，可作为羽毛球运动员的休息区。建筑物西侧设计了挑檐，以降低西晒的影响。

4）建筑形式

北部和天然水体的结合，使得泳池的内外均形成与水的亲切对话。同时泳池的侧墙采用玻璃幕墙，营造亲切的室内气氛，使得室内的训练空间与室外的自然景观相互融合，营造良好的训练空间氛围。多处的天然采光设计既增加了空间的趣味性，也节约了能耗。

立面简洁明快，采用严谨的比例构成，同时材质本身的对话也使得建筑的表情更加丰富完整。

第五节 其他建筑体现传统建筑文化风格特色

随着时代的变迁，许多建筑的功能发生了变化，也产生

图9-4-21 湖北奥体中心训练基地（来源：中信建筑设计研究总院）

了一些新的建筑形式。在一些景观、园林及其建筑、建筑的室内装饰、桥梁建筑、工业建筑、陵园建筑的项目中，对传统文化的承续也有很多积极的尝试。

一、通过肌理体现建筑特色

湖北依山傍水，人类聚落顺应地形自由伸展，形成了独特的自然、村镇肌理。一些景观园林建设往往结合传统的自然地形、地貌的肌理进行规划，比如武汉园博园规划，在整体布局时围绕楚文化的山水特色，掇山理水，创造出符合湖北传统自然肌理的景观，营造使人感到既熟悉又新鲜的景园建筑。而传统建筑肌理在单体建筑中运用得更为广泛，也有一些成功的案例，如东湖磨山的楚城门和楚天台，模仿传统的建筑肌理，形成了建筑错落的外观，也体现出楚地建筑的特点。

二、通过应对自然气候特征体现建筑特色

针对湖北的气候特点，一些景观园林和工业建筑都采取了可拆卸的外围护结构和可伸缩的遮阳设施，夏季拆下外门窗、活动隔墙，使室内外空间相互渗透，争取更多的室内外空气流通，伸出的遮阳设施能较好地阻挡阳光直射室内。到了冬季则封闭外围护结构，收拢遮阳，使阳光进入室内，能很好地保持室内的温度。另外，湖北春夏两季气候多变，雨水充沛，一些桥梁建筑搭建屋顶，为路人和候船者遮风避雨提供一个场所，这也是对传统风雨桥建筑的继承。比如恩施清和园风雨桥，既是城市中重要的人行通道，又能在二层观景、休憩，仿古屋顶出檐深远，起到了遮阳避雨的作用。而东湖磨山风景区的核心建筑楚天台，也是结合山势挑出多层吊脚楼似的观景平台，面向观景台的外门窗可以完全开敞，既利于凭栏赏景，也利于夏季加强通风，同时体现出景观建筑的传统韵味。

三、通过变异空间体现建筑特色

桥梁、陵园建筑在传统建筑中是广泛存在的，但随着社会的发展，对这些建筑的形式和空间提出了新的要求，现代的桥梁和陵园建筑无论是结构型式、使用强度都与传统建筑有很大的区别。在湖北这个多湖泊河流的地域，桥梁承载了人们更多的审美需求，必须采用一些变异空间和元素使之与传统文化取得更多的联系。在东湖落雁岛景区雁洲索桥的设计中，设计者将悬索桥两端高大的主桥墩设计成具有楚国建筑特点的阙，使人在桥上行走时产生一种即将进入某个古老空间的感受。对于陵园建筑而言，由于现代葬仪和古代不同，如今提供环保节地理念也作为人类生活最后的栖息场所，陵园建筑在满足基本的使用功能之外，还承载了生者对亡人的追思及其对美好未来的祈盼。如何满足人们的精神需求，是需要进行一些尝试的。武汉锦辉天堂文化生态陵园是一个结合了现代墓葬方式和传统元素的陵园建筑，继承传统陵墓的理念，同时结合高台建筑的特点，形成与传统相结合的新型陵园建筑风格。

四、通过材料和建造方式体现建筑特色

传统建筑材料多以木、砖、石、瓦为主，现代建筑大部分为钢筋混凝土结构，这种变化对建筑形式是有较大的影响的，现代建筑在使用功能上也比传统建筑承载了更多的要求。传统桥梁主要承载人行和人力、畜力车通行，而现代除风景区内有少量步行桥外，大部分桥梁都需要通行机动车，桥梁的建筑尺度、承载能力与传统桥梁相比都有很大提高，门楼建筑也是如此。从装饰材料和建造特点上着手，能够有效地使现代建筑方式携带更多的传统信息，外观更有特点。

五、通过点缀性的符号特征体现建筑特色

在建筑中适当地点缀传统符号，既能满足人们的审美需求，也通过建筑良好地传承了文化。桥梁和工业建筑中引入普遍受到人们喜爱和认同的传统建筑符号、构件样式、传统图腾甚至历史人物和故事，能有效地增加建筑的文化底蕴，提高观赏性和纪念性，表达出传承的历史感。景园建筑、室内装饰更是如此，普遍采用传统的符号，充分调动游览者的

思古之情,提高观赏的愉悦感。

六、实例分析

(一)景观园林规划及其建筑

1. 武汉中国国际园林博览会园区规划

武汉中国国际园林博览会园区选址于武汉市"两轴两环、六楔多廊"生态框架中的生态内环——三环线北侧,是汉口主城区与新城的结合部。主场地为长丰地块和已停运的原金口垃圾场,张公堤及三环线横穿园区中心。北临金山大道,东接金南一路,西临古田二路及古田四路。全园规划总用地213.77公顷,场地北部曾是垃圾填埋场,地势略高,基地内无大型水体。园博园的规划设计,从楚文化的地域特色入手,结合垃圾填埋场复绿工程,变废为宝,形成东西走向的山势。同时利用山势的高度,跨越张公堤,变分隔为融合,将两块地连为一体。将基地外部北面的水体引入园博园,形成南北走向、蜿蜒曲折的湖面和水系,反映武汉"百湖之城"的特色,共同构成园博园的"山水"格局。这种设计不仅展示了湖北特色,而且利用水系将各区有机串联起来,形成星罗棋布的传统自然地貌肌理特征,既能很好地表达出湖北地区的特色,也更好地体现出"园林连接你我他"的会议主旨。

2. 东湖磨山楚文化游览区

东湖楚文化游览区位于武汉东湖的磨山半岛。楚城门

图 9-5-1　武汉中国国际园林博览会园区总体鸟瞰图(来源:武汉市园林规划设计院)

图 9-5-2 武汉中国国际园林博览会园区总平面图
（来源：武汉市园林规划设计院）

图 9-5-4 武汉中国国际园林博览会园区楚水总平面图
（来源：武汉市园林规划设计院）

图 9-5-3 武汉中国国际园林博览会园区荆山总平面图（来源：武汉市园林规划设计院）

是游览区主入口，取楚都城旧制水陆城门并立。城楼为七开间庑殿式建筑，屋面上左右各突出一个望楼，具有早期防卫性建筑的特点。楚时陆门称"凤门"，所以陆城楼屋顶正脊用了"双凤托日"的装饰造型。跨水而建的水门古称"龙门"。楚城门虽然是钢筋混凝土结构的建筑，但建筑外墙、屋顶、外门窗在材料上都选用了传统材料，建筑色彩也遵循了古籍中关于楚地建筑的记载，形成了具有楚文化风格的建筑肌理。

楚天台是一座楼阁式观景建筑，依山而建，逐层后退，是楚建筑"层台累榭、临高山些"的典型格局。和楚城门一样，楚天台也是现代建筑结构和传统建筑肌理紧密结合的产物。楚天台设在山下建筑高度两倍距离的位置，设计了一对楚人图腾"双凤"铜雕，这是以一组具象的传统符号，山下山上彼此呼应。楚天台各观景层均挑出吊脚楼式的环形观景回廊，结合回廊上层叠的深远屋檐形成半室外空间。楼阁的外墙均采用镂空雕花的镶玻璃仿古门窗，全部开启时，室内外融为一体，关闭门窗时，可在室内观景、品茶，从容自在。

图9-5-5　东湖磨山楚文化游览区远眺（来源：《湖北现代建筑》）

图9-5-6　楚城门（来源：《湖北现代建筑》）

图9-5-7　楚天台细部（来源：《湖北现代建筑》）

图9-5-8　楚天台整体空间关系（来源：《湖北现代建筑》）

3. 黄鹤楼公园

黄鹤楼是我国古代江南三大名楼之一，始建于三国时期（公元223年），原址位于长江大桥武昌引桥头，1980年新建黄鹤楼时综合考虑了黄鹤楼与长江的视线联系，定点在蛇山西麓，并沿山脊形成一条东西向的，以西大门、牌楼、黄鹤楼、铜雕、白云阁为节点的景观轴。周边结合山势布置了亭子、长廊、水景，形成了逐渐展开的传统建筑群。

黄鹤楼是一座钢筋混凝土结构的仿古建筑，建筑面积3395平方米，高51.4米，共5层。外观模仿明清黄鹤楼的基本风格，"四望如一、层层飞檐、下隆上锐、其状如简"。每一层的挑廊和飞檐逐渐收束，每一层以和黄鹤楼相关的不同主题的壁画、楹联、画屏和陈设展现楼阁的历史文化。外墙采用镂空雕花的镶玻璃仿古木门窗，屋顶使用黄色琉璃瓦，檐下外挑构件模仿清式斗栱的做法，各层大小屋顶，交错重叠，翘角飞举，仿佛是展翅欲飞的鹤翼，建筑古朴、雄浑，富有传统建筑的特点。

图9-5-9　黄鹤楼整体空间关系（来源：黄鹤楼景区的微博）

图9-5-10　黄鹤楼公园内园林（来源：黄鹤楼景区的微博）

图9-5-11　黄鹤楼公园内园林和白云阁远眺（来源：汇图网）

图9-5-12　黄鹤楼夜景（来源：《湖北现代建筑》）

4. 汉口江滩公园

汉口江滩公园是汉口防洪及环境综合整治工程，上起武汉客运港，下至丹水池后湖船厂，总面积160万平方米，平均整治宽度160米，吹填高程28.80米（吴淞高程）。工程分三期建设，2001年10月开始，2006年建成。江滩有三层观水平台，第一层观景台高于城市道路，第二层平台到了汛期将被淹没，最低一层的平台在枯水季节露出沙滩，形成高台观景、平台观江和梯台戏水为一体的大型

图 9-5-13　汉口江滩公园西入口鸟瞰（来源：《湖北现代建筑》）

图 9-5-15　江滩护坡及其浮雕（来源：中信建筑设计研究总院）

图 9-5-14　汉口江滩公园鸟瞰（来源：《湖北现代建筑》）

图 9-5-16　江滩码头文化广场主题雕塑（来源：中信建筑设计研究总院）

滨江亲水空间。汉口江滩公园"一轴、三带、三区"的格局，分别为：江滩景观轴；堤防景观带、滨江特色带；游憩林荫带；观光游览区、中心广场区、休闲活动区。音乐喷泉、水上乐园、戏水梯台等处处体现了亲水的主题，让人们既可感受到长江恢宏的气势，又能体会到江南小桥流水的韵味。由于泄洪的需要，江滩公园中少有建筑，但也采用了材料和点缀性的符号表达对传统文化的传承。江滩护坡采用毛石料，表面刻有长江古生物化石、水生生物等浮雕，体现武汉自远古云梦泽、盘龙城至中世纪春秋汉唐，至近现代繁荣依水而兴的缩景。同时在多个中心广场区设置表现武汉各阶段、各阶层生活的雕塑，使游客体会到一座城市的各种风情。

5. 山水龙城二期——中国院子居住区景观

山水龙城二期——中国院子居住区位于武汉盘龙城，建筑定位为高档中式别墅，由于山地地形、容积率、山体保护等各项因素的制约，设计没有采用传统居住建筑那样以集中式建筑解决高差问题的方法，而是吸取了中式建筑的院落式布局方式，将建筑功能和体量打散。对外部景观而言，每个院落的屋顶运用现代手法简化传统宫式形制屋顶，以屋顶、风火墙头、山墙面、游廊、中式亭子等点缀性的符号，形成错落有序的空间序列。建筑材料和色彩上选取了白墙黑瓦的江南民居主色调。居住区规划中采用了组团式布局，使每个

图 9-5-17　中国院子总平面图（来源：武汉时代建筑设计有限公司）

图 9-5-19　中国院子户型设计模型（来源：武汉时代建筑设计有限公司）

图 9-5-20　中国院子组团鸟瞰（来源：武汉时代建筑设计有限公司）

图 9-5-18　山水龙城二期——中国院子整体远眺（来源：武汉时代建筑设计有限公司）

图9-5-21 中国院子院落内景（来源：武汉时代建筑设计有限公司提供）

小社区都具有亲切的环境。整个居住区景观依山就势，错落有致，与环境很好地融为一体。

6. 恩施腾龙洞国家地质公园大牌坊

大牌坊作为腾龙洞国家地质公园的大门，宽约40米，最高处约20米，深约6米，下部可通行汽车。虽然采用了现浇钢筋混凝土的现代结构形式，但为了体现民族特点和传统风貌，设计中参考古牌坊的风格，取商代铜鼎的鼎足符号为柱，青砂石重梁为匾，用中国古牌坊的榫卯结构和巴国建筑中标志性的"板凳挑"结构，构成四角八柱的立体大牌坊。同时，牌坊表皮采用雕刻纹饰的石材，以龙纹、水波纹及鸟兽纹和体现当地人居生活的浮雕为主。匾额饰

图9-5-22 恩施腾龙洞国家地质公园大牌坊（来源：《荆楚建筑风格研究》）

图9-5-23 恩施腾龙洞国家地质公园大牌坊细节元素（来源：《荆楚建筑风格研究》）

以抽象的"双龙戏珠"浮雕,体现腾龙和卧龙的意向。整体大气、壮观,局部浮雕图案造型精细完美,牌楼上方为"腾龙洞"三个大字。

(二)桥梁建筑

1. 恩施清和园风雨桥

风雨桥是湖北西部少数民族聚居地的典型建筑之一,因桥上建有廊或亭,既可行人,又可避风雨,故称"风雨桥",也有称"凉桥"、"花桥"的。这类建筑既是过河越溪的桥,又是遮风避雨的屋,因此又有"屋桥"的俗称。恩施各县都建有许多形态各异的风雨桥。人们在桥上休憩、集市、交流,有些乡村的"女儿会"也是在这里举办。风雨桥既是一种独特的交通建筑,也是人们日常生活中的重要场所,通常由桥、

图 9-5-25　恩施清和园风雨桥入口(来源:中信建筑设计研究总院)

图 9-4-24　恩施风雨桥(来源:中信建筑设计研究总院)

塔、亭组成，用木料筑成，结构严谨，造型独特，极富民族气质。桥面铺板，两旁设置栏、长凳，形成长廊式走道。石桥墩上建塔、亭，有多层，每层檐角翘起，绘凤雕龙。顶上一般有宝葫芦、千年鹤等吉祥物。

恩施清和园风雨桥 2004 年 3 月建成，位于恩施境内清江河之上，连接清江东西两岸。东临施州大道，西接凤凰山森林公园，是人行桥。主桥分为上下两层：一层是人行桥面，桥宽 18 米，桥长 96 米；二层是"清和园"茶楼。整座桥既有古老风韵和民族特色，又具现代气息和人文景观。这座建筑充分适应当地的气候特点，同时在建筑表皮肌理上选用了传统的材料和色彩，使一座用于城市人行的桥梁成为功能复合、富有当地特色的标志性建筑。

2. 武汉东湖落雁景区清河桥、鹊桥、雁洲索桥

东湖落雁景区是国家 5A 级东湖风景名胜区的重要组成部分，园内植被茂盛、港汊交错，园内还集中修建了一批体现楚地民俗文化历史的雕塑和建筑，其中的三座桥就是体现楚地民俗文化的代表。

清河桥是连接磨山景区和落雁景区的主要车行通道，以流畅的弧形形成长虹卧波的整体形态。桥梁承重主体为现代化的钢筋混凝土结构，但面层选用传统的石材，石材表面雕有纹饰，桥栏采用传统的石材雕花望柱和栏板，与传统桥梁肌理相同。桥两侧的观景台上设有遥相呼应的一对铜雕，一侧是楚国神射手养由基张弓欲射的半身像，另一侧则是几支指向天空的箭簇。考虑到磨山和东湖上观景的需要，雕塑的尺度都进行了仔细的推敲，这种符号的点缀使人形象地体会到楚人"大气、张扬"的个性。

鹊桥是一座以人行为主的桥梁，桥体模仿隋代赵州桥采用了"空撞券桥"的形式，桥中部设有六柱方亭，为游人提供了驻足桥上的场所。亭子采用重檐庑殿顶，设计了楚国建筑飞檐的形式。钢筋混凝土结构外部为雕花石材和传统的石材雕花栏杆，桥面上雕刻着 999 只喜鹊，桥两侧各设置牛郎和织女的石雕。整座桥精巧轻盈，尺度和谐。

图 9-5-26　东湖落雁景区清河桥鸟瞰

图 9-5-27　东湖落雁景区清河桥肌理和符号（来源：中信建筑设计研究总院）

图 9-5-28　东湖落雁景区鹊桥透视（来源：中信建筑设计研究总院）

雁洲索桥是景区的一座人行桥，采用了钢筋混凝土桥墩和铁链悬索的结构形式。由于悬索结构的需要，两端桥墩比较高大，为了和整个园区的楚文化风格相一致，设计者抽取楚国高阙的元素符号，形成两侧对称的造型，既有现代元素，又体现了楚文化的韵味。

（三）建筑室内装饰

1. 武汉万达中央文化区汉秀剧场

汉秀剧场位于武汉美丽的东湖之滨、水果湖畔，外观顺应湖边的地形采取了中国传统"红灯笼"的形象造型，内部功能布局合理，拥有2000个可移动座席，是世界上第一座采用移动、升降座椅的水秀剧场。建筑采用了大量能转换舞台和座椅的先进设备，但在建筑室内装饰上充分考虑了武汉的特点，门厅墙体设计成弧形，公共走廊也采用了曲线形，墙面选用了米色的石材，上面以自由的线形表现水的涟漪，中间间以圆形水滴的符号，各层走廊的圆形水滴中分别装饰了湖北传统的编钟、鹤座鼓等文物、京剧人物等与音乐相关的内容，表达出汉秀中水秀和武汉大江大湖的滨水特点，将传统元素与现代科技高度融合起来，建筑个性鲜明。

图9-5-29　东湖落雁景区鹊桥肌理和符号（来源：中信建筑设计研究总院）

图9-5-30　东湖落雁景区雁洲索桥透视（来源：中信建筑设计研究总院）

图9-5-31　雁洲索桥桥面肌理构成

图9-5-32　汉秀剧场外观（来源：武汉万达公司提供）

图 9-5-33 汉秀剧场门厅内景（来源：武汉万达公司提供）

图 9-5-35 汉秀剧场公共走廊（来源：武汉万达公司提供）

图 9-5-34 汉秀剧场门厅内景（来源：武汉万达公司提供）

图 9-5-36 宋庆龄汉口旧居外观（来源：中信建筑设计研究总院）

2. 宋庆龄汉口旧居建筑保护

该建筑1896年建成，原为华俄道胜银行。1926年底国民政府迁都武汉时，宋庆龄入住这栋建筑，并在此生活和工作了8个月。旧居建筑已使用约110余年，已超过房屋规定的使用年限，房屋结构老化，维修保养不足，是湖北省文物保护单位，对旧居的保护从平面功能完善及室内外立面修复两方面来进行。拆除搭建的建筑构件，恢复竖向交通空间——楼梯的组织方式，恢复改作他用的房间功能。对建筑外立面进行全面修复，补齐残损的外立面线脚，更换破损的装饰檐口，更新破损的外立面门窗，恢复屋顶老虎窗，真实再现旧居建筑的原貌。建筑室内装饰也进行了全面的翻新和再创造设计，恢复和保留原有门窗套和壁炉的装饰样式，对原有木楼梯进行加固和翻新设计，增加了墙裙和吊顶的再创造设计，恢复当时国民时期租界建筑室内的俄罗斯装饰风格。

3. 汉口花旗银行大楼加固改造

汉口花旗银行大楼位于武汉市沿江大道142号，1921年建成，地上5层，地下1层，钢筋混凝土结构，湖北省文物保护单位，现在为中国工商银行营业场所，为保证使用安全进行了加固改造和室内装饰。整个建筑风格属于简化的古典主义，立面三段式构图，底部中段利用4根塔斯干柱形成

图9-5-37 宋庆龄汉口旧居一层门厅（来源：中信建筑设计研究总院）

图9-5-38 宋庆龄汉口旧居二层展厅（来源：中信建筑设计研究总院）

图9-5-39 宋庆龄汉口旧居走廊（来源：中信建筑设计研究总院）

图9-5-40 汉口花旗银行大楼改造后外观（来源：中信建筑设计研究总院）

出挑的门斗，门窗为拱券形，二至四层为中段，设贯通三层的8根爱奥尼式圆柱组成的柱廊，装饰金属栏杆，檐口上部加设一层屋顶平台，檐口装饰简洁。改造对各层的墙、柱、梁进行了加固，内部装饰参考了19世纪初的相关资料，经过适当的简化和创新，表现武汉当时租界银行建筑中的美式风格，反映出那段时期文化融合交汇的特点。

4. 武钢博物馆室内设计

武钢博物馆是一座企业博物馆，位于武汉钢铁厂"红钢城"生活区内。外观造型摆脱传统形式，体型由连续的折面塑造而成，整体形态富有动感，和深灰色金属外饰面相结合，俨然就是一个巨大的雕塑展品。室内没有闭合的空间和统一走向的通道，铁灰色的腐蚀面钢板、白色荔枝面微晶石墙面和景观水池相组合，光影变化丰富，富有中国古典园林的意趣。空中廊桥把三组箱体空间和两条竖向空间结合起来，形成了大小穿插、高低错落的空间组合，各空间之间相互对视，彼此借景，空间体验丰富。这种室内设计，虽然没有采用明确的钢铁构件和符号，但通过体块和空间穿插，使人感受到钢铁厂中炼铁炉耸峙、龙门吊交错的空间特点，屋顶天窗有规律的序列，使顶棚与厂房钢架屋顶的光源相似，观众不仅看到展览，而且有一种深入厂区参与互动的感受。这种室内设计以变异的空间表现出工业建筑的传统特点，使展馆本身也成为一件展品。

图9-5-41 汉口花旗银行大楼改造后内景（来源：中信建筑设计研究总院）

图9-5-42 汉口花旗银行大楼改造后内景（来源：中信建筑设计研究总院）

图9-5-43 汉口花旗银行大楼改造后内景（来源：中信建筑设计研究总院）

图9-5-44 武钢博物馆外观（来源：《武钢博物馆》）

图 9-5-45 武钢博物馆内部空间前后错动
（来源：《武钢博物馆》）

图 9-6-46 武钢博物馆内部空间光影丰富
（来源：《武钢博物馆》）

图 9-5-47 武钢博物馆内部不同界面形成的共享空间（来源：《武钢博物馆》）

5. 武汉地铁 2 号线特色站室内装饰

武汉是全国历史文化名城，我国重要的科教基地。武汉地铁，除了是交通工具之外，也是展示城市形象的重要窗口。作为武汉首条地铁线路——地铁 2 号线，设计者对几个重要的站点进行了特色室内设计，从各个方面将传统文化融入这一现代化的交通设施中。

对于很多首次来武汉的客人而言，黄鹤楼都是游览的首选，"昔人已乘黄鹤去，此地空余黄鹤楼"、"极目楚天舒"这些脍炙人口的佳句深入人心。为了更好地展现武汉白云黄鹤之乡的魅力，地铁 2 号线汉口火车站站厅层内设置了"黄鹤归来"的雕塑，并在其对面墙壁设计了"江城印象"的大型壁画，模拟的就是站在黄鹤楼上看到的两江四岸的景象。在"黄鹤归来"雕塑区，4 只仙鹤凌空飞舞，地面则是玻璃马赛克拼贴成的"池塘"，长宽均为 9 米。"池塘"里，铜铸的荷叶、莲蓬高低错落，几只红色的"鱼儿"穿梭其间，一幅"莲叶何田田，鱼戏莲叶间"的生态画卷。

在洪山广场站的站厅层，一幅以"楚风古韵"为主题的

图 9-5-48 黄鹤归来雕塑和与之相对的江城印象壁画
（来源：中信建筑设计研究总院）

画特别显眼。壁画宽 15.24 米，高 2.6 米，以楚文化中最具代表性的重礼器、祥瑞图案为原型，色彩以红与黑为主调，辅以黄、蓝、绿等色彩。采用自由流畅、飘逸卷曲的云纹作为主体之间的联系与烘托，突出楚艺术画面色彩的强烈对比、视觉形态灵动浪漫的艺术特征，形成画面整体的韵律，散发出浓烈的楚文化气息。

在洪山广场站，还有一面墙以书页造型为视觉焦点，喻意"书山有路"。这面艺术墙宽70余米，高3米。"书页"用贵州出产的木纹石制成，表面镶嵌有全部由武汉中小学生创作的64幅瓷板画，体现出武汉科研教育基地的文化底蕴。

宝通寺站则有一幅巨大的瓷板、铜铸、蚀刻相结合的艺术墙，宽25.2米，高3.2米，名为"宁静致远"，取义于"菩提本无树，明镜亦非台，本来无一物，何处惹尘埃"的诗句，以宝通寺为发散点，以洪山、古塔等为背景，以菩提树为点缀，构成通幅山水画，并用白铜锻造了3棵菩提树，镶嵌在瓷板画上，表达佛教的禅意。佛香禅意，流淌于"山水"与"古寺"之间。

图9-5-50　江城印象马赛克壁画局部（来源：中信建筑设计研究总院）

图9-5-51　楚风古韵壁画全景（来源：中信建筑设计研究总院）

图9-5-52　楚风古韵壁画细部（来源：中信建筑设计研究总院）

图9-5-49　黄鹤归来雕塑近景（来源：中信建筑设计研究总院）

图9-5-53　楚风古韵壁画细部（来源：中信建筑设计研究总院）

图 9-5-54 "书山有路"艺术墙(来源:中信建筑设计研究总院)

图 9-5-55 "书山有路"艺术墙细部 1(来源:中信建筑设计研究总院)

图 9-5-56 "书山有路"艺术墙细部 2(来源:中信建筑设计研究总院)

图 9-5-57 "宁静致远"艺术墙(来源:中信建筑设计研究总院)

图 9-5-58 "宁静致远"艺术墙细部 1(来源:中信建筑设计研究总院)

图 9-5-59 "宁静致远"艺术墙细部 2(来源:中信建筑设计研究总院)

(四)工业建筑及工业遗产改造

1. 白云边酒厂 2 万吨改造扩能项目

白云边生态科技产业园位于松滋市城区西郊,园区区位优势明显,交通十分便捷。园区分两大区块,北区是酿造产业园,主要是白云边制曲和酿造,建成后可新增 2 万吨优质原酒产能。南区是配套产业园,主要是白云边酒业的配套产业园、食品加工园、职教中心、物流及职工住宅区。这个产业园承载了企业扩大生产规模与企业文化形象建设的双重意义,在规划中,在满足工业园各项生产、办公及其他使用功能的前提下,进行了相融性设计,统一规划布局,统一形象定位,使工业园脱离常规生产厂区的形象,以一种工业景观的形式呈现在大众面前。生产厂房单体建筑规模大，建筑体量也大，与传统建筑的空间尺度不一致，不容易与核心区的酒文化博物馆协调。因此厂房的设计采取了肌理和材料、符号相结合的手法，利用建筑的局部凹凸将体量减小，外墙使用青砖、青瓦的传统材料，在山墙等部位采用具有当地民居特色的风火墙等符号点缀，既体现出对传统的尊重和传承，又使建筑传达出时代的印记。

2. 武汉市江城壹号创意园

武汉市江城壹号文化创意园，位于武汉市硚口区古田四

图9-5-60 白云边酒厂2万吨改造扩能项目鸟瞰图1
（来源：湖北白云边酒业股份有限公司网页新闻中心）

图9-5-61 白云边酒2万吨改造扩能建筑肌理
（来源：湖北白云边酒业股份有限公司网页新闻中心）

图9-5-62 白云边酒2万吨改造扩能项目鸟瞰图2
（来源：湖北白云边酒业股份有限公司网页新闻中心）

图9-5-63 生态产业园制曲车间采用了传统符号的点缀
（来源：湖北白云边酒业股份有限公司网页新闻中心）

图9-5-64 生态产业园酿造区与传统建筑风格的融合
（来源：湖北白云边酒业股份有限公司网页新闻中心）

图9-5-65 武汉市江城壹号创意园总平面图
（来源：中信建筑设计研究总院）

图9-5-66 原有厂房改造的商业内街和店铺
（来源：中信建筑设计研究总院）

路47号，南泥湾大道南侧。项目占地100多亩，建筑面积约7.1万平方米。此处原为武汉轻型汽车厂，由28幢老厂房组成，是目前武汉最大体量的花园式时尚文化创意产业园。整个项目较好地保留了原有建筑，根据新的功能需求，针对不同的工业建筑进行了加固、扩建和改建，形成了四大文化功能：①文化创意办公和展示功能，即以开放式的创意办公模式，前店后坊的设计与展示相结合的环境，建立创意孵化基地。②历史文化传承和新时尚发布功能，以硚口区和武汉市的非物质文化遗产传承人工作室为重点，专门设置了非遗展示和体验区域，同时提供专门区域对手工、艺术相结合的

图9-5-68 根据需要对原有立面采取了扩建和局部穿插（来源：中信建筑设计研究总院）

图9-5-67 原有车间根据不同的新功能对立面进行的局部处理（来源：中信建筑设计研究总院）

图 9-5-69　利用厂房高大空间形成的画廊入口空间（来源：中信建筑设计研究总院）

图 9-5-70　正在进行改造的厂房内景（来源：中信建筑设计研究总院）

时尚产业（陶艺、手工制衣）进行现场推广，为未来非物质文化遗产的发展提供平台。③文化娱乐功能，引进4D院线、书吧、酒吧、歌厅、画廊、艺术培训等内容的消费产业，建设文化产业示范区。④休闲体验和配套服务功能，建设风情美食街和品牌特区，既有国际知名休闲品牌，也有本地特色的主题餐饮，同时为企业提供配套服务设施，如健身养生会馆和文化会所等。

改造中大量保留了原有工业建筑的外观和主体结构，对于需要增添新功能的改造，也在原有结构基础上采取适当增加或拆除的方式形成，在装饰上也没有刻意掩盖原有结构和一些旧的痕迹，在建筑上保持了一种传承有序的历史感，很好地表现了工业遗存走向新生态的过程，使工业建筑的传统风格得到了延续。另一方面，结合新的功能添加点缀性的符号，较好地表达出不同文化的融合与交流。

（五）陵园建筑

武汉锦辉天堂文化生态陵园

武汉锦辉天堂文化生态陵园位于武汉市新洲区汪集街，用地为滩涂地。陵园以骨灰壁葬式格位为主，规划及单体设计立足于建文化陵园、创陵园文化，构筑新概念的生态化的现代陵园。建设内容主要为三部分，容纳格位数约30万个的纪念堂式陵园、祭祀中心和服务中心。规划上根据湖岸的自然弧线将用地大致均分为南北两部分，中间以面向西方的入口牌坊、前广场、祭祀中心、祭祀广场和祭祀中心背后的佛像组成一个空间序列，形成东西向主轴线。两座主体建筑——1、2号纪念堂分置祭祀中心两侧，形成南北向主轴线。南端临湖一小块用地设置天堂陵园的服务中心。

图 9-5-71　天堂文化生态陵园鸟瞰图（来源：中信建筑设计研究总院）

图 9-5-72　天堂文化生态陵园主入口透视图（来源：中信建筑设计研究总院）

图 9-5-73　天堂文化生态陵园祭祀中心透视图（来源：中信建筑设计研究总院）

1、2号纪念堂借鉴楚国"覆斗方上"的传统墓葬形式，通过空间变异和点缀符号的方式，形成层层内收的三层退台建筑，屋顶中央模拟古代享堂设计了祈年殿式建筑作为制高点，统一全局，提升纪念堂建筑的纪念性氛围。屋面覆土形成大面积草坪，在退台坡面部分种植规整的绿篱，让纪念堂表面包裹在绿色之中，消除了体量庞大的压抑感，使整个建筑群沉静而亲切。纪念堂内部由五横三纵八条通道划分成24个部分，每个部分基本成长条形，两端设置楼梯，中间放置骨灰格位。1、2号纪念堂共有格位数30万个。

祭祀中心为两层建筑，建筑肌理大量采用传统元素，一层敦实厚重，上部二层轻盈开敞，屋顶采用四坡顶和歇山顶的组合方式，建筑色彩以蓝色琉璃瓦屋面、白色外墙和红色门窗为主调，突出祭祀场所的庄重。祭祀中心平面为"U"字形的半围合布局，与前面入口广场相呼应，前端围廊伸出两臂以四坡顶城楼收头，中间是祭祀大殿，殿前二层设观景平台，观者可直接由广场拾级而上，空间有开有合，尺度舒展宜人。

服务中心位于园区的东南角，建筑风格上采用黛瓦白墙的卷棚屋顶形式，与整个园区的建筑风格相协调。

荆楚文化博大精深，内涵丰富，是中华传统文化（包括中国建筑文化）的重要组成部分。在现代荆楚建筑的设计、建造过程中，同样也要立足荆楚文化特色、发掘荆楚文化资源，通过对荆楚文化的分析、提炼和升华，最终确定了荆楚建筑的原型、风格和精髓。我们对现代荆楚建筑的探寻不能只停留在历史的形式，而是要寻找其"源"，通过借鉴与化用的手段，充分了解环境、气候、民族、风俗习惯等，结合建筑功能类型、现代技术与本土材料等综合性因素，从中寻找荆楚文化可以发扬的内涵，获得创作的灵感和题材，建造出既是传统的、民族的，又是现代的建筑物，从而实现现代建筑与荆楚文化的和谐统一！我们今天的建筑创作，一方面要继承荆楚文化的优秀传统，一方面要学习世界各民族、各地区、各时代建筑创造中的优秀成果，丰富我们的设计思维，同时推动乡土建筑的现代化和现代建筑的地区化，使湖北地区的建筑尽快越过实用主义功能化和文化传统脸谱化的初级阶段，进入创造具有荆楚地域特色的现代建筑文化的新阶段。

第十章 当代荆楚建筑风格的传承与创新

  荆楚地区自古而今有着悠久灿烂的历史文化，本章总结了荆楚文化中的"大气、兼容、张扬、机敏"的人文精神和"庄重与浪漫，恢弘与灵秀，绚丽与沉静，自然与精美"的美学意境，进而得出"高台基、深出檐、美山墙、巧构造、精装饰、红黄黑"的荆楚建筑风格特征。将这些特征进一步落实到"造型、空间、装饰、色彩"等各个建筑要素上，提炼出"轮廓大胆张扬、空间灵活通透、装饰绮丽多姿、色彩红黑鲜明"的建筑特征。现代荆楚建筑是地域建筑现代化的创新设计，应在深入研究湖北古代建筑和传统民居建筑特点的基础上，借鉴先进的设计理念，结合生产、生活、生态需求以及现代材料和技术，创作出功能完善、尺度宜人、美观舒适、特色鲜明、节能环保的民居建筑形式。不能停留于建筑样式的表面变化，在形式创新的基础上，将建筑功能提升与造型设计相结合，创造性地运用传统建筑符号，体现荆楚建筑的时代风貌。

第一节 "荆楚建筑风格"归纳

一、荆楚建筑风格特色

湖北历史建筑遗存丰富多彩，虽与周边省份的建筑形式存在明显的趋同现象：鄂西北接近豫南建筑、鄂东南接近徽派建筑、鄂西接近川东建筑，但在风格的纯正性、空间的丰富性、格局的完整性、细节的精美度等方面又与相邻省份的建筑有一定的差异。仅就地域概念而言，可以将湖北地区的建筑统称为荆楚建筑，但不能因此界定湖北地区的建筑就是荆楚风格的建筑。

（一）高台基

高台基顺应了湖北"千湖之省"、多雨潮湿的自然气候条件。高台基在各个时期和建筑类型中的表现形态是不同的。建筑的高台根据其修筑形式可分为筑土成台和木柱搭台。官式建筑多是夯土建台，民居建筑多采用木柱搭台，使得建筑高高耸立。楚国时期，楚城建筑用土或砖建造城防台墙，如楚国建筑章华台和世界遗产武当山紫霄宫。湖北近现代时期的建筑，高台基屋面、台基店面及台基作为台体穿插等多种形式的出现，丰富了高台基在荆楚建筑中的表现形式。（图10-1-1）

（二）深出檐

深出檐是应对荆楚之地多雨、高温的挡雨、遮阳的建筑形式。湖北传统建筑中天井、天斗、悬山、硬山及歇山等都是深出檐的具体体现；湖北现代建筑设计中深出檐典型表现在盝顶、尖顶、曲面、片板挑出、体量挑出及斜面挑出等。（图10-1-2～图10-1-4）

图10-1-1　荆州古城墙[①]

图10-1-3　荆州历史建筑

图10-1-2　武昌火车站出檐

---

① 本章所有图片，来源均为中信建筑设计研究总院

（三）美山墙

湖北南北交汇、东西交融的地理位置，外部各种建筑形式都对湖北建筑有一定影响，在山墙上的表现尤为突出。湖北民居的山墙形式非常独特，有步步高升的阶梯式、圆润优美的弧线式以及各种组合形式。山墙不仅能起到防火的作用，还控制着整个建筑群落的特色。荆楚建筑山墙类型形式有"人"字形山墙、单拱及连拱山墙、三花及五花阶梯山墙、组合式山墙等。（图10-1-5）

（四）巧构造

古代楚人在解决复杂的构造问题时，不拘于规范，灵活应变，构造之巧令人惊叹。技艺高超的工匠艺人造就了湖北传统民居构造中很多巧妙的结构，如挑梁、斗栱、悬山穿斗、槽门式、穿台式、板凳挑、伞把柱、干阑式木柱、落柱式、架空式、阳台式和悬垂式等。（图10-1-6）

（五）精装饰

精美的建筑内外部装修是楚人喜好华丽的审美观、享受生活的价值观的综合体现。装饰艺术在荆楚民居建筑上得到充分的体现，湖北地区木雕做工精细，造型优美的木雕不胜枚举。湖北檐画是传统建筑的一种重要装饰，湖北民居檐下施彩绘较多，而且独具特色。居民墙身彩绘色泽较单一，整体格调较为淡雅、朴素。（图10-1-7）

（六）红黄黑

楚人的远古图腾观念、祖先崇拜意识以及尚赤、尚黑之风和崇鸣凤的习俗，反映在色彩上即为红、黄、黑三色。（图10-1-8~图10-1-10）

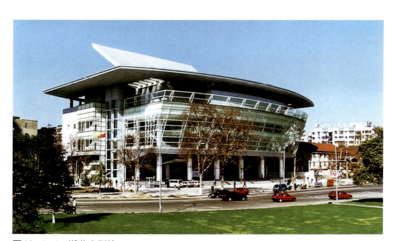

图10-1-4　湖北省剧院

图10-1-5　湖北徐氏宗祠

图10-1-6　太子坡一柱十三梁

图10-1-7 凤鸟文化反映在后来民居的山脊上

图10-1-8 东湖磨山楚城楚市

图10-1-9 汉阳龟山晴川阁

图10-1-10 紫霄殿内装饰

图10-1-11 襄阳习家池风景区"怀晋庄园"建筑设计方案

二、荆楚建筑人文精神

（一）大气

先古楚国立足于中华正中，与俯瞰天下的大气一脉相承，形成了荆楚人团结奋进的共同思想基础。楚人常用的九头鸟、虎座凤架鼓等标志性图腾以及丝绸图案常用的凤鸟、龙、变形龙凤等纹样都不约而同地体现了楚人的"天"性和大气，充分展示了立地问天、俯瞰荆楚、雄视古今的大气之势。荆楚建筑风格既要继承"古朴厚重，熔旧铸新"的精神品质，又要推进"敢为人先，追求卓越"的与时俱进的精神。（图10-1-11，图10-1-12）

（二）兼容

湖北居中华之中，水陆交通发达，可谓得天独厚、"九省通衢"。特殊的区位特点使荆楚文化具有多元的价值取向，亦即具有较强的开放性和兼容性，这种开放兼容的特色突出表现在对外来文化的吸收和融合上，使荆楚建筑在与周边建筑文化的交流中形成了多样化和融合性的总体特征，地理位置得天独厚的优势，呈现出吞吐万象的包容性，亦即具有较强的开放性和兼容性，这种开放兼容的特色突出地表现在对外来文化的吸收和融汇上。（图10-1-13）

（三）张扬

楚人"不服周"、问鼎中原以及"敢为人先，追求卓越"是湖北人特有的个性。张扬是一种精神、一种信念、一口"气"；张扬代表活力，也代表积极进取。在中国传统文化中，含蓄、内敛、深藏不露一直被人们尊崇，而在一个变革和创新的时代，含蓄、内敛往往沦为保守的根源，成为创新和变革的阻力。楚人自古就有一种能持续推动社会进步的力量，这就是张扬的力量。在荆楚建筑风格中表现出来的就是大胆创新，形态富有张力。（图10-1-15，图10-1-16）

图10-1-13　第十届中国（武汉）园博会汉口小镇转角楼

图10-1-12　襄阳古战场楚城设计方案

图10-1-14 第十届中国（武汉）园博会汉口小镇戏台广场节点透视图

图10-1-15 辛亥革命博物馆

图10-1-16 南岸嘴规划设计方案

（四）机敏

"天上九头鸟，地下湖北佬"，这是外省人对湖北人的评价，用以说明湖北人遇事表现出的机智敏捷。自古楚人就有独立自强的精神，且脑子灵活，有创新意识，他们的艺术想象力丰富，处理事情手法明快。当代湖北人借助祖先创造出来的楚文化这种无形又无限的精神资产，努力加以发扬光大。建筑中采用的"天斗"体现了湖北人的灵活、机敏及创新意识，"天斗"的采用很好地解决了大进深建筑的采光、通风等问题。（图10-1-17）

图10-1-17 天斗

三、荆楚建筑美学意境

（一）庄重与浪漫

礼仪空间的庄重性是古人的普遍追求，而楚人却在重视其庄重性的同时，赋予礼仪空间以浪漫的气氛。"地室金奏"的楚宫布局形式，即在宫殿的地下室布置乐队，楚人的宫殿不仅是"音乐厅"，而且是"美术馆"，荆楚建筑艺术化的空间设计使严肃的宫廷同时呈现出浪漫的生命气息。（图10-1-18～图10-1-20）

（二）恢宏与灵秀

楚国的城邑和建筑规模宏大，在当时的诸侯国中首屈一指。但荆楚建筑的特色不仅由于它的宏大，更是由于它的灵活与变通，筑城依自然地形适当变化、依山就势，宫殿在方形的基础上自由组合，表现出灵动秀美的特质，既恢弘大气，又自由灵动。（图10-1-21～图10-1-23）

图10-1-21　第十届中国（武汉）园博会张公阁

图10-1-18　武汉火车站

图10-1-19　湖北省博物馆三期（新馆方案）

图10-1-20　湖北省图书馆（新馆）

图10-1-22　武汉市民之家

（三）绚丽与沉静

红与黑是荆楚建筑色彩的主调。红色具有激情、浪漫、艳丽的效果，黑色给人稳定、静谧的感受，通过两种色彩的强烈对比，形成艳丽而沉静的色彩基调，再加上其他色彩调和，形成缤纷、丰富的意境，使其"你中有我，我中有你"，对比中隐藏着微妙的平衡，体现出楚人高超的色彩调和艺术。（图10-1-24，图10-1-25）

（四）自然与精美

楚人在长期深入观察和研究自然现象的过程中，创立了"天人合一"的道学理念。在这种理念引导下，楚人总是将建筑主动地与地形、植物、阳光、水体、风向等自然元素相结合，使荆楚建筑的布局和构造具有显著的尊重自然、亲和自然的特点，再加上江汉地区的建筑原本就具有精细考究的传统，形成了荆楚建筑自然与精美的美学意境。（图10-1-26）

图10-1-23　武当山紫霄殿

图10-1-25　武汉市楚河汉街（街景）

图10-1-24　当阳市子龙纪念馆

图10-1-26　龙泉集镇临河路特色文化街

第二节　荆楚建筑思想的传承和发展

一、荆楚建筑思想的古今传承

延续"天人合一"的自然观：坚持以人为本，与自然和谐的传统建筑理念。当代建筑适应气候、山水格局、地形等自然环境要素，因地制宜、寄情自然。

尊重历史文脉，传达地方文化：当代建筑对传统文化的尊重和传承，如对地域文脉、历史事件的意涵重现以及对传统习俗和行为文化的物化表达等。悠久的历史，多样的地理环境，多民族的繁衍生息，使湖北传统建筑风格呈现出多样化和融合性的总体特征。虽然古代荆楚建筑的辉煌已湮灭在历史的长河里，但荆楚建筑庄重与浪漫、恢弘与灵秀、绚丽与沉静、自然与精美的美学特色仍然潜藏在湖北的传统建筑中。如穿斗与抬梁结构的巧妙结合、利用木挑和木撑悬挑吊楼和屋檐的构造、顺应山形地貌的吊脚楼布局、结合冬冷夏热气候的天井与天斗、延续祭祀文化传统的牌楼立面、槽门式入口的丰富变化、优美的山墙轮廓、考究的墀头造型、精细的檐下灰塑与彩绘、优雅的凤凰造型脊翼、超脱灵动的窗花图案、精美的石雕木雕饰纹等，显示出楚文化的浪漫主义传统、亲和自然的特色仍然植根于湖北传统建筑之中。采用同中求异的研究方法，通过与其他地区建筑风格的比较，从中挖掘湖北传统建筑的风格特色。采用差异化的设计方法，在传统建筑风格设计中强化自身的特色，创造具有时代风貌的荆楚建筑，是我们当代建筑设计师的光荣使命。

传统形态与建造方式的传承：当代建筑局部或整体性对传统形态与建造方式进行原汁原味的表达，从形态上延续传统的同时，也将传统建造工艺与建筑构造方式完整留存并延续下来。湖北传统建筑风格设计，不能停留于建筑样式的表面变化，应将建筑功能提升与造型设计相结合，创造性地运用传统建筑的符号，体现荆楚的时代风貌。湖北民居建筑和人民的生活密切相关，深受社会因素和自然条件的影响，故事具有鲜明的民族特点和浓厚的地域特色，展现了湖北境内各民族特有的地域风情和文化品位。传统民居是劳动人民在长期与自然的抗争中所积累的智慧与经验的结晶，它具有十分宝贵的科学价值。我国著名的建筑学家梁思成先生曾特别推崇和提倡湖北民居中的硬山墙结构，认为"硬山墙不仅可以有效地防风、防火、防盗，而且可以有效解决城市建筑的容量问题，使城市房屋可以比较安全地密集（起来）"。另外，天斗这种建筑形式很好地解决了通风、采光、遮阳和避雨的问题，湖北传统民居的节地、节能、因地制宜等特点都体现了湖北民居的科学价值。

运用乡土（传统）材料展现地域特色：乡土材料的运用是传统建筑最重要的特征之一，其蕴涵的地域特征要素和人文情怀相当丰富。当代建筑对传统材料的运用最直接地表达了地域特色。

荆楚民居有一个极其鲜明的特色：材质本色的外现。它的美不是涂脂抹粉，而是展现其自然、率真、质朴，还包含着些许野性。例如鄂北民居中代表性的"线石封青"，墙体下部为料石砌体，上部再采用青砖封面，墙体下为石色，上为砖色。这种做法在鄂南、在整个平原地区都非常普遍。又如鄂西山地民居，吊脚楼从结构到构造全用木材，房屋从下到上一派纯粹的木色，加上绿树掩映恍若仙境。除此之外，整个荆楚地区还有大量的夯土和土砖建筑，多数也不加粉饰。这种对材质的直接表现，很符合现代建筑的精神，如同今天建筑师钟爱的清水混凝土。

荆楚民居虽然组合丰富，形式多变，也和徽州及其他周边民居相互影响，但始终没有改变其本色。石则为石，砖则为砖，木则为木，不再另行涂抹，木材甚至都较少油漆。走在老街上，脚下是青色的石板路，两侧是沉甸甸的石墙，同样稳重却又精致的青砖，被岁月和炊烟熏旧的木板让人感觉温暖。白粉墙仅用在少数重要的位置，正所谓略施粉黛，远胜浓妆艳抹。

为何荆楚民居如此崇尚本色？从文化上看，这是一种对本真的追求。荆楚先民崇尚自然：巴人野性尚武，而后的楚人远离中原，再将中原文化与"蛮夷"精髓兼收并蓄，强调自然状态，具有不受拘束的生命活力，与中原文化中的强调遵守礼节、中规中矩形成鲜明对比。如《楚辞》的体式自由多变、节奏参差不一，充满自由精神，与《诗经》大不相同。这样的精神气质，便孕育出了这样自然本色的荆楚民居。

二、荆楚建筑思想的当代发展

（一）自然条件的适应与协调

因为功能和形态的巨大改变，当代建筑与传统建筑相比，面临着更多、更复杂的自然环境条件。当代建筑往往期望在"人"与"自然"中找到新的平衡点。

（二）地域文化的创新表达

在传统地域文化中加入结合时代发展而出现的新的文化与思想，传达更为丰富的地域文化意象。

（三）建筑空间多样化

当代建筑空间从尺度、比例、人的体验等多方面呈现出多样化演化发展的态势，如院落、灰空间、街巷空间等。

（四）结构与技术手段的发展

新的结构方式与技术手段带来建筑形态的巨大发展，同时涌现出传统结构方式的当代创新表达。

（五）材料的发展运用

当代建筑运用新材料或新工艺重塑传统材料展现地域特色。

（六）建筑形态的当代传承

当代建筑借鉴传统建筑形态，对整体或局部建筑形态进行适应性传承。

（七）文化符号的重塑

对传统符号、图腾、纹样等进行重塑和简化表达，运用到建筑造型和细部装饰构造中。

三、荆楚建筑思想的变化更新

（一）建筑功能适应时代变迁

传统建筑功能在时代的发展中逐渐被淘汰甚至彻底消失，当代建筑为适应时代变迁和社会发展进行了功能的变化与更新，如部分遗存保留项目往往需要填充全新的建筑功能，又如羌寨碉楼的防御功能消失。

（二）空间形态展现使用需求

当代建筑营造的空间形态更多以"人"的使用和需求为出发点，更多满足当代使用习惯与生活方式的空间涌现，注重人的交流、参与和共享、展现人文关怀。

（三）建筑形态的解构与重塑

当代建筑更加强调传统语境的创新表达，将传统建筑形态进行解构，将提炼出的形态要素进行重塑，以全新的现代方式展现传统建筑形态的意蕴。

（四）新材料、新技术引发新的建筑体验

高科技发展使当代建筑能通过广泛运用新材料与新技术，展现地域特征的时代感。计算机技术和设计手段的更新为当代建筑带来了更多创造性的设计可能，也使当代建筑设计更为自由与开放，如参数化设计可以创造出全新的建筑空间体验。

（五）生态理念更新当代建筑思想

环境保护思想的日趋强化，使当代建筑以绿色生态的方式努力重新回到传统建筑"天人合一"自然观的核心思想中，如可再生资源的利用等。

第三节 新"荆楚风"的启示与创新

今日的荆楚大地缺乏特征鲜明的地域性建筑遗产，使得我们很难具象地模仿，或从中抽象出个性鲜明的地域性建筑形式来。这反倒有利于我们抛开具体传统建筑构件的约束，依据灿烂丰富的楚文化和现代荆楚大地地域人文与自然特征，更自由地创造出丰富多彩的、个性鲜明的现代荆楚建筑风格来。这些势必对当代新"荆楚风"的建筑创作产生更多启示与创新。

一、模拟原型重现场景

楚国建筑由于缺乏具体的所处时代的建筑形象作参考，我们可以凭借有关的文字记载和遗留下来的楚艺术作品，模拟创造当时的建筑形式，如襄阳岘山国际文化村规划。总体布局以古战场为核心，以自然水系为纽带，北设襄阳古城，南建诸葛八卦村，一方一圆，布局简明、结构严谨，彰显了厚重的历史文化。建筑均为汉代风格，位于基地北边的襄阳城为传统汉代大殿式建筑，位于基地南侧的八卦村则相对简化和特色化，加入了一些茅草元素，使村落气息更加浓厚。（图10-3-1，图10-3-2）

当阳市长坂坡遗址公园中的赵子龙纪念馆按照楚汉建筑形制，采用钢结构外包原木设计，与古战场西北侧的观战台交相呼应，建筑与景观相结合，给游客一种身处古代两军对垒的场景中的感受，让游客在瞻仰古迹的同时充分领略到古战争的风采，使当阳长坂坡公园更加深入人心。当然，此类"仿古"建筑对于宣扬优秀的传统地域文化、塑造具有地方特色的城镇景观、发展旅游与文化事业、丰富多元化的现代生活均有积极的意义。但是，一定要严格控制这类建筑的数量与范围，谨防仿古风气的泛化。（图10-3-3）

图10-3-1　襄阳古城

图10-3-2　诸葛八卦村

图10-3-3 当阳市长坂坡遗址公园

二、体现荆楚内在精神

用"自由奔放"的语言表达出富于想象，充满生命激情的建筑形式与空间。

楚艺术体现着一种富于想象、充满生命激情的民族气质和文化精神。这种崇尚生命、运动与活力，强烈向往自由的文化精神，是后来的中国文化中被压抑了的一种精神。楚艺术图式符号展示的是生命的自由精神，是体现在艺术中的自由生命，本身可以说是人的活跃的生命机能的尽情发挥，让我们感到一种充满着运动和力量的美。漆器、丝绸等艺术品

图10-3-4　辛亥革命博物馆（新馆）

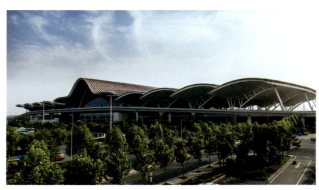

图10-3-5　武汉火车站

图10-3-6　武汉南岸嘴游客中心轮渡码头概念方案

辛亥革命博物馆（新馆）建筑设计以"勇立潮头、敢为人先、求新求变"为核心的首义精神为构思重点，"大象无形，大音希声"，强调整体环境和氛围的创造。博物馆建筑造型融现代手法与首义精神为一体，体现出荆楚内在精神，采用具有雕塑感的造型，塑造出刚毅、挺拔的视觉效果。建筑外墙采用粗糙的表面肌理，利用自然雕琢、风化的纹理，创造出整个建筑"破土而出、浑然天成"的艺术效果。缓坡台基与三角形形体之间不是直接连接，而是采用玻璃作为过渡，造成视觉上的冲击感，象征着冲破封建束缚、敢为人先的首义精神。建筑将首层置于缓坡之下，既不影响建筑的功能和使用，又创造出"高台、空灵"的建筑形象；二层的室外展场和景观通道确保了首义文化区南北轴线的延伸与通透。同时"V"字形的形体削弱了三角形的体量，缓坡台基减少了建筑物的高度感，使建筑体量、高度与红楼、蛇山及周边建筑相协调，营造出肃穆、凝重的纪念风格。（图10-3-4）

武汉火车站设计整体从远处看仿佛一只振翅欲飞的巨鸟。从空中看武汉站，富有张力的大跨度结构，体现了现代科技的进步，隐喻高速列车的速度感，设计的着眼点是对当地民俗与神话的一种现代诠释，同时也极力体现一种时代科技的精神！（图10-3-5）

武汉南岸嘴游客中心轮渡码头概念方案设计是一个强调曲线形式并将其融入屋檐、高台等传统建筑文化元素进行现代建筑的创作。"荆楚派"建筑文化的大美在于其内涵，在于它带给人们的独特感受：大气、飘逸、浪漫。设计以三道曲线为母题，将游客中心、码头、展览馆、公园、观景点等融于一体，希望在体现"荆楚风格"的同时，以新的方式展现武汉即将消失的码头文化，能唤醒人们对尘封历史的记忆和对现实大自然的热爱。（图10-3-6）

三、采用开放创新手法

依据楚文化"兼收并蓄"的开放特征，立足于南北之间、中西之间、古今之间，在彼此的对比、碰撞和融合中进行重构，寻求新的组合方式并融合荆楚建筑的美学特征

所展示的，是一种辽阔深邃空间里的运动和力量的美，它源于楚人特有的不碍于物、不滞于心，无拘束、无挂碍的"流观"审美观，体现出一种富于想象、充满生命激情的艺术。楚艺术作品令我们不自主地产生一种轻快的、仿佛要飞上天的自由感觉。

和浪漫意境，建设个性鲜明、独具魅力的现代荆楚地域主义建筑。湖北孝感"市民之家"项目的设计就是采用开放的创新手法，运用荆楚建筑语言的意象化设计。将楚建筑的"高台基"转化为首层建筑；将楚建筑的"深出檐"转化为挑出的建筑体块；将湖北民居的"天井"转化为两个宽敞明亮的中庭。运用现代的材料和结构形式，体现当代荆楚人民的浪漫和潇洒，展示出荆楚建筑在新时代的进步与发展。（图10-3-7）

四、打造绿色荆楚建筑

通过艺术加技术的"低碳设计"，打造绿色荆楚建筑。

湖北传统民居是古老湖北人民的智慧与劳动的结晶，也最能体现生态适宜技术。然而随着时代的进步与发展，以前的适宜技术也需要不断改造和创新才能适应现代社会生活。

绿色荆楚建筑设计：一方面，要充分挖掘传统的生态适宜技术的优势，通过对传统技术的改造与创新，结合建筑自然通风、采光的设计实现自然环境的自我循环调节，减少人工机械送风、供电采光和采暖设备的运用。另一方面，乡土材料与现代高科技、新型节能材料的合理利用，尽量减少建设过程中的灰色成本、污染浪费，坚持生态低碳、节能环保和可持续发展的原则，创造生态宜居的生活环境。实现了从传统天井和亮瓦到现代中庭的转变、从夯土墙到草砖墙的转变、从吊脚楼到管道送风的创新，太阳能、地源热泵技术、外墙保温技术、中水回用技术等可再生能源的利用。

湖北省图书馆（新馆）通过模拟分析研究了建筑物夏季的室外热环境，以及冬季的室外风环境，在总图布局中运用了综合考虑道路交通、绿化铺装、水体蒸发、雨水回渗等因素影响之后的计算成果，在后续的天窗设计、空调风口布置中运用了室内中庭夏季和冬季的工况模拟成果。工程除了采用外围护结构、自然通风、自然采光等被动式节能技术之外，对地源热泵技术、太阳能利用技术、余热回收技术、给水排水系统节能技术、空调系统节能技术、电气系统节能技术的综合运用更是一大亮点。建设场地富裕度较大，又毗邻沙湖，新馆工程所采用的地源热泵技术充分利用周边场地地热的恒定实现室内的冷暖调蓄，低碳环保，10万平方米的

图10-3-7 孝感市民之家

图10-3-8 湖北省图书馆（新馆）

图10-3-9 武汉建设大厦（旧楼改造）

建筑规模使得新馆工程成为湖北省地区地源热泵技术运用的最大单体公共建筑。（图10-3-8）

武汉建设大厦（旧楼改造）经过改造后的建筑2012年被住建部科技发展中心授予"三星绿色建筑"标牌，把一栋旧建筑成功改造成高级别的绿色建筑，在整个中南地区还是第一次。武汉建设大厦原为多层商业建筑，现改造成行政办公建筑，改造时充分利用原有建筑结构及设备，同时在设计阶段利用多项环境模拟手段对其进行科学优化改造，改造设计采用的绿色技术是结合当地资源及项目定位综合考虑，不是简单的技术规程，是通过方案优化，采用适宜于本项目实际情况的绿色技术集成，使其成为绿色、节能、舒适的建筑。（图10-3-9）

第四节 荆楚建筑风格设计原则

一、以人为本

"荆楚派"建筑设计应"以人为本"，以人的需求为基础，体现高度的人性化的设计原则：即在尊重自然的前提下，考虑人的行为尺度和心理要求，将人的活动性和舒适性作为设计的出发点。要让人产生认同感，引起共鸣，并积极参与。注重保护和发掘各地的人文景观及风土人情，并将其融入设计中。

二、地域文化

"荆楚派"建筑设计要尊重社会环境，传承荆楚文化的历史文脉，体现地域文化特点。要结合不同地区的自然地貌、人文历史、乡风民俗，深入挖掘当地特色，突出地域差异性，体现各区域风格的独特性。要融合本地区建筑符号的特点，并借鉴外地文化特色，以现代的设计语言来创作荆楚建筑。

在"荆楚派"建筑设计中，应严格遵循《中华人民共和国文物保护法》、《历史文化名城名镇名村保护条例》等法律法规条款，对文物建筑、历史建筑及具有荆楚风格的历史文化名城名镇名村、历史文化街区和历史地段等进行保护，并按照《历史文化名城保护规划规范》要求，制定具有荆楚风格的历史文化名城保护规划，在城市发展的同时保存荆楚文化的历史记忆。

三、自然生态

"荆楚派"建筑设计要顺应自然环境，实现人与自然生态的有机融合，城乡规划设计要以自然环境为出发点，不应局限于道路、建筑物等硬件设施，还应当包括人、植物、动物、气候等这类软性环境。按照山地、平原、滨水等不同地形、地貌的特点，进行城市、乡村及建筑布局，并在建筑设计中烘托和再现恢宏浪漫的山水格局。

场地设计宜在顺应自然山体轴线及湖泊水域格局的基

础上，提出区内主要轴线、节点、标志、特色区域等空间景观要素，实现"显山露水"、"道法自然"的风貌与景观格局。建筑外部空间宜结合不同尺度的自然景观，合理引入荆楚文化元素，构建不同层次的开敞空间，形成良好的活动场所与视觉通廊，实现人工环境与自然环境的融合。

四、和谐宜居

"荆楚派"建筑设计应和谐宜居，既要尊重自然地形地貌，又要顺应自然气候条件。建筑场地设计应尊重既有的地形地貌特点，并将建筑布局与之相结合，体现"荆楚派"建筑尊重自然、亲和自然的特色。应考虑夏热冬冷、降水丰沛、雨热同季的气候特点，以及阳光、风向等气候条件，尽量采用南北通透的建筑布局，实现室内自然通风、采光。顺应夏季主导风向，有意识地组织风道、风廊，满足夏季遮阳通风、冬季日照防风、雨季除湿防潮的要求。吸取荆楚历史建筑中的有益经验，借鉴传统园林建筑手法，创造和谐宜居的建筑环境。

五、可持续发展

"荆楚派"建筑设计应坚持可持续发展的原则，将自然与社会环境共同考虑，针对当地的气候条件，采用被动节能的措施，树立低能耗、用途广、资源可循环利用的设计理念，创造一个人与自然和谐共处的可持续发展的建筑环境。应通过树立修缮和再利用的设计理念，来保持具有价值的城市建筑结构的活力，体现出在保护环境的条件下既满足当代人的需求，又不损害后代人需求的发展模式。

第五节 荆楚建筑文化推进策略

一、荆楚建筑文化推进的自然策略

尊重荆楚地域自然特征，挖掘城市独特自然资源所形成的特色，梳理和总结省内各地建筑中与气候、地形等环境因素相适应的地方智慧和传统做法，在建筑设计中予以继承和发展。同时，还应继承传统聚落建筑形体、微气候环境、新技术、新材料和低碳节能统筹规划的整体思维。充分考虑地方气候进行建筑设计，归纳传统经验，提炼传统建筑构成的原型，应用现代方法和技术，进行气候适应性设计。湖北多样的地理环境，夏热冬冷、多雨湿润的气候环境，多民族的繁衍生息，使不同地区的民居建筑体现出不同的特色。如湖北典型的天井式民居，以外部高墙抵抗冬冷夏热的气候；湖北带亮瓦的天斗构造，运用古老的技术手段，很好地解决了建筑通风采光、防雨遮阳的需求；湖北民居的槽门式入口，巧妙地创造出遮阳防雨的过渡空间；湖北的民居和商铺，主入口上方通过层层挑梁形成出檐深远的门头，继承了楚建筑以深出檐应对多雨气候的传统；鄂西南地区各种形式的吊脚楼，体现出少数民族人民应对复杂山区地形的建筑智慧。

二、荆楚建筑文化推进的人文策略

荆楚建筑风格既体现了地域建筑长期形成的视觉特征，也传达了荆楚地域文化的精神内涵。荆楚建筑文化推进要关注各地建筑装饰的类型、做法和特征性的文化符号，在感知层面上凸显地域特色。

（一）保护遗存

首先要保护利用建筑遗产。保护方法通常有：修复、功能置换、改造利用。对有价值的文物建筑应尽量修复。武昌昙华林片区属于历史文化保护街区，片区中遗存的大量中外历史建筑和地名，集中展现了当年武昌的旧城风貌，并真实承载了政治经济、文化教育、宗教民俗等多方面的信息，连片构成一个区域化的近现代文化生态环境，是探索武汉市文脉和传承地方历史不可多得的"实物标本"。

（二）提炼符号

传统符号的提炼和恰当组合是大量性建筑文化表达的基

本手法。武汉楚河汉街中的建筑群提炼的就是汉口民国建筑的符号元素，用丰富的线脚、砖纹肌理创造出具有传统特征的现代建筑。传统符号的提取与再现、材料的呼应是获得片区统一风格行之有效的方法。

（三）提炼类型

建筑类型的提取是超越简单符号表现的创新方式。归纳传统建筑中所蕴含的文化及其表现形式，将其赋予建筑设计之中。比如鄂西南传统民居以极富特色的木构干阑式建筑——吊脚楼为主要形式，表达了地域建筑文化的基本建筑意向。

（四）传达意境

通过现代结构和材料的拟态表达历史文化内涵。第十届园博会张公阁方案设计中，建筑设计形制以传统的张公阁古典阁楼为基石，引入现代理念和科学技术手段，既能显示出历史文化的传承，又能展现出时代特征。建筑造型设计抓住武汉荆楚大地的气质，以极具工业感的深色钢材为骨架，打造出抽象简化的楼阁原型，完全采用新的结构体系和构造方式，创造一个新颖、庄重、典雅的园博园标志形象。运用了地域建筑原型萃取的技术路线，这种扬弃的创新方式使传统建筑文化能够以现代方式呈现。

（五）场所感营造

特定场所发生的历史事件能带给人一定的情感，赋予建筑一定的意义。依据建筑场所带给人们的历史记忆、文化记忆、精神记忆，创造出赋予场所精神和时代感的新建筑。辛亥革命博物馆正是利用了场所的情感特征，创造出具有情绪感召力的建筑形式。

三、荆楚建筑文化推进的技术策略

（一）传统技术、现代技术、适宜技术并存，以建筑性能的提升为契机，积极探索建筑设计的技术体现和手法创新。

（二）保护继承传统工艺，局部再现传统工艺之精美。

（三）大力开发绿色的现代建造技术，提高材料和构造性能，提升建筑质量和物理环境质量；自觉融汇当今世界科技发展的最新成果，充分体现新技术、新材料所提供的可能和蕴含的精神，创新建筑空间的内涵和外延，发展建筑设计语汇。

（四）在现代建造技术的大前提下，改良部分传统技术，发展建造的适宜技术，呼应特定地域的自然条件。

第六节　传承发展传统建筑风格面临的主要挑战与反思

一、现代建筑设计中面临的主要挑战

（一）城市风貌的总体协调与单体建筑风格的个性化关系

城市建筑群是形成城市风貌的主要因素。布局良好的建筑群与自然环境紧密结合，是构成城市风貌的主要原因。在城市建筑群中，单体建筑可以有特色、有风格，但做到与整体建筑群相协调，难度却很大。

（二）现代建筑与传统文化的融合问题

在与世界先进的建筑设计接轨的前提下，张扬民族性才是中国现代建筑设计走向世界的关键所在。现代建筑的流行性、合理性、进步性与独特的民族文化相融合，将产生有独特艺术风格的建筑精品。适度汲取古典传统建筑的精髓，结合现代西方先进的设计理念，运用现代高科技的建筑设计技术及建筑、装饰材料，使现代建筑在建筑、装饰材料、空间设计、造型及比例的合理性等方面与古典优秀的建筑设计的精华完美结合。这正是今天我国的建筑设计所要提倡与坚持的。只有这样，才能使中国的现代建筑具有长久不衰的生命力。

（三）传统建筑符号的运用问题

人类文化的发展在同一历史时期就地域而言是不均衡的，尽管这些地域文化都是人对自然的反应，不同地区符号体系的秩序不尽相同。湖北现代建筑发展的进程中，对荆楚地区符号的再利用的案例不计其数。建筑师们追溯历史，遵循文脉的延续，但是有时事与愿违，有些建筑师将设计的思想桎梏在传统建筑的外观形式之中，简单地将传统建筑元素作为文脉的符号，拼贴于建筑体块之上，但是，这种未经过思想的沉淀所设计出的只为迎合某种视觉上的认同的建筑却是对文脉延续的破坏。如何构建"诗意"的建筑，在建筑的历史进程中构成顺应历史发展、摒弃"媚俗"的文脉建筑，是现今建筑师们所要思考与努力解决的。

二、现代建筑设计中的反思

一个城市的文化是其灵魂所在，也应该成为其最鲜明的城市标志。要避免"千城一面"的覆辙，必须要保护好城市的文化，继承延续历史特色，注入现代因素，打造地方文化的独有特色。展望将来的城市建设，能够真正让人们体会到城市灵魂的魅力。那么，如何传承传统的中国文化，如何创作出具有时代感的建筑作品，可能是每个建筑师都要思考的问题。建筑作品离不开地域文化和生存的环境，一个好的建筑应根植于所处地域特定的地理环境及人文环境等因素，同时也应反映时代的风格特征。中国传统的大屋顶建筑形式就是中国建筑前辈传承传统文化中追求写意、追求动感"如鸟斯革，如翚斯飞"的生动写照。做好中国建筑文化思想部分的传承，中国建筑文化的物态部分可以延续，但不是重点，传承的重点是中国建筑文化中优秀的思想文化部分，因地制宜、负阴抱阳、以人为本、天人合一、讲究秩序、崇尚节俭等都是重要的建筑思想。我们要把这些思想精神应用到当代建筑的设计和建造中。探索和创新当代的中国建筑形式，适应科技进步和社会发展，努力探索中国当代的主流的建筑形式和风格。湖北传统建筑体现的是荆楚文化，依据楚文化"兼收并蓄"的开放特征，立足于南北之间、中西之间、古今之间，力求在彼此的对比、碰撞和融合中进行重构，寻求新的组合方式并融合荆楚建筑的美学特征和浪漫意境，建设个性鲜明、独具魅力的现代荆楚地域建筑。

第十一章　结语

湖北的历史地位和现在地位都非常重要，这里有长江、汉水、大别、武当滋润峥嵘，这里有炎帝、老庄、屈原教化四方。这里是"九省通衢"、辛亥革命守创之都，现在是我国中部的经济、教育、科技、文化、金融中心。特别是改革开放以来，湖北是长江中部地区的重要支撑点，是我国城乡统筹、"四化"融合、新型城镇化的先行先试地区和中西部经济腾飞的发力点。习近平总书记视察湖北时关于城乡建设应体现湖北特色和荆楚文化的重要指示精神意义格外深远。

湖北近年来在荆楚建筑文化研究上，通过荆楚建筑案例研究、比较分析和提炼思考，对设计思想和创作手法进行总结归纳，把建筑创作由表及里分解为三个层面：形（语言）——建筑造型与形式、意（意境）——传达文化意境和精神理想、理（境界）——建筑与外部实践的内在联系，建筑创作本身的内在机制。对应荆楚派建筑风格研究结果为：风格特征（高台基、巧构造、深出檐、精装饰、美山墙、红黄黑），人文精神（大气、兼容、张扬、机敏），美学意境（庄重与浪漫、恢弘与灵秀、绚丽与沉静、自然与精美）。

本书探索荆楚建筑风格，传承荆楚建筑文化，从研究民居建筑开始，解析荆楚建筑风格的形成。首先，基本要素方面，适应地域环境、生活需要、朝向、保暖、隔热、通风、采光等都是生活上必需的；第二是建造物质条件，一般就地取材。所谓的土木建筑，就是土和木；第三是建筑除了上述的两个条件以外，更主要是民俗、民风、生活习惯和文化审美、精神层面的要求。简而言之，传承荆楚建筑就是建筑风格、物资建设条件和文化三方面融合。湖北传统建筑形式的形成，气候是主要成因，湖北的气候在全国属于第三类，是冬冷夏热地区，长江流域其他省份也都是这样，它们具有内在的要求，湖北建筑文化具有开放性的特征，主要表现为兼容并蓄。湖北地处中原，南来北往、四通八达，海纳百川，这也是荆楚建筑的特点。

湖北荆楚建筑创作实践近年来也取得了较好的成就，提出了符合荆楚建筑风格的一批优秀的现代建筑作品，这些作品既有中国味，又有时代感，如果只从建筑形式上去关注建筑风格，容易脱离生活的基础。例如：有一种比较有荆楚建筑特色的火车站，它的外墙实体很多，结果里面采光不太好，看不清楚进入车站里的人。安检也设在门口，乘客排队安检一遇到下雨的时候，只能排队淋雨了。设计不能食古不化，我们并不排斥技术更新及全球化带来的变革。我们对荆楚文化的内涵、风格特征，都作了很好的归纳，另外节能环保、低碳等绿色建筑，也纳入了评价标准。荆楚建筑文化与传承的研究在应用上可以首先在村镇中实施，中央城镇工作会，让居民望得见山，看得见水，容易记住乡愁，山和水是实实在在存在的，湖北有很多好山好水，很容易做到，最关键的是记住乡愁怎么做到。记得住乡愁是人民对家乡的热爱、对祖国的热爱和深情流露。如果人们想在酷暑的时候在庭院中聊天，在寒冬的时候在室内团聚，这就是建筑的交融，这种场景成为人们永久的怀念。这是荆楚风格与传承的探索，我们认为真实为本，要对湖北的文化饱含深情，对荆楚历史保存敬意，使湖北城镇建设在建筑风格上体现和展示荆楚文化，做到地域文化传承与建筑设计创新相统一，现代建筑与保护自然和人文资源相统一，"对现实负责"与"对历史负责"相统一。本着对建筑文化的热爱和对历史的尊重，丰富建筑文化内涵，为发展和繁荣中国建筑文化作出新的贡献。

参考文献

Reference

[1] 湖北省住房和城乡建设厅.荆楚建筑风格研究[M].北京：中国建筑工业出版社，2005.

[2] 湖北省住房和城乡建设厅."荆楚派"建筑风格设计导则、"荆楚派"村镇风貌规划与民居建筑风格设计导则鄂建【2014】18号文件.2014年12月4日。

[3] 中信建筑设计研究总院有限公司.湖北"荆楚派"建筑风格大赛与方案征集活动优秀作品集[J].武汉：建筑设计研究，2015.

[4] （法）兰博.湖北近代建筑[M].刘英姿，译.武汉：武汉出版社，2013.

[5] 章开沅，张正明，罗福惠.湖北通史[M].武汉：华中师范大学出版社，1999.

[6] 高介华，刘玉堂.楚国的城市与建筑[M].武汉：湖北教育出版社，1995.

[7] 刘玉堂，赵毓清.中国地域文化通览·湖北卷[M].武汉：中华书局，2013.

[8] 湖北省住房和城乡建设厅.湖北建筑集萃—湖北古代建筑[M].北京：中国建筑工业出版社，2005.

[9] 祝笋，祝建华.荆楚百处古代建筑[M].武汉：湖北教育出版社，2010.

[10] 湖北省住房和城乡建设厅.湖北建筑集萃—湖北近代建筑[M].北京：中国建筑工业出版社,2005.

[11] 湖北省住房和城乡建设厅.湖北建筑集萃—湖北传统民居[M].北京：中国建筑工业出版社,2005.

[12] 王崇礼.楚国土木工程研究[M].武汉：湖北科学技术出版,1995.

[13] 张云鹏.湖北圻春毛家咀西周木构建筑[J].考古,1962.

[14] 湖北省博物馆.曾侯乙墓[M].文物出版社,1989.

[15] 湖北省潜江博物馆和荆州博物馆.潜江龙湾[M].文物出版社,2005.

[16] 李晓红.陈协强.武汉大学早期建筑[M].武汉：湖北美术出版社,2006.

[17] 武汉历史地图集编纂委员会.武汉历史地图集[M].北京：中国地图出版社,1998.

[18] 刘富道.天下第一街—武汉汉正街[M].武汉：湖北辞书出版社,2007.

[19] [美]罗威廉. 汉口：一个中国城市的商业和社会（1796-1889）[M]. 江溶，鲁西奇译.北京：中国人民大学出版社,2005.

[20] 王刚.汉口里分建筑成因研究[J].武汉：华中建筑,2012.

[21] 王邵周，陈志敏.里弄建筑[M].上海：科学技术文献出版社,1987.

[22] 冯天瑜,陈锋.张之洞与中国近代化[M].北京：中国社会科学出版社，2010.

[23] 李百浩，徐宇甦，吴凌.武汉近代里分住宅发展、类型及其特征研究[J].武汉：华中建筑，2000.

[24] 周红，李百浩，周旭.汉口里分空间布局及其建筑特色研究[J].武汉理工大学学报,2010.

[25] 湖北省住房和城乡建设厅.湖北建筑集萃—湖北现代建筑[M].北京：中国建筑工业出版社,2005.

[26] 白淼.武汉当代地域建筑特征研究[D].武汉理工大学,2007.

[27] 王晓.新楚风建筑形式探讨[D].建筑论坛,2001.

[28] 高介华,刘玉堂.楚国的城市与建筑[M].武汉:湖北教育出版社,2006.
[29] 郭和平.当代荆楚建筑的设计方向[D].长江建设,2004.
[30] 李晓峰,李纯.峡江民居[M].北京:科学出版社,2012.
[31] 李晓峰.乡土建筑跨学科研究理论与方法[M].北京:中国建筑工业出版社,2005.
[32] 李晓峰、谭刚毅.两湖民居[M].北京:中国建筑工业出版社,2009.
[33] 武汉市国家历史文化名城保护委员会办公室.武汉：国家历史文化名城通览[M].武汉：武汉出版社,2014.
[34] 华中科技大学民族建筑中心相关测绘调研资料。
[35] 何展宏.湖北洪湖瞿家湾古镇研究[D].武汉理工大学硕士学位论文,2005.
[36] 罗维.湖南望城靖港古镇研究[D].武汉理工大学硕士学位论文,2008.
[37] 林楠.湖北赤壁新店古镇研究[D].武汉理工大学硕士学位论文,2005.
[38] 叶裕民.湖北钟祥石牌古镇研究[D].武汉理工大学硕士学位论文,2006.
[39] 刘炜,刘伯山,刘鑫.湖北老河口历史城镇与建筑研究[J].华中建筑,2013-02-10
[40] 刘文东.湖北郧西上津古镇建筑环境保护性研究[D].湖北工业大学硕士学位论文,2014.
[41] 何婧.湖北孝昌小河古镇风貌保护与建筑更新策略研究[D].华中科技大学硕士学位论文,2012.
[42] 余波.湖北巴东野三关古镇研究[D].武汉理工大学硕士学位论文,2007.
[43] 宋阳.湖北古镇空间形态解析及其整合性保护研究[D].华中科技大学硕士学位论文,2007.
[44] 董争俊.湖北监利周老嘴古镇研究[D].武汉理工大学硕士学位论文,2005.
[45] 张莉.湖北红安七里坪古镇研究[D].武汉理工大学硕士学位论文,2005.
[46] 庄程宇.湖北孝昌小河古镇研究[D].武汉理工大学硕士学位论文,2005.
[47] 闵雷.湖北监利程集古镇研究[D].武汉理工大学硕士学位论文,2005.
[48] 陈凡.湖北赤壁羊楼洞古镇研究[D].武汉理工大学硕士学位论文,2005.
[49] 杨成锦.湖北古镇文化研究[D].武汉理工大学硕士学位论文,2010.
[50] 鲁锐.湖北阳新龙港古镇研究[D].武汉理工大学硕士学位论文,2005.
[51] 周红.湖北钟祥张集古镇研究[D].武汉理工大学硕士学位论文,2006.
[52] 刘炜.湖北古镇的历史、形态与保护研究[D].武汉理工大学硕士学位论文,2006.
[53] 李德喜.湖北古代桥梁建筑[J].华中建筑,2009-03-25.
[54] 宋秀英.湖北罗田县建筑装饰研究[J].四川建材,2010-08-08.
[55] 张云鹏.湖北圻春毛家咀西周木构建筑[J].考古,1962-01-14.
[56] 刘泉泉.陶方园.传统天井式民居的气候适应性生态技术研究——以江汉平原地区为例[J].2010年建筑环境科学与技术国际学术会议论文集,2010.
[57] 邹砺锴.传统戏场建筑研究[D].华中科技大学硕士学位论文,2006.
[58] 刘茁.湖北传统民居营造技术研究[D].武汉理工大学硕士学位论文,2005.
[59] 彭然.湖北传统戏场建筑研究[D].华南理工大学硕士学位论文,2010.
[60] 孟正辉.鄂西土家族村寨民居建筑的艺术文化——以湖北恩施三个土家族村寨为例[J].农村经济与科技,2011-01-15.
[61] 王毅.从武汉城市建筑看武汉地域建筑文化[J].武汉建设,2007-12-28.
[62] 库金杰.鄂东南地区乡土建筑研究[D].武汉理工大学硕士学位论文,2005.
[63] 陈茹.陈纲.伦武汉历史文化名城的内涵与承传[J].建筑历史

与理论第九辑（2008年学术研讨会论文选辑）,2008-10-27.

[64] 胡洵.湖北十堰地区传统聚落与民居研究[D].重庆大学硕士学位论文,2012. 65、童乔慧,刘娅妮.武汉近代领事馆建筑[J].华中建筑,2011-09-10.

[65] 王欢.鄂东南传统商业集镇空间形态及其更新趋势研究[D].华中科技大学硕士学位论文,2011.

[66] 荣蓉.江汉平原南部民居与聚落源流研究[D].华中科技大学硕士学位论文,2010.

[67] 王瑶.鄂东南传统街屋建筑艺术特色研究[D].武汉理工大学硕士学位论文,2013.

[68] 潘伟.鄂西南土家族大木作建造特征与民间营造技术研究[D].华中科技大学硕士学位论文,2011.

[69] 罗雯.武汉与恩施地域性民俗景观符号之比较[D].武汉理工大学硕士学位论文,2013.

[70] 刘小龙.浅谈湖北古民居建筑设计的价值与传承[J].大众文艺,2013-01-08.

[71] 李百浩,杨洁.湖北乡土建筑的功能、形式与文化初探[J].中华建设,2006-10-28.

[72] 刘婕.湖北地区当代建筑室内空间中楚文化艺术纹样运用研究[D].湖北工业大学硕士学位论文, 2012.

[73] 陈卉佼.论湖北古民居的艺术价值[J].设计艺术研究,2012.

[74] 肖伟,杨蕾.湖北传统民居之生态理念浅析[J].武汉建设,2010-10-18.

[75] 张乾.聚落空间特征与气候适应性的关联研究[D].华中科技大学硕士学位论文,2012.

[76] 王发堂.湖北传统建筑之精神研究[J].华中师范大学学报(人文社会科学版),2012-04-30.

[77] 秦颂.论湘鄂地区建筑风格的形成与发展[D].武汉理工大学硕士学位论文,2003.

[78] 孙一帆.明清"江西填湖广"移民影响下的两湖民居比较研究[D].华中科技大学硕士学位论文,2008.

[79] 梁琦.湖北传统建筑特色及其现代建筑类型运用研究[D].武汉理工大学硕士学位论文,2013.

[80] 王炎松.何滔.中国老村——阳新民居[M].武汉：湖北人民出版社,2008.

[81] 北京大学聚落研究小组湖北省住房和城乡建房厅等.恩施民居[M].北京:中国建筑工业出版社,2011.

[82] 刘森淼.丁凤英.荆楚文化丛书·胜迹系列：荆楚古城风貌[M].武汉:武汉出版社,2012.

[83] 李百浩.刘炜.湖北古镇空间[M].武汉:武汉理工大学出版社,2013.

[84] 肖伟.王祥.武汉近代建筑遗产的传承与发展[J].建筑学报,2012.9.

后 记

Postscript

习习荆风，楚韵悠扬。

和国内其他早期建筑一样，湖北境内19世纪以前的建筑均以土木结构为主体，其材料性能、使用寿命远不如现代的钢筋混凝土及钢材，故难以承受岁月的沧桑和风雨的侵蚀；也有许多著名历史建筑毁于战火或外强入侵后的劫难，以致曾经辉煌一时的荆楚文化及其建筑，今天我们只能从部分历史文化名城、历史街区所保留的部分地段或是地下出土文物中去领略其风采。新中国成立后尤其改革开放国门打开之后，被禁锢了多年的国人，终于发现外面的世界竟然那么精彩，于是出现了一时间欧陆风盛行、大有取代民族传统建筑之势……这不可避免地使一些城市和建筑的文化特色逐步被吞噬，荆楚文化的灵魂和神韵也逐步被淡化，荆楚大地城市和建筑趋同化的危机则正在蔓延。于是望得见山、看得见水、记得住乡愁不知什么时候已经成为一种奢求。不留住乡愁就不会有建筑的本土化，就不会有现代中国、现代湖北的建筑特色，也不会有城市建筑文化的成熟，更不会有建筑风格的提升。

为深入发掘荆楚建筑文化底蕴、弘扬荆楚建筑风格特色，努力启发和开拓设计思路，繁荣建筑创作艺术，提升全省城乡建设整体水平，湖北省建设厅村镇处2014年年底按照住建部村镇司领导的指示组织开展了《中国传统建筑解析与传承》湖北卷的编写工作。中信建筑设计研究总院有限公司被湖北省建设厅推选为本次工作的主要编写单位，得到村镇处的大力支持和充分的信任。

本课题的研究内容正是湖北省建设厅组织的荆楚建筑风格研究的团队长期探索的相关领域。对于传统建筑传承和发展的研究，团队多年以来一直得到各项基金的资助，特别是"荆楚建筑风格研究与应用"省级课题，研究通过组织多个专题研讨，广泛开展专家咨询论证，取得了显著的成效。特别感谢中国工程院院士、全国建筑设计大师张锦秋、中国历史文化名城学术委员会副主任、同济大学教授阮仪三、全国建筑设计大师袁培煌等专家学者对我们的研究给予了充分肯定，并提出了宝贵的建议。从而为本书的撰写工作积聚了翔实的基础材料，奠定了坚实的理论基础。最后，感谢中南建筑设计院股份有限公司、湖北省社会科学院、华中科技大学建筑与城市规划学院、武汉大学城市设计学院、武汉理工大学土木工程与建筑学院，正因为有了他们前期对荆楚文化及其不同时期建筑和传统民居的梳理分析，将继承与弘扬、传承与创新紧密结合，对荆楚建筑的起源、发展、演变及不同时期、不同地域、不同类型建筑的风格特征进行了较为系统、全面、深入地研究分析与整理提炼，才能够形成了本书六大地区的传统建筑完整的特征解析。

或有不足之处，望读者批评指正。